新型电力系统信息数字技术支撑体系规划设计工具书

基于OTN的电力传输网演进设计手册

国网冀北电力有限公司经济技术研究院　组编

李莉　张知宇　金广祥 等　编著

中国水利水电出版社
www.waterpub.com.cn
·北京·

内 容 提 要

本书由电力传输网面临的新形势入手，分析现有电力传输网业务体系、发展现状，结合主流光传输技术特点，构建面向能源互联网的光传输网络架构，提出电力传输网目标模型及进程模型，提出基于OTN技术的新型电力系统传输平台设计方法，汇编部分主流产品线，给出典型配置策略。

本书可作为网络工程师了解和学习OTN网络的参考书，也可供电力系统通信及数据领域的一线人员参考搭建传输及数据网络，还可供大中专院校师生和通信公司新入职员工学习。

图书在版编目（CIP）数据

基于OTN的电力传输网演进设计手册 / 李莉等编著；国网冀北电力有限公司经济技术研究院组编. -- 北京：中国水利水电出版社，2022.7
ISBN 978-7-5226-0877-8

Ⅰ. ①基… Ⅱ. ①李… ②国… Ⅲ. ①电力通信网—研究 Ⅳ. ①TM73

中国版本图书馆CIP数据核字(2022)第136036号

书　　名	**基于OTN的电力传输网演进设计手册** JIYU OTN DE DIANLI CHUANSHU WANG YANJIN SHEJI SHOUCE
作　　者	国网冀北电力有限公司经济技术研究院　组编 李莉　张知宇　金广祥　等　编著
出版发行	中国水利水电出版社 （北京市海淀区玉渊潭南路1号D座　100038） 网址：www.waterpub.com.cn E-mail：sales@mwr.gov.cn 电话：（010）68545888（营销中心）
经　　售	北京科水图书销售有限公司 电话：（010）68545874、63202643 全国各地新华书店和相关出版物销售网点
排　　版	中国水利水电出版社微机排版中心
印　　刷	天津嘉恒印务有限公司
规　　格	184mm×260mm　16开本　14.75印张　406千字
版　　次	2022年7月第1版　2022年7月第1次印刷
印　　数	0001—2000册
定　　价	**128.00**元

本书编委会

本书编写组

组　长　李　莉

主笔人　李　莉　张知宇　金广祥　曾春辉

成　员　孙海波　张元明　李疆生　陆珊珊　于　然　吴让俊　袁　辉　王艳琦　张文英　黄际帆　鲁　杰　岳　昊　刘婉妮　段寒硕　高　瑞　何成明　于　蒙　赵　阳　张蒙晰　刘　敏　傅　昊　赵　芃　赵　敏　赵一男　段程煜　段小木　张　玉　运晨超　单体华　宋　斌　王东蕊　王立国　张恩江　白　杰　王　猛　程方圆

前言

“双碳”目标是党中央做出的重大战略决策，是应对气候变化、经济社会发展的战略目标，是我国未来发展价值方向，是构建人类命运共同体的伟大实践。能源生产和消费是最主要的二氧化碳排放源，推动电力来源清洁化和终端能源消费电气化，构建新型电力系统，推动“电网”向“能源互联网”转型，是能源电力行业构建现代能源体系的重要举措。

新型电力系统面对新能源大规模高比例并网、分布式电源和微电网接入等带来的复杂性、随机性，运用数字化技术，破解安全、经济和绿色发展“不可能三角”的难题，支撑水火风光互补互济、源网荷储协调互动，实现电力供需动态平衡。电网公司通信专网是能源行业“已有”的最大体量数字化基础设施，伴生电网的电力通信网具备经济、便捷连通源、荷、储各要素的原生条件。在软、硬件方面，电网企业基本具备将企业专网发展为电力工业乃至能源工业互联网的基础条件和技术能力。

新型电力系统数据量激增，数据流向复杂，业务向以太化、宽带化、高可靠性发展，同步数字体系（Synchronous Digital Hierarchy，SDH）承载能力以及点对点、“1＋1”保障、硬管道方式难以支撑新的发展需求，光传送网（Optical Transport Network，OTN）凭借强大的带宽扩展能力、丰富的业务接口类型、完备的服务质量保障能力，成为支撑能源互联网广域资源调度的底层传输干线构建优选技术，“OTN＋业务承载网”方式将成为新型电力系统通信网主流网架。

“十三五”期间，OTN 网络已在国家电网有限公司、中国南方电网公司省级及以上电力传输专网中广泛部署，但其定位多为国分、省地断面信息管理大区大颗粒业务承载网，电力全业务承载仍以SDH传输网为主，且OTN设备配置模型单一、波道配置复杂，网络的前期设计及选型，很大程度上依赖厂家软件模拟，网络规划、节点选择、波道配置、设备选型缺少实用性指导文件。现有运行、配置经验源于OTN作为业务承载网的定位，OTN作为传输底层干线则情况更为复杂，匹配电力系统站点业务模型并进行网络顶层设计及节点典型配置，对指导电力OTN网络规划建设具有重要意义。现有SDH光传输网络已覆盖电力系统生产、经营、管理各类站点、场所，承载生产控制大区、管理信息大区、互联网大区全口径业务。构建面向新型电力系统需求的多场景光传输网目标网架应充分结合电网电力传输网现状，研究网络经济、可靠、平滑的演进方案。本书基于上述考虑，结合电力系统现有电力传输专网现状，选取电网公司典型省内电网专用传输网进行深入研究，结合多维流量测算，搭建多场景目标网架模型，形成传输网总体演进策略。另外，基于目标网架模型，统筹考虑经济性及资源消耗，提出OTN网络设计方法及组网策略，定义典型节点，结合产品线规范典型配置，为电力传输网演进提供可操作的参考示例。

本书由国网冀北电力有限公司经济技术研究院、国网经济技术研究院有限公司、中国电力工程顾问集团华北电力设计院有限公司等单位联合编著，可作为电力通信从业人员了解、学习电力传输网、OTN组网技术的参考书，也可作为电力工程设计、管理工具书。

本书主要以国家电网公司典型电力传输网模型为例，选择部分市场主流品牌，依据具体设备型号进行配置示例。受限于编写组认知及设备发展，本书仅涉及国内部分OTN主流品牌，未涉及品牌、设备型号或产品线演进替代产品可参照同等级核心技术参数设备配置。本书编写过程中，得到了各级领导的支持、业界专家指导，在此表示感谢。

由于编者水平有限，书中难免有不妥之处，恳请读者批评指正。

编者

2022年4月

目录

第 1 章

电力通信网面临的发展形势

作为“双碳”目标下能源互联网现阶段发展的核心形态，新型电力系统具有“清洁低碳、安全可控、灵活高效、智能友好、开放互动”的基本特征。以电能为桥梁，加速能源低碳转型升级，是解决“双碳”问题的必然选择。新型电力系统呈现出复杂的随机特性，需要通过信息流控制能源流，实现能源双向按需传输和动态平衡。未来的电力系统传输网，将成为发挥新型电力系统作用的重要基础保障。

1.1 “双碳”目标下新型电力系统构建需求迫切

2020 年 9 月，中国在第七十五届联合国大会上提出“2030 年前碳达峰、2060 年前碳中和”战略目标。能源燃烧是我国主要的二氧化碳排放源，占全部二氧化碳排放的 88%，电力行业排放约占能源行业排放的 41%。我国“贫油少气富煤”、太阳能及风能资源富集，中东部负荷中心与西北部能源资源中心逆向分布，能源清洁低碳转型贯穿能源生产、传输、消费。推进能源清洁低碳转型，关键是加快发展非化石能源，我国 95%左右的非化石能源主要通过转化为电能加以利用。通过推动一次侧清洁替代、终端侧电能替代，构建以电能为桥梁的能源互联网，是构建清洁低碳、安全高效能源体系的关键。能源互联网是以电为中心，以坚强智能电网为基础平台，将先进的信息通信技术、控制技术与能源技术深度融合应用，支撑能源电力清洁低碳转型、能源综合利用效率优化和多元主体灵活便捷接入，具有清洁低碳、安全可靠、泛在互联、高效互动、智能开放等特征的智慧能源系统，其示意如图 1－1 所示。

2021 年 3 月，中央财经委员会第九次会议首次提出构建新能源为主体的新型电力系统。新型电力系统是实现碳达峰碳中和、贯彻新发展理念、构建新发展格局、

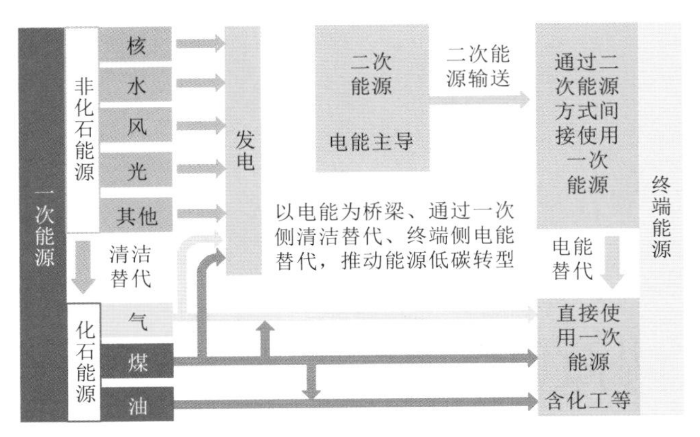

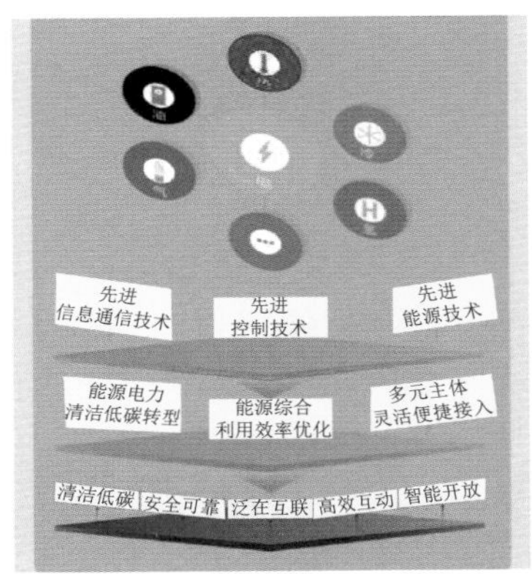

图 1－1　能源互联网示意图

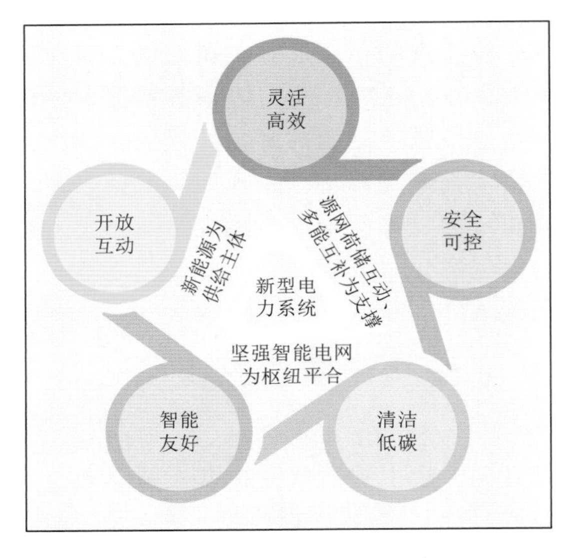

图 1－2　新型电力系统特征示意图

推动高质量发展的内在要求，以确保能源电力安全为基本前提、以满足经济社会发展电力需求为首要目标、以最大化消纳新能源为主要任务，以坚强智能电网为枢纽平台，以源网荷储互动、多能互补为支撑。新型电力系统，是具有清洁低碳、安全可控、灵活高效、智能友好、开放互动基本特征的电力系统，其特征示意如图 1－2 所示。清洁低碳，形成清洁主导、电为中心的能源供应和消费体系，生产侧实现多元化、清洁化、低碳化，消费侧实现高效化、减量化、电气化。安全可控，新能源具备主动支撑能力，分布式、微电网可观可测可控在控，大电网规模合理、结构坚强，构建安全防御体系，增强系统韧性、弹性和自愈能力。灵活高效，发电侧、负荷侧调节能力强，电网侧资源配置能力强，实现各类能源互通互济、灵活转换，提升整体效率。智能友好，高度数字化、智慧化、网络化，实现对海量分散发供用对象的智能协调控制，实现源网荷储各要素友好协同。开放互动，适应各类新技术、新设备以及多元负荷大规模接入，与电力市场紧密融合，各类市场主体广泛参与、充分竞争、主动响应、双向互动。

“十四五”时期是碳达峰的关键期、窗口期，要构建清洁低碳、安全高效的能源体系，控制化石能源总量，着力提高利用效能，实施可再生能源替代行动，深化电力体制改革，构建新型电力系统。

1.2　电力通信网是新型电力系统构建的基本要素

“双碳”战略目标下，面向能源互联网的新型电力系统因其构成变化引发运行机理、发展方式、管理模式阶跃式变化，其状态趋于更加复杂，变化更加随机，基于数字化转型的系统高度智能化是其实现的技术保障，即依靠数据流控制能源流，实现能源双向按需传输和动态平衡，电力通信网是数据流的基础承载媒质。

（1）新型电力系统内部电气特征、外部表现形式发生深刻变化，新型电力系统整体结构及特征变化示意如图1－3所示。这种变化需要数字化、智能化技术支撑。内部电气特征方面，新型电力系统将由高碳电力系统向深度低碳或零碳的高比例可再生能源电力系统转变，由以机械电磁系统为主向以电力电子器件为主转变，由确定性可控连续电源向强不确定性、弱可控出力的随机波动电源转变，由高转动惯量系统向弱转动惯量系统转变。外部表现形式方面，新型电力系统将通过广泛互联互通推动电网演进，新能源将成为新增电源的主体、在电源结构中占主导地位，电网消纳高比例新能源的核心枢纽作用更加显著。由原有的刚性消费型负荷，向柔性生产与消费兼具型转变，实现新能源按资源禀赋因地制宜的广泛接入。分布式电源、微电网、虚拟电厂、新型储能、需求侧管理等新型供、用能方式，需要电网更加灵活可控，需要数字化调控技术支撑。

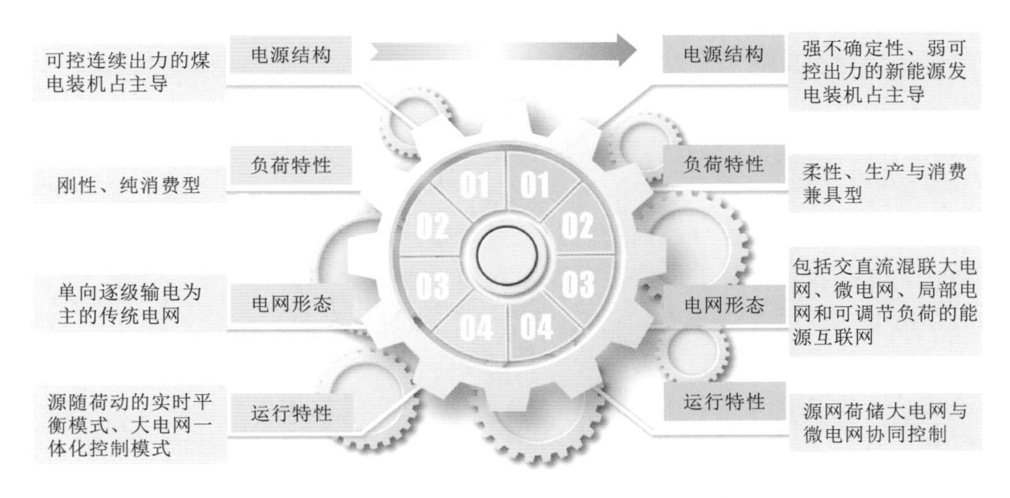

图1－3　新型电力系统整体结构及特征变化示意图

（2）数字技术与实体经济深度融合、数字化转型赋能产业升级是大势所趋。数字经济是继农业经济、工业经济之后的主要经济形态，是以数据资源为关键要素，以现代信息网络为主要载体，以信息通信技术融合应用、全要素数字化转型为重要推动力，促进公平与效率更加统一的新经济形态。数字基础设施是数字经济的基础，需要推进云网协同、算网融合，推进基础设施智能升级，强化高质量数据要素供给，加快数据要素市场化流通。新型电力系统面对新能源大规模高比例并网、分布式电源和微电网接入等多重挑战，通过运用数字化技术，解决安全、经济和绿色发展“不可能三角”难题，支撑水火风光互补互济、源网荷储协调互动，推动电网向能源互联网转型升级。

（3）电力通信网是新型电力系统数据流转的核心承载网。2020 年 4 月 9 日中共中央、国务院印发《关于构建更加完善的要素化市场配置体制机制的意见》，把数据与土地、劳动力、资本、技术并列为生产要素。数据是数字经济的核心关键要素，数据开放共享、数据价值挖掘、数据流通是关键，而电力通信网是电力行业为保障电力生产、传输、消费而构建的专用通信网，其中电网企业专网以覆盖范围、建设体量占绝对比重。电力通信网是数字电力系统的关键基础设施，是电力系统海量数据流通的核心承载网，是新型电力系统构建的基本要素。电力通信网功能定位由传统电网辅助支撑作用转变为新型电力系统有机整体关键组成部分，电力系统与电力通信网的关系由主仆式服务关系转向合作式协同关系。

1.3　电力通信网是能源工业互联网的重要组成

2022 年 1 月 30 日，国家发展改革委、国家能源局印发了《关于完善能源绿色低碳转型体制机制和政策措施的意见》（发改能源〔2022〕206 号）明确了“充分依托已有设施，在确保能源数据信息安全的前提下，加强数据资源开放共享”。电力通信网是能源行业“已有”的最大体量的数字化基础设施，伴生电网的通信网原生具备经济、便捷连通源、荷、储条件，“网”属性、系统性突出，同时电网公司部署了央企领先的信息化系统、控制系统，在软、硬件方面，都具备将企业专网发展为电力工业乃至能源工业互联网的基础条件、技术优势、团队能力。

目前，电网数字化基础设施距能源互联网需求仍存在显著差距。电力通信网现阶段仍存在不足，主要表现在：①基于服务电网的核心目标；②网络边界清晰有限，源、荷、储深入管控能力欠缺，尤其是需求侧、自备电厂等节点的自有通信覆盖率较低；③公网通信通道管控能力、控制及信息系统的作用范围不足；④电网内部农网配网侧数字化设施建设覆盖率较低，10kV 及以下电力通信网、配电自动化支撑能力不足，限制了数据采集及应用。

以电网电力通信网、算力网为基底，通过体制机制创新性，构建协作服务意识、数据资产意识、市场运营意识，统筹多元建设、运营主体，统筹专网、公网资源，是经济、快速构建能源工业互联网的最优选择。

第 2 章

电力传输网发展需求分析

新型电力系统具有“特高压远距离大规模送电＋有源配电网分布式电源聚合＋可调节负荷”的全新格局、“交直流混联＋电力电子化特征突出”的运行新形态，电力通信网与电力系统源网荷储空间属性耦合性进一步增强，数据流与电力流协同成为电力系统运行核心。新型电力系统通信网需求总体发展趋势由面向业务转向面向数据，业务系统平台化、去中心化，算力资源云化，数据量及流通速度快速增长，数据流向多元、动态，广域、层级穿通特性突出。

电力传输网作为电力通信网“运力”基础，其技术体制选择、网络架构设计、资源调度能力、网络管控水平是电力通信网演进发展中持续、重点研究的内容。本章由电力系统通信网全业务体系入手，结合通信网整体承载架构，提出电力传输网发展需求。

2.1 电力通信网业务体系

2.1.1 业务分类

1. 按业务作用划分

按业务作用划分，可以分为电网生产业务和电力企业管理业务。

（1）电网生产业务包括电网运行控制、电网设备在线监测、电网运行环境监测和电网运行管理等业务。从层级角度传输网承载业务包括业务网（系统）组网通道和专线业务。生产类业务如线路保护、安稳控制系统、精准负荷控制、SCADA、调度电话等电网控制业务及故障测距等设备在线检测业务对网络的可靠性、时延要求较高，采用 SDH 作为承载网络，开通专线通道，保证业务的可靠性和传输时延需求。其他生产类的业务如调度自动化、配电自动化等电网运行控制类业务、变电设备在线监测等设备在线监测类业务、安稳运行管理信息系统等运行管理业务由调度数据网承载。雷电在线监测系统、运行环境检测系统、视频会议、信息内网、运行环境监测类业务、调度审查管理系统等电网运行管理类业务及大部分企业管理业务，对实时性要求不高，通常由数据通信网承载。网管类信息，受限于部分信息初期并未建设网管网，采用网管网和数据通信网共同承载，并逐步向网管网迁改。调度数据网、数据通信网、网管网独自组网或经OTN/SDH开通其组网通道。电网生产业务见表2-1。

表2-1 电网生产业务表

序号	业务名称		时延特性	流向特性	承载方式
1	电网运行控制	线路保护	实时	分散	专线通道
2		安稳控制系统	实时	分散	专线通道
3		精准负荷控制	实时	汇聚	专线通道
4		SCADA	实时	分散	专线通道
5		调度电话	实时	汇聚	专线通道
6		调度自动化系统	实时	汇聚	调度数据网
7		配电自动化系统	实时	汇聚	调度数据网
8		水调自动化系统	实时	汇聚	调度数据网
9	电网设备在线监测	故障测距	实时	分散	专线通道
10		变电设备在线监测	实时	汇聚	调度数据网
11		电缆设备在线监测	实时	汇聚	调度数据网
12		输电线路监控	实时	汇聚	专线通道
13		雷电监测系统	实时	汇聚	数据通信网
14		电能质量监控	实时	汇聚	专线通道
15		配电设备在线监测	实时	汇聚	调度数据网
16		功角测量系统	实时	汇聚	调度数据网
17	电网运行环境监测	配用电视频监控	非实时	汇聚	数据通信网
18		变电站视频监控系统	非实时	汇聚	数据通信网
19		中心机房环境监测	非实时	汇聚	数据通信网
20		配电运行监控	非实时	汇聚	数据通信网
21		机器人巡检	非实时	汇聚	数据通信网
22	电网运行管理	安稳运行管理信息系统	准、非实时	汇聚	调度数据网
23		电力市场运营系统	准、非实时	汇聚	调度数据网
24		保护运行信息管理系统	准、非实时	汇聚	调度数据网
25		电能量计量系统	准、非实时	汇聚	调度数据网
26		调度生产管理系统	准、非实时	汇聚	数据通信网
27		故障抢修管理系统	准、非实时	汇聚	数据通信网
28		调度管理信息系统	非实时	汇聚	数据通信网
29		调度员培训系统（DTS）	准、非实时	汇聚	调度数据网
30		通信网管网	非实时	汇聚	专线通道

（2）电力企业管理业务包括各专业管理信息系统、行政办公、信息容灾、95598业务、IMS、营销管理系统等。在承载方式上，管理信息业务属于企业的敏感信息，具有分层集中的特点，在传输时延上无特殊要求，但是对传输的安全性、可靠性要求较高，需提供可靠的路径和冗余带宽，一般由数据通信网进行传送，再经OTN/SDH开通其组网通道。电力企业管理业务见表2－2。

表2－2 电力企业管理业务表

序号	业务名称	时延特性	流向特性	承载方式
1	一体化会议电视系统	实时	汇聚	专线/数据通信网
2	软视频会议系统	实时	汇聚	专线/数据通信网
3	行政电话（模拟）	实时	汇聚	专线
4	通信支撑辅助系统（同步、信令等）	非实时	汇聚	专线
5	信息系统	非实时	汇聚	数据通信网
6	云终端应用	非实时	汇聚	数据通信网
7	运营检测业务	非实时	汇聚	数据通信网
8	95598业务	非实时	汇聚	数据通信网
9	IMS	实时	汇聚	数据通信网
10	财务管理系统	非实时	汇聚	数据通信网
11	物资管理系统	非实时	汇聚	数据通信网
12	工程项目管理系统	非实时	汇聚	数据通信网
13	人力资源管理系统	非实时	汇聚	数据通信网
14	安全生产管理系统	非实时	汇聚	数据通信网
15	办公自动化系统	非实时	汇聚	数据通信网
16	企业门户	非实时	汇聚	数据通信网
17	营销分析与决策系统	非实时	汇聚	数据通信网
18	营销管理信息系统	非实时	汇聚	数据通信网
19	营销业务信息系统	非实时	汇聚	数据通信网
20	营销客户服务系统	非实时	汇聚	数据通信网

2. 按业务安全分区划分

按业务安全分区划分，包括生产控制大区和管理信息大区业务。《电力监控系统安全防护规定》《电力监控系统安全防护总体方案》明确，电力监控系统安全防护的总体原则为“安全分区、网络专用、横向隔离、纵向认证”；电力监控系统涵盖用于监视和控制电力生产及供应过程的、基于计算机及网络技术的业务系统及智能设备，以及作为基础支撑的通信及数据网络等；发电企业、电网企业内部基于计算机和网络技术的业务系统，应当划分为生产控制大区和管理信息大区。

电力监控系统安全防护总体框架结构示意如图 2－1 所示。

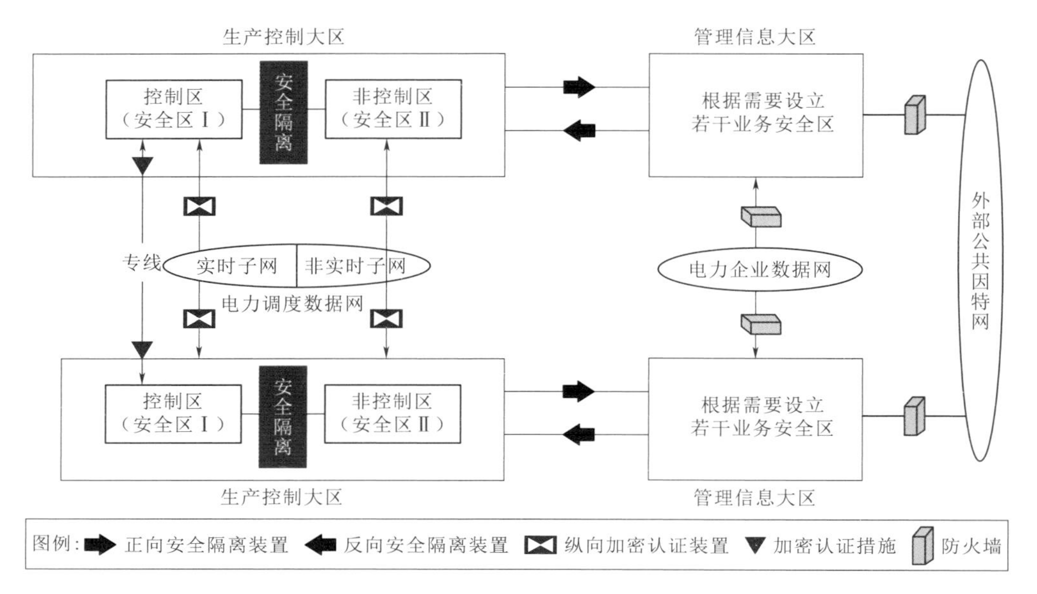

图 2－1　电力监控系统安全防护总体框架结构示意图

（1）生产控制大区可以分为控制区（安全区Ⅰ）和非控制区（安全区Ⅱ）。

1）控制区（安全区Ⅰ）中的业务系统或其功能模块（或子系统）的典型特征为：是电力生产的重要环节，直接实现对电力一次系统的实时监控，纵向使用电力调度数据网络或专用通道，是安全防护的重点与核心。控制区的传统典型业务系统包括电力数据采集和监控系统、能量管理系统、广域相量测量系统、配网自动化系统、变电站自动化系统、发电厂自动监控系统等，数据传输实时性为毫秒级或秒级，其数据通信使用电力调度数据网的实时子网或专用通道进行传输。该区内还包括有采用专用通道的控制系统，如：继电保护、安全自动控制系统、低频（或低压）自动减负荷系统、负荷控制管理系统等，这类系统对数据传输的实时性要求为毫秒级或秒级，其中负荷控制管理系统为分钟级。

2）非控制区（安全区Ⅱ）中的业务系统或其功能模块的典型特征为：是电力生产的必要环节，在线运行但不具备控制功能，使用电力调度数据网络，与控制区中的业务系统或其功能模块联系紧密。非控制区的传统典型业务系统包括调度员培训模拟系统、水库调度自动化系统、故障录波信息管理系统、电能量计量系统、实时和次日电力市场运营系统等。在厂站端还包括电能量远方终端、故障录波装置及发电厂的报价系统等。非控制区的数据采集频度是分钟级或小时级，其数据通信使用电力调度数据网的非实时子网。

（2）管理信息大区是指生产控制大区以外的电力企业管理业务系统的集合。管理信息大区的传统典型业务系统包括调度生产管理系统、行政电话网管系统、电力企业数据网等。

注意：“电力系统生产业务和电力企业管理业务”与“生产控制大区和管理信息大区业务”等区别，通常电力系统生产业务既有生产控制大区业务，又有管理信息大区业务，而电力企业管理业务多为管理信息大区业务，依据各分区间业务划为调度生产控制大区、调度管理信息大区、营销生产控制大区、营销管理信息大区四个大区，安全接入区的典型安全防护框架结构示意如图2-2所示。

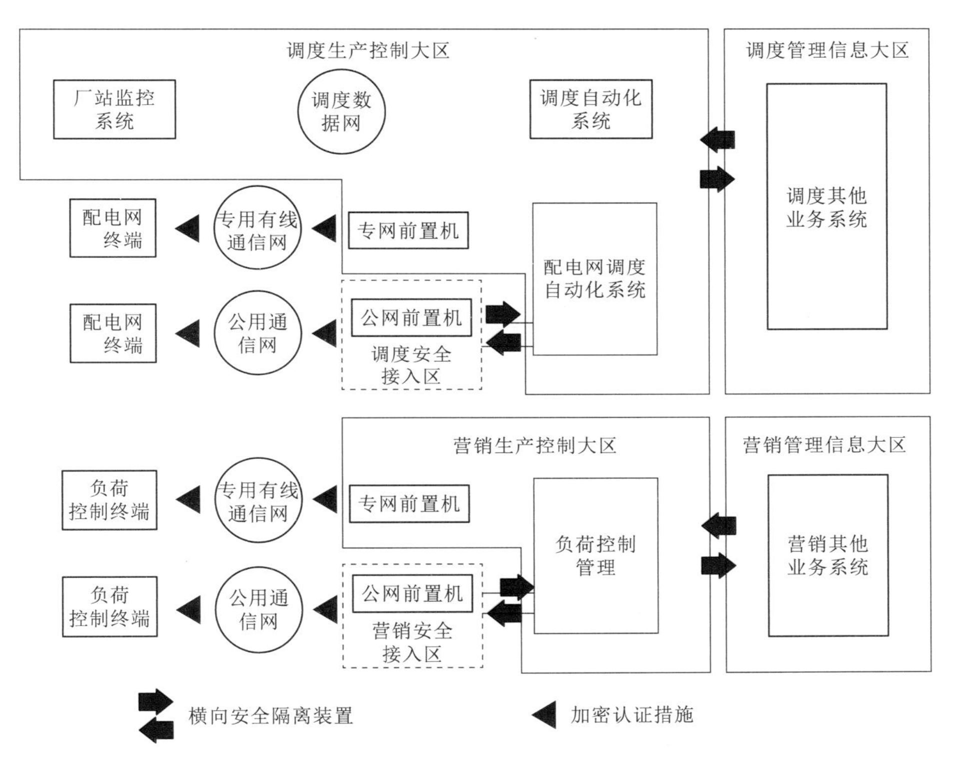

图2-2 安全接入区的典型安全防护框架结构示意图

3. 按信源类型划分

按信源类型划分，可分为语音、数据、生产管理及办公自动化、多媒体业务。

（1）电力传输网所承载的语音类业务主要包含调度电话业务与行政电话业务。若采用电路交换方式，采用程控交换及2M数据中继组网；若采用IP方式，承载网络需满足安全防护规定，采用专用通道或专用VPN承载。

（2）电力传输网数据类业务包括数据专线业务和数据网类业务。

1）数据专线业务主要包括继电保护、自动装置等生产控制类业务，用于传送各类远方保护及安全稳定控制信号，是保证电网安全、稳定运行必不可少的传输信号，要求具有极高可靠性与较短传输时延。此类业务一般以 64Kbit/s 或 2Mbit/s 接入，通道单向时延应不大于 10ms。对于通道保护方式，倒换、恢复时间小于 50ms，对于复用段保护，倒换、恢复时间小于 100ms。

2）数据网类业务主要包含调度系统业务、生产管理及办公自动化业务。调度系统业务包括数据采集与监视控制系统（Supervisory Control and Data Acquisition，SCADA）、能源管理系统（Energy Management System，EMS）、相量测量系统、电能量计量系统等数据业务。调度系统业务主要承载在电力调度数据网上，在 SDH 上传送。采用电力调度数据网承载调度系统业务时，核心层与骨干/汇聚层节点互联链路宜采用 155Mbit/s 以上带宽；220kV 及以上厂站接入骨干/汇聚层节点时，单条链路带宽不宜小于 2×2Mbit/s；110kV 及以下接入骨干/汇聚层节点时，单条链路不应小于 2Mbit/s。系统内任意网络节点至所属调度机构节点的时延应控制在 100ms 以内，丢包率小于 10^{-5}。

（3）生产管理及办公自动化业务主要包括财务管理系统、工程管理系统、人力资源管理系统、安全生产管理系统、办公自动化系统等业务。在传输时延以及传输速率上没有特别的要求，但是对安全性和可靠性要求很高，必须提供可靠的路径和充分的带宽，业务流量不宜超过实际带宽的 80%。

（4）多媒体业务主要包含电视电话会议、视频监视系统等业务。此类业务一般都是标准的应用服务，带宽需求大，但对网络的传输时延和可靠性要求不高。

2.1.2　典型站业务

电力通信网覆盖既包括源、网、荷、储电力系统站点，也包括各类业务中心，不同类型通信站存在不同业务模型。电力通信站点典型业务参见表 2-3。

2.1.3　业务发展趋势

新型电力系统业务发展趋势主要表现在传统业务转型、新型业务兴起及需求可预测性变弱三方面。

1. 传统业务转型

传统业务转型需要广域贯通、多流向、高可靠通道保障。新一代电力系统运行机理变化及数字化、智能化发展方向决定了传统业务的转型升级。

（1）新型电力系统是调度—集控—营销—电源协同生产控制模式：网侧调控分离，形成各级调度与变电站集控协作；荷侧是以营销新型负荷控制系统＋用电信息采集为核心的需求侧有序用电管理，辅助电力平衡；源侧以新能源集控站＋虚拟电厂进行能量聚合管理。

（2）现有生产控制类业务主要是调度自动化，由调度数据网承载，随着省级配电自动化系统、变电站集控站自动化系统、新型负荷控制系统、能源大数据集控系统的陆续建设投产，生产数据“一采多送、一源多用”多系统协同方式下，

表 2-3 电力通信站点典型业务

业务模型			业务通道																															组网通道		
			调度电话			线路保护		安全稳定控制系统				新型负荷控制	会议			行政电话		自动化系统					变电站辅控				电能质量	接入网回传	信息内网	信息外网	视频			数据通信网	调度数据网	网管网
			单机电话	调度交换机	调度台	复用2M	专用光芯	主站	执行站	测量站	2M切换装置		专线视频	网络视频	电话会议	IMS	程控	调度	变电站集控	配电	能源集控	远程终端	一次设备监测	动环	智能巡检	安防安防锁控					作业现场	基建现场	线路监控			
方式策略	承载方式	传输专线	√	√	√	√	/	√	√	√	√	√	√	•	•	•	√	•	•	•	•	•	•	•	•	•	•	√	√	√	√	√	•	√	√	√
		调度数据网	•	/	/	/	/	/	/	/	/	/	/	/	•	/	/	√	√	/	/	•	•	•	•	•	/	/	/	/	/	/	/	/	/	/
		数据通信网	/	/	/	/	/	/	/	/	/	/	/	√	•	•	/	•	•	/	/	/	/	•	•	/	√	•	√	/	•	•	•	/	/	/
		其他业务网	•	/	/	/	/	•	•	•	•	•	•	•	•	/	/	/	•	•	•	•	•	•	•	•	•	•	√	/	•	•	•	/	/	/
		公网	/	/	/	/	/	/	/	/	/	•	•	•	•	/	/	/	/	•	•	/	/	/	•	/	/	•	/	•	•	•	•	/	/	/
	主备通道		•	√	√	√	√	√	√	√	√	√	•	•	•	•	•	√	√	/	/	√	•	/	/	/	/	/	/	/	/	/	/	•	•	•
	传输专线通道保护		√	√	√	√	√	√	√	√	√	√	•	•	•	√	√	√	√	/	/	•	/	•	/	/	/	/	/	/	/	/	/	•	•	•
电力系统场站通信典型业务	网	变电站 >500kV	√	√	√	√	√	√	•	•	•	/	•	•	•	√	•	√	√	/	/	/	√	√	√	√	•	/	√	•	•	•	√	√	√	•
		500kV	√	√	√	√	•	√	•	•	•	/	•	•	•	√	•	√	√	/	/	/	√	√	√	√	•	/	√	•	•	•	√	√	√	•
		330kV	√	√	√	√	•	√	•	•	•	/	•	•	•	√	•	√	√	/	/	/	√	√	√	√	•	/	√	•	•	•	•	√	√	•
		220kV	√	•	/	√	•	√	•	•	•	/	/	/	/	√	•	√	√	•	/	/	√	√	√	√	•	•	√	•	•	•	•	√	√	•
		110kV	√	/	/	•	•	/	•	•	•	/	/	/	/	√	•	√	√	•	/	/	√	√	√	√	•	•	√	•	•	•	•	√	√	•
		66kV	√	/	/	•	•	/	•	•	•	/	/	/	/	√	•	√	√	•	/	/	√	√	√	√	•	•	√	•	•	•	•	√	√	•
		35kV	√	/	/	•	•	/	•	•	•	/	/	/	/	√	•	√	√	•	/	/	√	√	√	√	•	•	√	•	•	•	•	√	√	•

续表

业务模型				业务通道																														组网通道		
				调度电话			线路保护		安全稳定控制系统				新型负荷控制	会议			行政电话		自动化系统					变电站辅控				电能质量	接入网回传	信息内网	信息外网	视频			数据通信网	调度数据网	网管网
				单机电话	调度交换机	调度台	复用2M	专用光芯	主站	执行站	测量站	2M切换装置		专线视频	网络视频	电话会议	IMS	程控	调度	变电站集控	配电	能源集控	远程终端	一次设备监测	动环	智能巡检	安防安防锁控					作业现场	基建现场	线路监控			
电力系统场站通信典型业务	网	开关站	≥220kV	√	/	/	√	•	/	•	•	•	/	/	/	/	√	•	√	√	/	/	/	√	√	√	√	•	•	√	•	•	•	•	√	√	•
			≤110kV	√	/	/	•	•	/	•	•	•	/	/	/	/	√	•	√	√	/	/	/	√	√	√	√	•	•	√	•	•	•	•	√	√	•
		换流站		√	/	/	√	•	/	•	•	•	/	•	•	•	√	•	√	√	/	/	/	√	√	√	√	/	/	√	•	•	•	•	√	√	•
		串补站		√	/	/	√	•	/	•	•	•	/	•	•	•	√	•	√	√	/	/	/	√	√	√	√	/	/	√	•	•	•	•	√	√	/
	源	火电/水电	≥220kV	√	•	/	√	√	/	•	•	•	/	•	•	•	•	/	√	/	/	•	/	√	√	•	•	√	/	/	√	/	/	•	√	√	/
			≤110kV	√	/	/	•	√	/	•	•	•	/	•	•	•	•	/	√	/	/	•	/	√	√	•	•	√	/	/	√	/	/	•	√	√	/
		风光	≥220kV	√	•	/	√	√	/	•	•	•	/	•	•	•	•	/	√	/	/	•	/	√	√	•	•	√	/	/	√	/	/	•	√	√	/
			≤110kV	√	/	/	•	√	/	•	•	•	/	•	•	•	•	/	√	/	/	•	/	√	√	•	•	√	/	/	√	/	/	•	√	√	/
		生物质		√	/	/	•	√	/	•	•	•	/	•	•	•	•	/	√	/	/	•	/	√	√	•	•	/	/	/	√	/	/	•	√	√	/
		其他		√	/	/	•	√	/	•	•	•	/	•	•	•	•	/	√	/	/	•	/	√	√	•	•	√	/	/	√	/	/	•	√	√	/
	荷	普通用户站		√	/	/	•	•	/	/	/	/	√	/	/	/	•	/	√	/	/	/	/	√	√	•	•	•	/	•	•	/	/	•	/	•	/
		用户站+自备电厂		√	/	/	•	√	/	/	/	/	√	/	/	/	•	/	√	/	/	/	/	√	√	•	•	•	/	•	•	/	/	•	/	√	/
		电铁牵引站		√	/	/	√	√	/	/	/	/	•	/	/	/	•	/	√	/	/	/	/	√	√	•	•	•	/	•	•	/	/	•	/	√	/
		大数据用户站		√	/	/	•	√	/	/	/	/	•	/	/	/	•	/	√	/	/	/	/	√	√	•	•	•	/	•	•	/	/	•	/	√	/
	储	独立		√	/	/	√	√	/	/	/	/	/	•	•	•	•	/	√	•	•	•	/	√	√	•	•	/	/	•	•	/	/	•	/	√	/

续表

业务模型			业务通道																															组网通道		
			调度电话			线路保护		安全稳定控制系统				新型负荷控制	会议			行政电话		自动化系统					变电站辅控				电能质量	接入网回传	信息内网	信息外网	视频			数据通信网	调度数据网	网管网
			单机电话	调度交换机	调度台	复用2M	专用光芯	主站	执行站	测量站	2M切换装置		专线视频	网络视频	电话会议	IMS	程控	调度	变电站集控	配电	能源集控	远程终端	一次设备监测	动环	智能巡检	安防安防锁控					作业现场	基建现场	线路监控			
业务中心	公司本部		•	•	•	/	/	/	/	/	/	/	√	√	√	√	•	/	/	/	/	/	/	√	•	•	/	•	√	√	•	/	/	√	√	√
	调度机构	国、分、省、地	√	√	√	/	/	/	/	/	/	/	√	√	√	√	•	√	/	/	/	/	/	√	•	•	/	•	√	√	•	/	/	√	√	√
		县、配	√	√	√	/	/	/	/	/	/	/	√	√	√	√	•	/	/	√	/	√	/	√	•	•	/	√	√	√	•	/	/	√	√	√
	独立办公区		•	•	/	/	/	/	/	/	/	/	•	•	•	√	•	/	/	/	/	/	/	/	/	/	/	•	√	√	•	/	/	√	√	/
	营销网点		/	/	/	/	/	/	/	/	/	/	•	•	•	√	•	/	/	/	/	/	/	/	/	/	/	•	√	√	•	/	/	√	√	/
	变电站集控	集控站	/	/	/	/	/	/	/	/	/	/	•	•	•	√	/	/	/	/	/	/	/	•	•	•	/	•	√	√	•	/	/	√	√	/
		监控站	√	√	√	/	/	/	/	/	/	/	•	•	•	√	/	/	/	/	/	√	/	•	•	•	/	•	√	√	•	/	/	√	√	/
		运维站	√	•	•	/	/	/	/	/	/	/	•	•	•	√	/	/	/	/	/	•	/	•	•	•	/	•	√	√	•	/	/	√	√	/
	数据中心	电网数字化	/	/	/	/	/	/	/	/	/	/	/	/	/	√	/	/	/	/	/	/	/	•	•	•	•	•	√	√	•	/	/	√	/	/
		能源大数据中心	•	•	•	/	/	/	/	/	/	/	•	•	•	/	/	/	/	/	/	/	/	•	•	•	•	•	√	√	•	/	/	√	√	/
		边缘数据中心	/	/	/	/	/	/	/	/	/	/	/	/	/	/	/	/	/	/	/	/	/	•	•	•	•	•	√	√	•	/	/	√	/	/
		其他	/	/	/	/	/	/	/	/	/	/	/	/	/	/	/	/	/	/	/	/	/	•	•	•	•	•	√	√	•	/	/	√	/	/

备注：“√”表示有，“•”表示部分有，“/”无。

通信资源带宽、通道数量、数据流向、通道隔离及网络边际安全需求均发生颠覆性变化。

(3) 新型电力系统电源特性、故障机理变化，二次系统面临测量不准确、保护失效、控制不协同、监控不全面等问题，要准确刻画故障特征，实现监控系统无盲区覆盖，需要重构二次系统架构，研究新的保护原理，加强监控能力建设，而实现基础是数据采集量及采集频度，数据量级的变化直接影响通信流量，而保护业务更是与时延、时延差密切相关，判别机制的复杂化对通信保障的要求愈发严苛，或者换个角度，通信效能为故障快速隔离提供更大的计算裕度。

(4) 调控云的部署及新一代调度自动化系统的建设，网源荷储协同管理、调控数据省地间纵向同步、主备调之间横向同步，实现数据泛在采集监控、智能分析决策，弹性区域分布式计算、边缘计算的发展方向将改变局部数据流向。

(5) 多系统融合、传输通道的整合及多时间尺度数据标准统一将对通信通道造成冲击。零散系统平台化整合是数据流通共享技术路线的重要环节，由以上特征共同构建辅助设备智能监控系统，其架构如图2-3所示，利用设备在线监测、火灾消防、安全防卫、智能锁控、动环监控、远程智能巡视等系统将监控信息经现有传输系统上传至调控中心、运维主站，实现新一代电力系统调度、控制及监视。

2. 新型业务兴起

新型业务需要大带宽、差异化安全通信保障。新兴业务蓬勃发展，数字化、智能化进程的差异化推进影响因素众多，电力系统体量作为通信资源需求决定性因素的局面被打破，新兴业务的显著特点包括点多、面广、大带宽、不可预测、边界安全问题突出等。新兴业务特征具体包括：

(1) 对外综合能源服务，能源大数据中心充分融合应用电力数据、能源数据、政务数据等，创新研发电力消费指数、电力经济指数、企业多维信用画像、供应链金融等系列产品，对外服务政府、服务社会、服务客户，对接新能源云、智慧能源服务平台、智慧车联网平台等电网公司新兴业务平台，推进能源大数据生态体系构建。

(2) 算网融合需要通信跨区大带宽支持，业务中台、数据中台、物联管理中心云部署，各级数据中心建设，通信网要支撑数据广域流通，通信“运力”与信息“算力”协同部署，围绕数据采集—传输—存储—计算—应用组织通道。

(3) 海量采集接入、无线回传、本地局域网远程通道需求增加。

(4) 高清视频、移动场景接入需求增加。

(5) 平台侧仿真分析、辅助决策业务需求增多。

3. 需求可预测性变弱

通信资源需求可预测性变弱，要求网络裕度及平滑扩容能力。电力企业数字化转型、电力系统智能化发展是系统性工程，不仅是技术问题，更是管理问题，甚至

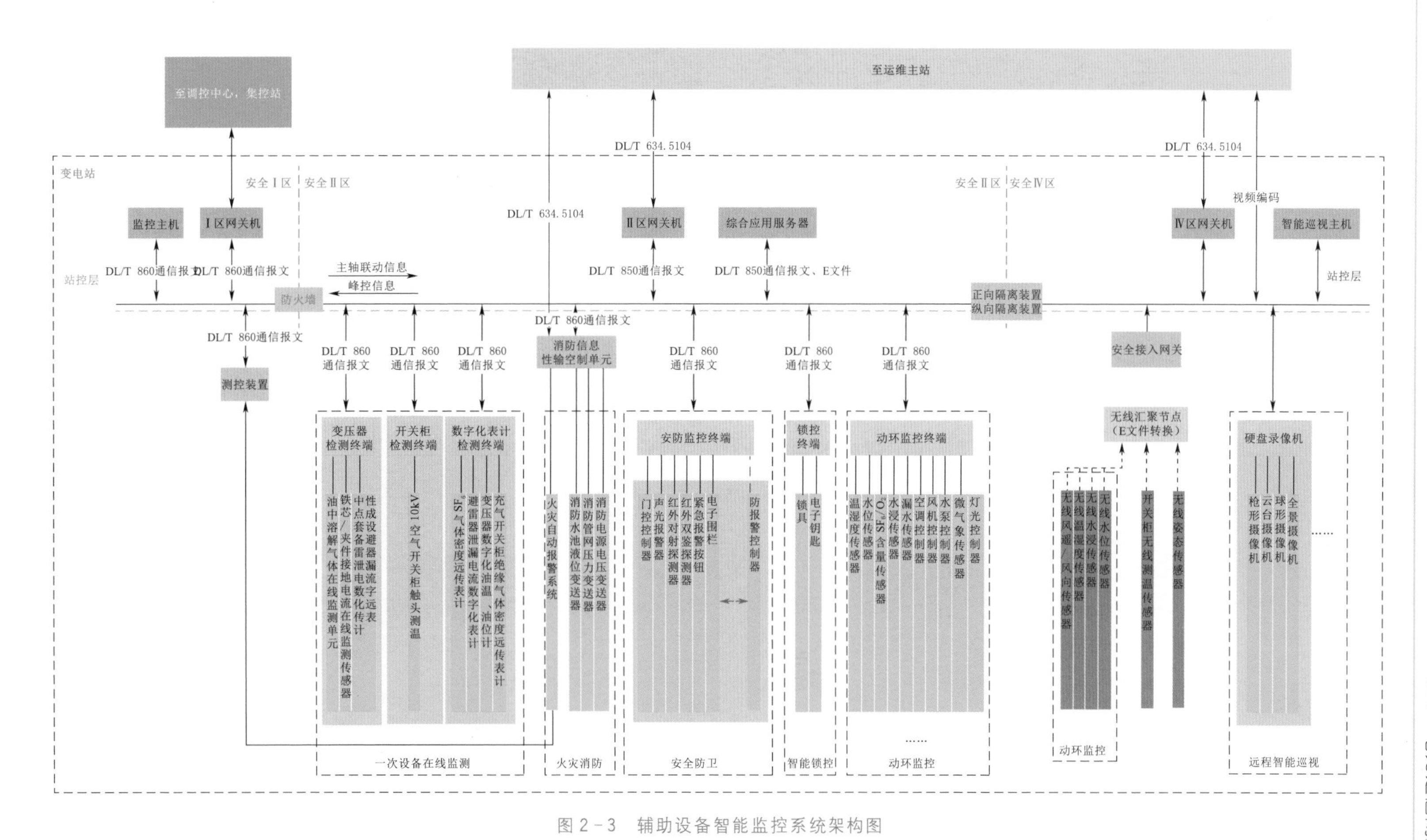

图2-3 辅助设备智能监控系统架构图

是理念问题，发展进程不确定性因素众多，发展重点、业务量变化频率及变量幅度、分布均衡性及规律性减弱，通信需求变化特性时间、空间差异性增大，传统电力通信网后向需求建设方式不能支撑业务发展方式，需要保持网络良好承载空间，支撑业务迅速投产。

2.2　电力通信网承载体系

2.2.1　电力通信网承载体系现状

电力通信网支撑电力系统运行及电力企业发展，本节以国家电网有限公司电力通信网为原型阐述电力通信网业务承载体系。

经过 20 余年的发展，光纤成为电力通信网底层承载媒质，微波、载波少量在网。电力光缆网与电网为伴生物理平面，但因光缆网建设滞后于电网，光缆网架薄弱于电网，但随着电网的建设改造，光纤复合地线（Optical Fiber Composite Overhead Ground Wire，OPGW）光缆比重逐渐增大，光纤复合相线（Optical Phase Conductor，OPPC）逐渐应用，电网与通信网融合发展，最大程度发挥路径优势，降低建设运维成本。在传输网层面，以线路交换刚性管道为主，面向以电力线路保护为典型代表的电力生产性业务低时延、高可靠、小带宽业务特性，SDH 一直作为电力通信网全业务承载网主流技术体制。伴随信息化进程、电力通信网服务电力生产的同时，管理类、IP 化业务迅速增长，为适应业务发展需求，“十一五”期间，开始构建调度数据网、数据通信网两张业务网。数据通信网构建之初，定位相对模糊，大量光芯直接组网，功能定位更倾向于 IP 业务承载网。“十二五”期间，数据通信网业务网属性明确，并组织了整体架构设计，逐步由传输网承载，搭建逻辑网络，形成层级结构。随着电网公司信息化进程不断推进，信息系统持续上线，电网公司探索部署波分复用（Wavelength Division Multiplexing，WDM）、密集波分复用（Dense Wavelength Division Multiplexing，DWDM），受技术体制生命力影响，未形成规模。“十三五”期间，电网公司广泛部署 OTN 设备，该类设备组建的网络主要定位为大颗粒业务承载网，联络地市公司及以上公司本部，主要业务为数据通信网骨干网与接入网断面通道。此外，存在各地区根据需求，小范围部署个性化业务网，如：用于 10kV 接入网业务回传配电数据网。

电力传输网直接用户包括业务网、业务系统、业务三种。业务网主要有调度数据网、数据通信网、配电数据网、网管网等，电力传输网为业务网提供组网通道，调度数据网、数据通信网作为两大业务网承载了大量的电网生产业务、企业管理业务。

网络中各类业务，利用业务系统—业务网—电力传输网逐层汇聚，实现电力系统业务的承载。电力传输网业务承载层级如图 2-4 所示，俯瞰图如图 2-5 所示。

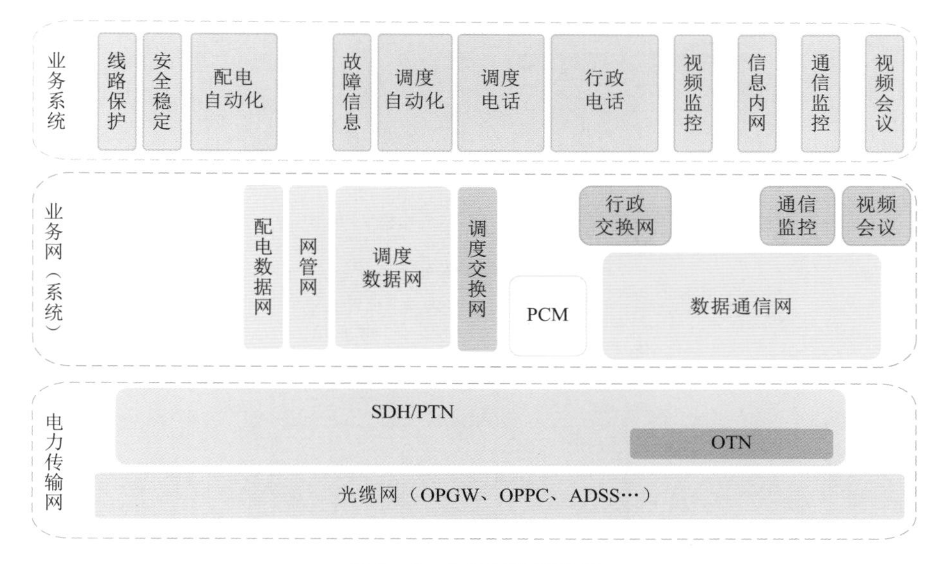

图 2-4 业务承载层级图

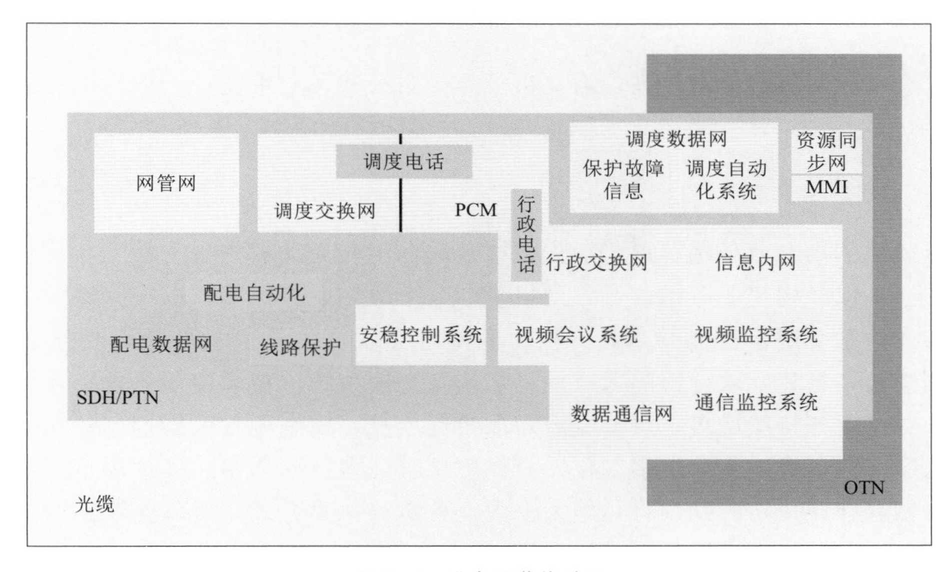

图 2-5 业务承载俯瞰图

（1）电网生产业务包括电网运行控制、电网设备在线监测、电网运行环境监测和电网运行管理等业务。电网控制业务对网络的可靠性、实时性要求高，如图 2-6 所示，尤其线路保护及安稳业务，采用 SDH 作为承载网络，开通专线的模式为主，保证可靠性、时延、时延差要求；电网运行管理和运行环境监测业务主要由调度数据网和数据通信网承载；电网运行控制业务和设备在线监测业务主要承载在电力调度数据网上，调度数据网组网时严格控制跳数以保障业务传送质量。

（2）企业管理业务属于企业的敏感信息，在传输时延上无特殊要求，但是对传

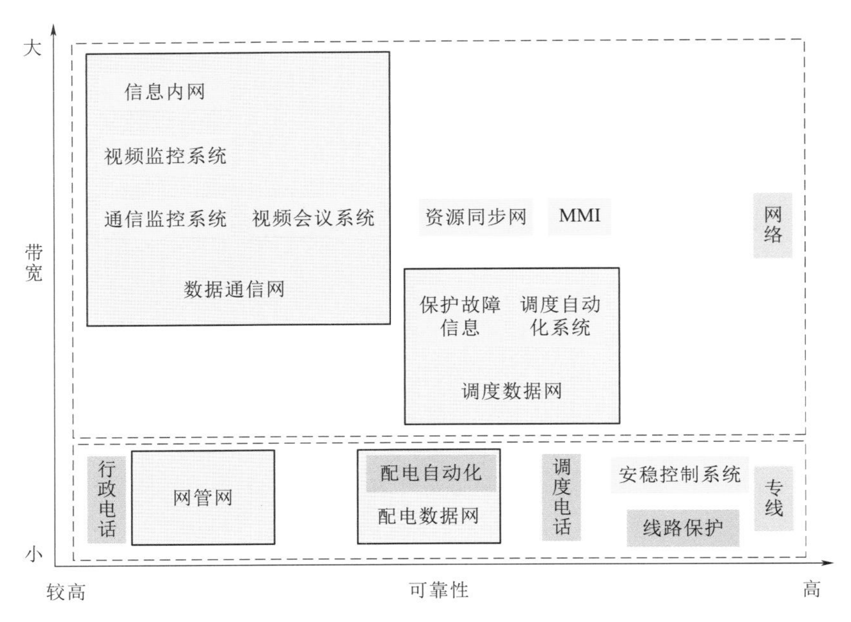

图 2-6　业务安全等级及带宽变化关系图

输的安全性、可靠性要求较高，需提供可靠的路径和冗余带宽，一般由数据通信网进行传送。

2.2.2　发展趋势

电力通信网对业务保障形式应由传统被动保障向主动引领服务转变，传输网提供“1+1”保障构建业务网，业务网提供“$N-M$”业务保障。以线路保护为代表的专线业务量受限于性能要求，一段时间随电力系统体量少量增长；业务系统 IP 化，系统架构构建寻求合适的承载网，如调度交换系统、视频会议系统；业务网多元化，数据业务持续增多，数据流通需求快速增长，现有调度数据网、数据通信网难以保障多业务进一步分组精细化安全保障要求，多技术体制、多个固定服务方向的业务网存在在一定时期内将是绝大多数业务承载保障方式，所以传输网的主流服务对象是业务网组网通道。

2.3　电力传输网发展需求

随着新型电力系统数字支撑体系建设，生产控制系统由单、双中心向多中心乃至去中心方向演进，业务数据星型汇聚模式被打破，区间业务流量增加。管理信息系统向平台型发展，跨区业务显著增多。电力通信网由面向专业信息型业务转为集采共享数据，企业专用通信网对内服务转变为多方服务，电力传输网作为数据“运力”基础设施，应具备：①广域跨区大容量承载能力，具备联网统管能力，区间干线功能强化，需构建平台型网络；②配网侧源荷边界模糊、电力流向树形结构打破、有源微电网的存在，跨区交易结算不仅存在高压侧，因此传输具备全层级贯穿服务能力，需构建扁平化网络；③由具体业务承载向业务网组网通道偏移；端到端的刚性管道资源组织方式不再适应业务数据化转变，业务网多元化成为必然，电力传输网面向业务网，颗粒度加大；④通信网功能定位由支撑保障向引领服务转变，应具备平滑快速升级能力、智能管控能力、多边纳管能力。新型电力系统数字技术支撑体系架构蓝图如图 2-7 所示。

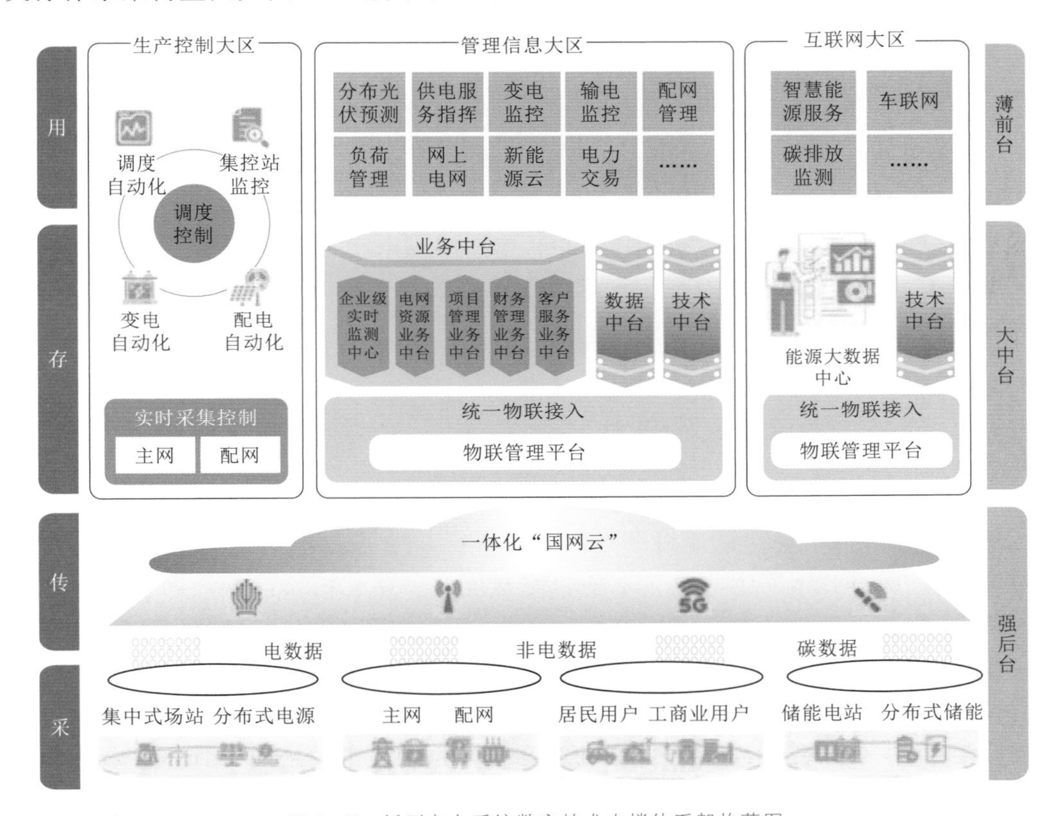

图 2-7 新型电力系统数字技术支撑体系架构蓝图

总之，新型电力系统传输网作为业务网络组网承载平台，应具备广域、大带宽、资源柔性敏捷调配能力，具备多颗粒度、全连接业务网构建支撑能力，具备可靠逻辑通道构建能力及网络平滑扩容能力。

第 3 章

电力传输网发展现状

电力系统传输网以电网企业专网为核心，覆盖网源荷储站点。目前，国家电网有限公司（以下简称国网）、中国南方电网公司（以下简称南网）已建设 SDH/MSTP 和 OTN 传输网。本章介绍国网、南网传输网及公共传输网现状，分析电力传输网架问题。

3.1 国网电力传输网现状

国网电力传输网早期按照国调、网调、省调、地调、县/配调五级调度机构调度范围构建五级网络；“十一五”末期，探索地县一体化网络架构，网络调整为四级网络；“十二五”时期，区域网公司划转为分部，探索总分一体化，传输网层级进一步调整为省际、省级、地市三个层级。省际骨干传输网是指国网总部（分部）至省公司、直调发电厂及变电站以及分部之间、省公司之间的传输系统。省级骨干传输网是指省（自治区、直辖市）电力公司至所辖地市电力公司、直调发电厂及变电站，以及辖区内各地市公司之间的传输系统。地市骨干传输网是指地市公司至所属县公司、地市及县公司至直调发电厂、35kV 及以上电压等级变电站及供电所（营业厅）等的传输系统。

“十二五”时期至“十三五”时期，国网电力传输网 A 平面采用 SDH 技术，功能定位为全业务承载网，部署省际网、省级网、地市级三级网络，根据通道保障要求构建单系统或双系统，覆盖各级直调厂站、公司本部、调度机构，地市骨干传输网以 SDH 单平面为主，部分地市建设了 SDH 双平面；B 平面采用 OTN 技术，功能定位为大颗粒业务承载网，部署省际、省级两级网络，覆盖国—分—省、省—地公司本部、调度机构、数据中心，“十三五”末期除西藏外均部署省级传输网 B 平面。

3.2　南网电力传输网现状

南网多业务传送平台（Multi-Service Transport Platform，MSTP）网络、自动交换光网络（Automatically Switched Optical Network，ASON）按主干网、省干网和地区网三级建设，各级网络按双平面配置。主干网、省干网的双平面为1张MSTP网和1张ASON网，地区网的双平面为2张MSTP网。MSTP网采用分级建设的原则，分为主干MSTP网、省干MSTP网、地区MSTP网（海南采用省地合一方式）。主干MSTP网覆盖公司总部（总调、备调）、各分（子）公司本部、各中调、直流换流站、调峰调频电厂、跨省（自治区）交流线路的500kV变电站以及满足网络组网所需的其他节点。省干MSTP网覆盖中调、省（自治区）备调、地调、省内500kV厂站、跨地区交流线路的220kV变电站以及满足网络组网所需的其他节点。地区MSTP网双平面覆盖地调、地区备调、县（区）调、地区内220kV变电站、110kV变电站以及满足网络组网所需的其他节点，单平面覆盖35kV变电站。

3.3　公共通信网现状

公共通信网传输网规模、带宽水平、技术体制，与企业专网均存在显著区别，了解其网架结构及发展思路，有助开拓电力传输网构建思路，电信运营商骨干传输网络基本情况见表3-1。

表3-1　电信运营商骨干传输网络基本情况

序号	内容	中国电信	中国移动
1	网络层级	分为一干（跨省）、二干（跨地市）、三干（地市内）三个层级，在推进一干、二干融合，业务量大的省可不开展，如广东、江苏。网络融合可以优化网络、降低时延，但维护管理上会带来一些问题，还需要集团层面协调解决。整体优化思路是向上简洁化，向下网格化	分为一干（跨省）、二干（跨地市）、三干（地市内）三个层级。整体优化思路是向上简洁化，向下网格化
2	技术体制	OTN、IPRAN（IP Radio Access Network，IP化的无线接入网）、SDH均有，OTN带宽向100G演进，已完成200G集采测试。5G承载网采用STN（智能传送网）技术，即新型IP RAN技术。2016年开始ROADM技术应用，最大32维，对光缆资源消耗较大，倒换时间是秒级至分钟级	OTN、PTN（Packet Transport Network，分组传送网）、SDH均有，OTN带宽向100G/200G演进。5G承载网采用SPN（Sliced Packet Network，切片分组网）技术，已开展试点建设

续表

序号	内容	中 国 电 信	中 国 移 动
3	平面设置	除精品政企网（可靠性要求高）外，没有平面互备。骨干层只汇聚，不做用户接入，不需要设备冗余互备	除重要集团客户专网（可靠性要求高）外，没有平面互备。骨干层只汇聚，不做用户接入，不需要设备冗余互备
4	设备品牌	华为、中兴、烽火、上海诺基亚贝尔四大品牌	华为、中兴、烽火、上海诺基亚贝尔四大品牌
5	网络运行考核指标	按向用户服务承诺的不同业务运行率进行考核，A类99.9%（无保护，主要是基站业务）、AA类99.95%（中继层保护）、AAA类99.99%（全保护）	按向用户服务承诺的不同业务运行率进行考核，用户分为A类集团用户、B类集团用户等
6	时延	省会间网络单向时延要求小于30ms。通过优化取直，减少光缆长度，如沿高铁线路建设光缆，但设计、施工需要铁路部门指定，协调困难	银行、证券公司等用户有时延要求，目前没有设置考核指标
7	可靠性	骨干层要求100%成环或双归，接入层根据实际光缆条件及用户等级确定	骨干层要求100%成环或双归，接入层根据实际光缆条件及用户等级确定；无重路由
8	经济性	设备使用寿命按10年计算，但投资和收益要平衡，能运行则继续运行	设备使用寿命按10年计算，但投资和收益要平衡，能运行则继续运行
9	建设方式	一是每年滚动规划；二是应急类项目需求，主要是网络隐患解决；三是用户需求响应	一是规划建设需求；二是用户需求响应；三是网络运维隐患（包括带宽资源不足）解决。通常带宽资源使用率达到50%～60%即可扩容
10	运维方式	总部、省、地市、县四级运维，在总部、省、地市设置操作维护中心（NOC）	总部、省、地市、县四级运维，县级主要是配合，备品备件按三级配置，提高实效性

关于5G承载网，目前主要有三种技术体制，分别是中国移动主导的切片分组网（Slicing Packet Network，SPN）、中国电信主导的M－OTN面向移动承载优化的OTN（Metro－Optimized OTN，M－OTN）以及中国联通主导的无线接入网IP化（IP Radio Access Network，IP RAN）演进，即IP RAN2.0。各运营商应用的技术体制及其各自的技术特点详见表3－2及图3－1。

表 3－2　　　　　　　　主导运行商应用的技术体制对比表

主导运营商	技术体制	技术特点
中国移动	SPN	基于新 L3 层、新交叉、新光层、新同步、新管控五大特色，实现大带宽、低时延、高精度同步、网络切片、L3 灵活连接和软件定义网络（Software Defined Network，SDN）管控，构建 5G 切片友好网络
中国联通	IP RAN2.0	IP RAN 和 OTN 均是成熟可靠的技术，具备跨厂家设备组网能力，同时两者持续演进支持 EVPN、SR、FlexE、OUDflex 等新技术
中国电信	M－OTN/IP RAN 并行	在 OTN 基础上新增 L3 路由功能难度较大，相当于重新设计 OTN 和简化路由器融合的设备

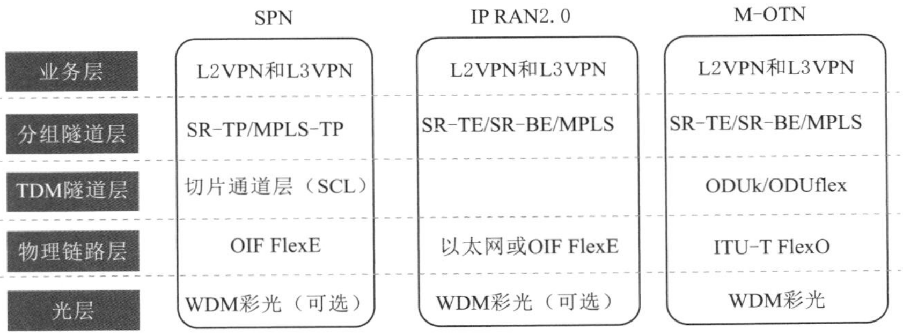

	SPN	IP RAN2.0	M-OTN
业务层	L2VPN和L3VPN	L2VPN和L3VPN	L2VPN和L3VPN
分组隧道层	SR-TP/MPLS-TP	SR-TE/SR-BE/MPLS	SR-TE/SR-BE/MPLS
TDM隧道层	切片通道层（SCL）		ODUk/ODUflex
物理链路层	OIF FlexE	以太网或OIF FlexE	ITU-T FlexO
光层	WDM彩光（可选）	WDM彩光（可选）	WDM彩光

图 3－1　运营商现有技术对比图

OTN 技术目前在各技术中认可度较高，发展迅速，能满足智能电网通信业务高可靠隔离、超低时延、超大带宽、泛在连接等需求，为新一代网络推荐承载网络。SPN 技术已经实现规模商用，以切片技术、新型接口、SR 段路由等关键技术。SPN 在电网的应用包括更适合的设备形态、小颗粒业务的承载等，具体应用场景仍需持续探索。

3.4　电力传输网存在的主要问题

3.4.1　SDH 技术与新型电力系统需求不匹配

1. 带宽瓶颈与空间制约难以突破

现有电力系统 SDH 网络干线带宽以 10G 为主，网络结构光缆网物理结构高度重合，随网络体量增大，业务通道跳数持续增加，新型电力系统数据流向更加多元，过路业务消耗大量带宽资源，历史数据跨域调用持续增加，时间、空间特性对网络资源消耗影响 SDH 技术体制自身依托网络优化已经难以解决。

2. 柔性管道业务快速发展的需要

电力传输网应生产控制类业务而生，小量级刚性硬管道定向传输保障了电网生产的安全可靠需求，但随着企业信息化建设、新型电力系统构建，以太网IP分组类业务激增，占据通信资源消耗绝对比重，电力传输网由面向业务向面向数据转变，SDH通道配置及带宽分配方式导致运维工作量大、资源利用率偏低，无差别QOS保障造成不必要消耗，业务网应运而生，SDH直接承载业务占比下降，而受限于带宽业务网组网支撑能力不足。

3. 技术体制演进及产品市场支撑需要

随着技术演进，SDH设备市场份额逐年递减。据统计，2020年SDH/MSTP市场比2019年约下降18%，未来五年内占比仍将不断下降，预计到2024年SDH/MSTP整体占比将仅剩2%。随着SDH技术市场份额的递减，主流厂商将进一步缩减生产线，电力系统作为SDH设备主要市场，应考虑SDH替代技术及现有传输网络的演进方案。

3.4.2 电力传输网资源调配方式与新型电力系统需求不匹配

1. 匹配调度层级网络构建模式，资源调度、利用受限

以电网五级调度范围为基础构建的多级网络，因同一站点多级调度关系而设备堆叠冗余，一方面光缆、电源、屏位等基础资源消耗严重，另一方面光缆跨级组织时效障碍、通道资源共享不足。伴随500kV变电站属地化运维，运维压力较大，综合成本高，投资效益低。资源分散管理，贯穿层级广域敏捷调度能力不足、对外服务能力受限。

2. 网络层级功能定位模糊，产品需求匹配度不强

现有电力传输网未清晰划分骨干层、接入层，节点设备无论容量大小均需具备2M业务上下能力，出现电信级干线节点设备在电网中应用受限情况，市场上现有产品线设备在槽位架构设计及板卡端口密度与电网应用模式难以契合，造成设备堆叠、网络臃肿问题，通道组织复杂化。

3. 伴随电网持续建设投资模式，建设改造难度较大

电力通信网随电网建设持续扩建、改造，时间分布离散，尤其是干线层的改、扩建涉及大量业务切改，施工期间网络抗毁能力减弱，保护、安稳等业务短时重载会引起电网运行风险提高。广域资源省级集中调度管理及运维压力，产品品牌归集成为运行迫切意愿，而广域联网局部改造方式受限，网络演进资金组织难度增加。

3.4.3 OTN技术粗放型电力应用与新型电力系统需求不匹配

现有省级OTN平面作为省地断面大颗粒业务承载网，主要覆盖省公司本部、地市公司、通信第二汇聚点和途经的部分220kV及以上变电站，通常采用干线带宽40波10G，满足当前业务发展需求，并具有一定安全性。但电力OTN网络架构

及资源管理策略欠缺，设备选型及配置相对单一，技术价值未充分发挥，具体表现在下述几个方面：

1. 站站电中继，成本、能耗双高

省内 OTN 网络在无电信号波形恢复需求站点波分复用系统无差别采用光-电-光方式，OTN 网络中 ONU 连接示意如图 3-2 所示，大量穿通业务非必要上下消耗大量资源，光方向多，设备配置标准高，波分系统约占系统成本的 60%以上，扩容成本高。现网运行电子框能耗约为光子框的 1.5～2 倍。

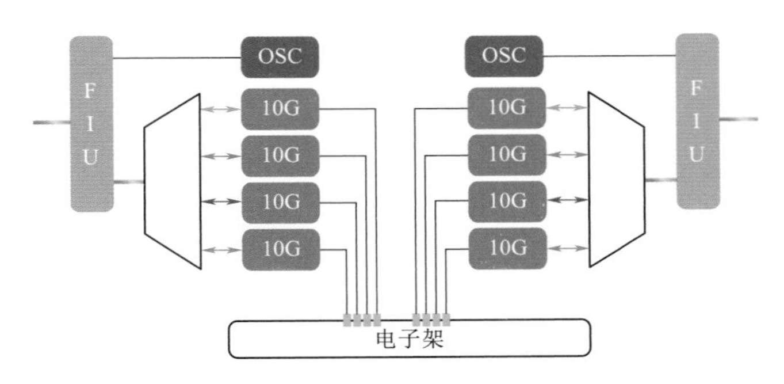

图 3-2　OTN 网络中 ONU 连接示意图

2. 手动连纤业务开通方式，需求及故障响应时效性不足

现有 OTN 网络设备基本未配置光交叉模块，波道开通、业务调整需到全部途经站点跳纤，存在业务开通时间长、工作量大的问题，需计算业务路由参数，并逐点配置。无法满足智能调度需求，且不具备抗多点失效能力。

3. 10G 波分系统必须采用色散补偿模块，但时延、插入损耗增加

传统 10G OTN 设备与光缆互联示意如图 3-3 所示，光路子系统中必须采用色散补偿器（Dispersion Compensator，DCM）设备对色散进行补偿。

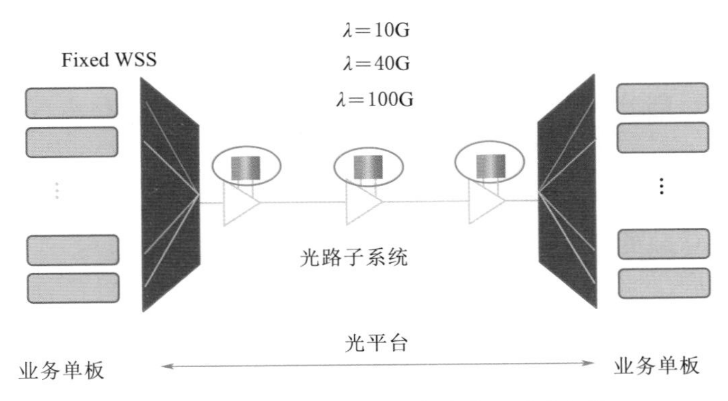

图 3-3　传统 10G OTN 设备与光缆互联示意图

而插入损耗随距离增长而增加，DCM 不同公里数的插入损耗见表 3-3。其中 100km DCM 的插入损耗约 9.0dB，而 9.0dB 约可支持光信号在衰减系数为 0.21dB/km 光缆中传输 42.85km，占传输总距离的 42.85%。

表 3－3　　DCM 不同公里数的插入损耗表

项目类型	典型补偿距离/km	最大插入损耗/dB	项目类型	典型补偿距离/km	最大插入损耗/dB
DCM（S）	5	2.3	DCM（C）	60	6.4
DCM（T）	10	2.8	DCM（D）	80	8
DCM（A）	20	3.3	DCM（E）	100	9
DCM（B）	40	4.7	DCM（F）	120	9.8

1000km DCM 对时延影响如图 3－4 所示，1000km DCM 对时延的影响约占系统总时延的 11%。DCM 的引入，不但增加了设备时延，还缩短了传输距离。如取消 DCM，则可大幅提升设备的传输性能。

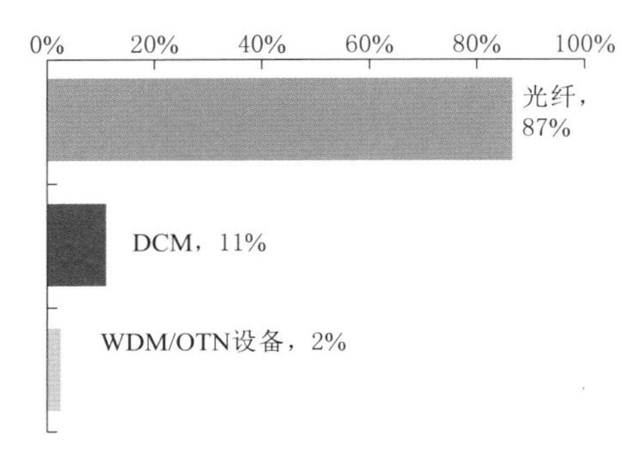

图 3－4　1000km DCM 对时延影响图

3.5　小结

总体来看，电力系统光传输网络已形成带宽较充足、结构较可靠、层级清晰、设备规模较大的骨干光传输网络，满足现有电网安全生产和企业经营管理各类业务承载需求。目前，部分区域存在区段带宽资源裕度不足、重路由区段、多系统设备堆叠等问题。

但随着新型电力系统的建设，现有网络从技术体制、带宽容量及覆盖范围均无法满足系统业务承载的需求。新型电力系统是以电力为核心，基于清洁能源大规模开发利用、能源网络坚强广泛互联、主动用户灵活参与、多种能源协同运行而形成的能源巨系统。首先，新型电力系统的主要目标是实现跨环节的源网荷储协调互动、跨系统的多能协调互补、跨区域的资源优化配置。要实现跨环节、跨系统、跨区域的协调优化，亟须信息的大范围即时性传输、处理和反馈，新型电力系统需建设支撑复杂业务流向、对业务敏捷响应的一体化电力传输网络，促进能源系统实现更加经济、清洁、安全运行。其次，新型电力系统将推动互联网与能源市场深度融合的能源产业发展新形态，涵盖能源生产、传输、存储、消费等方面。这种发展形态具有设备智能、多能协同、信息对称、供需分散、系统扁平、交易开放等主要特征，这些特征也要求大力推进能源系统与信息系统的底层一体化承载平台的建设。最后，能源工业互联网将促进跨区域跨行业业务发展的新业态，具有分布分散、多行业交叉、覆盖率较低等特征，将进一步推动电力传输网一体化承载平台搭建，以更好地支撑新型电力系统及能源工业互联网的建设。

第 4 章

主流光传输技术

SDH 技术为现有电力传输网络主体技术体制，20 余年为电力系统安全生产提供了有力支撑，但面临新型电力系统智能化、数字化需求，存在发展瓶颈，本章对现有各类主流光传输技术进行对比，分析各技术的应用场景，为进一步探讨新型电力系统平台型光传输网络构建提供基础支撑。

4.1 SDH 技术

根据国际电信联盟电信标准分局（International Telegraph and Telephone Consultative Committee Telecommunication Standardization Sector，ITU－T）的建议定义，SDH 是为不同速率的数字信号的传输提供相应等级的信息结构，包括复用、映射、同步方法组成的技术体制。SDH 技术自从 20 世纪 90 年代引入我国以来，至今已经是一种成熟、标准的技术，在骨干网、接入网中被广泛采用，且越来越具备价格优势。SDH 具有以下基本技术特征：

1. 横向兼容

SDH 采用的信息结构等级称为同步传送模块 STM－N（N＝1,4，16,64），传输容量带宽为 155Mbit、622Mbit、2.5Gbit、10Gbit。SDH 传输系统在国际上有统一的帧结构、数字传输标准速率和标准的光路接口，网管系统互通性好，因此有很好的横向兼容性。

2. 硬管道

SDH 是专门为语音设计的，可应用于固定速率的业务，即采用固定容器传送固定速率的话音业务。SDH 使用虚容器（Virtual Container，VC）传输固定速率的语音，带宽利用率较高，但对于不固定速率的数据类业务，SDH 带宽利用率较低。

3. 路由自动选择能力

SDH 上下电路方便，维护、控制、管理功能强，具有标准统一、硬隔离、高可靠等优点。

4. 同步型网络

SDH接入系统的不同等级的码流在帧结构净负荷区内的排列非常有规律，而净负荷与网络是同步的。它利用软件能将高速信号一次直接分插出低速支路信号，实现了一次复用的特性，取消了准同步数字系列（Plesiochronous Digital Hierarchy，PDH）准同步复用方式对全部高速信号进行逐级分解然后再生复用的过程。由于SDH大大简化了数字交叉连接设备（Digital Cross Connect，DXC），减少了背靠背接口复用设备，改善了网络的业务传送透明性。

5. 网管能力强

SDH帧结构中安排了丰富的开销比特（大约占信号的5%），因而使网络的操作维护管理（Operation Administration and Maintenance，OAM）能力大大加强，具有诸如故障检测、区段定位、端到端性能监视、单端维护等能力。

4.2 PTN技术

分组传送网（Packet Transport Network，PTN）是传送网与数据网融合的产物，主要协议是传输层多协议标记交换（Transport MPLS，TMPLS），较网络设备少IP层而多了开销报文，可实现环状组网和保护。PTN的传送带宽比OTN小，最大群路带宽为10G。因MSTP/SDH以电路交换为核心，承载IP业务效率低，带宽独占，调度灵活性差，PTN应运而生。PTN传送的最小单元是IP报文，报文大小有弹性，而SDH传输的是时隙，最小单元是E1即2M电路，电路带宽固定。基于MPLS的传输子集（MPLS-Transport Profile，MPLS-TP）的PTN技术具有以下基本技术特征：

1. 分平面连接

PTN设备由数据平面、控制平面、管理平面组成，其中数据平面包括QoS、交换、OAM、保护、同步等模块，控制平面包括信令、路由和资源管理等模块，数据平面和控制平面采用用户侧接口（User Network Interface，UNI）和网络节点接口（Network to Network Interface，NNI）与其他设备相连，管理平面还可采用管理接口与其他设备相连。

2. 分组转发

分组具有转发机制，数据转发基于标签进行，即由标签构成端到端的面向连接的路径，多协议标签交换（Multiprotocol Label Switching - Traffic Engineering，MPLS - TE）基于20bit的MPLS - TP标签转发，是局部标签，在中间节点进行标签交换路径（Label Switched Path，LSP）标签交换。

3. 多业务承载

多业务承载，MPLS - TP采用伪线电路仿真技术来适配不同类型的客户业务，包括以太网、TDM和异步转移模式（Asynchronous Transfer Mode，ATM）等客户业务。支持以太网点到点线形业务、以太网多点到多点专网线业务和以太网点到多点树形业务。

4. 运维分层管理

运行维护管理机制，PTN的MPLS－TP运行维护管理机制分为虚线层、标签交换路径层、段层。每层都支持运行维护管理功能机制，包括连续性检验、连接确认、性能分类、告警抑制、远端完整性能等。

4.3　SPN技术

切片分组网是基于多层融合的新一代端到端分层交换网络，具备业务灵活调度、高可靠性、低时延、高精度时钟、易运维、严格QOS保障等属性的传送网络。SPN具有以下基本技术特征：

1. 多种交换能力

SPN具备以太分组包交换能力，支持分组业务的灵活连接调度；具备SPN Channel交换能力，支持业务的硬管道隔离和带宽保障；具备光层波分交叉能力，支持大带宽平滑扩容和大颗粒业务调度。

2. 集中管理和控制的SDN架构

采用基于软件定义网络（Software Defined Network，SDN）管控融合架构，支持业务部署和运维的自动化能力，以及感知网络状态并进行实时优化的网络自优化能力。同时，基于SDN的管控融合架构提供简化网络协议、开放网络、跨网络域/技术域业务协同等能力。

3. 网络切片功能

SPN具备在一张物理网络进行资源切片隔离，形成多个虚拟网络，为多种业务提供差异化（如带宽、时延、抖动等）的业务承载服务。

4. 分组层面向连接和面向无连接业务统一承载

具备通过安全实时传输协议（Secure Real－time Transport Protocol，SRTP）隧道技术提供面向连接业务承载能力，为点到点或点到多点连接业务提供高质量、易运维传输服务；同时具备通过SRTP隧道技术提供面向无连接业务承载能力，为多点到多点业务提供易部署、高可靠传输服务。

5. 电信级故障检测和性能管理

具备网络级的分层OAM故障检测和性能管理能力，支持对网络中各逻辑层次、各类网络连接、各类业务通过OAM机制进行连通性、丢包率、时延、抖动等质量属性进行监测和管理。

6. 高可靠网络保护

具备网络级的分层保护能力。支持基于设备转发面预置保护倒换机制，在转发面检测到故障时进行电信级快速保护倒换；支持基于 SDN 控制器通过协议实时感知网络拓扑状态，在感知到网络状态变化后重新计算业务最优路径。

7. 可靠精准同步

支持同步以太网功能，实现稳定可靠的频率同步；支持 1588 功能，实现高精度的时间同步。

8. 低时延转发

支持网络级三层就近转发和设备级物理层低时延转发能力，匹配时延敏感业务的传送要求。

4.4 OTN 技术

OTN 技术是电网络与全光网折中的产物，将 SDH 强大完善的 OAM&P 理念和功能移植到了 WDM 光网络中，有效地弥补了现有 WDM 系统在性能监控和维护管理方面的不足。OTN 技术可以支持客户信号的透明传送、高带宽的复用交换和配置，具有强大的开销支持能力，提供强大的 OAM 功能，支持多层嵌套的串联连接监视（Tandem Connection Monitor，TCM）功能、具有前向纠错（Forward Error Correction，FEC）支持能力。OTN 技术具有以下基本技术特征：

1. 大容量调度能力

电层带宽颗粒为光通路数据单元，光层的带宽颗粒为波长，其复用、交叉和配置的颗粒明显要大很多，对高宽带数据客户业务的适配和传送效率有显著提升。

2. 强大的运行、维护、管理与指配能力

OTN 光通路层的 OTN 帧结构大大增强了光信道层（Optical Channel Layer，OCh）的数字监视能力。OTN 还提供层嵌套串联连接监视（TCM）功能，这样使得 OTN 组网时，采用端到端和多个分段同时进行性能监视。

3. 完善的保护机制

点到点的线路光复用段（Optical Multiplex Section，OMS）保护倒换方案，系统倒换设备将主信号自动转至备用光纤系统来传输，从而使接收端仍能接收到正常的信号而感觉不到网络已出现了故障。光层保护方式（1∶1），是由一个备用保护系统和一个工作系统组成的保护网络。光链路保护方式（1+1），是由一个备用保护系统与一个工作系统组成的保护网络。$M:N$ 方式，资源共享的保护方式，通常采用通道保护方式，是由 M 个备用保护系统和 N 个工作系统组成的复用段保护网络。核心网自愈环网（Self Healing Ring，SHR）就是无需人为干预，网络具有发现替代传输路由并重新建立通信的能力，在极短的时间内从失效的故障中自动恢复所携带业务的环网。

4. 复用数字包封技术承载各种类型的业务

多种客户信号封装和透明传输，支持 SDH、ATM、以太网，大颗粒的带宽复用、交叉和配置，可以基于电层ODUk（Optical Channel Data Unit，光通路数据单元），如ODU0（1000Mbit/s）、ODU1（2.5Gbit/s）、ODU2（10Gbit/s）和ODU3（40Gbit/s），远大于SDH的VC12和VC4。

5. 多级串联连接监控能力

OTN技术可以提供强大的OAM功能，并可实现多达6级的串联连接监测（TCM）功能，提供完善的性能和故障监测功能。

6. 更长的传输距离

带外FEC功能，增加了系统的传输距离。此外，100G OTN采用相干调制技术，具有足够的色散容限和偏振模容限，无需考虑线路传输上的色度色散和偏振模色散的影响，从而延长业务的传输距离。

4.5　主流光传输技术比较

主流光传输技术对比见表4-1。光传输网络演进方向如图4-1所示。

从表4-1和图4-1可知，虽然目前OTN技术在大颗粒IP数据业务封装、未知比特速率业务映射、40GE/100GE信号格式未标准化等方面仍存在待完善之处。但随着全IP业务发展的推动和设备厂家投入加大，OTN技术标准和设备功能将日渐成熟，更加顺应传输网发展趋势，成为一体化底层承载平台的可靠选择之一。总体来说，OTN技术主要优势如下：

1. OTN/WDM系统具备大颗粒业务的快速开通能力

在网省中心和地市中心之间，将新增大量高带宽业务，如视频监控、宽带业务等，要求传输网络对GE以上大颗粒业务快速开通。OTN网络具备快速开通派发生成业务的能力，以OTN网络开通大颗粒业务，利用OTN自身特点，提高业务开通效率。

2. OTN/WDM系统具备兼容现有各类业务的能力

随着新型电力系统建设的推进，以及变电站内各类视频类业务大量接入，业务量和覆盖范围大幅增加，对网络带宽提出了更高的需求，SDH网络容量已无法满足，10G OTN系统也将面临资源不足的境况。结合多维度ROADM器件的OTN网络，能够提供波长级交叉调度功能，系统容量可从32/40/48波平滑升级到80/96波，支持2.5G/10G/40G/100G系统。OTN/WDM系统支持标准G.709业务封装，支持34M到40G各种速率业务的混合接入。ODU*k*交叉矩阵，800G到3.2T超大交叉容量，OTN设备电层交叉调度能够处理PKT、ODU和VC任意颗粒的业务。将不同速率单元STM-N以VC颗粒度映射进ODU*k*（*k*=0/1/2/3/4/flex）。OTN/WDM系统可为分组业务提供刚性和弹性传输管道，并根据用户业务大小利用ODUflex（灵活速率光数字单元）灵活配置容器容量的特性，匹配信号速率，可针对不同业务提供不同QoS的承载服务，有效提高承载效率，满足多业务承载。

表 4-1 主流光传输技术对比表

序号	维度	组网技术			
		SDH	PTN	SPN	OTN
1	带宽	155M/622M/2.5G/10G	最大群路带宽为10G	10G/50G/100G/200G/400G	单波10G，群路可达400～1600G，最新的技术可达单波1.2T
2	技术	通过不同速率的数字信号的传输提供相应等级的信息结构的技术	分组交换的技术	切片分组网技术	用的是波分技术
3	业务层	L1层VPN	L2层VPN和L3层VPN	L2层VPN和L3层VPN	L2层VPN和L3层VPN
4	业务	1. 业务接入为E1、FE、GE、10GE。 2. SDH交叉处理能力：基于VC4高阶交叉和VC12的低阶交叉。 3. 业务信号时经过映射、定位和复用三个步骤进入SDH帧，由于容器的大小是固定的，利用率较低。 4. 采用1∶1备用带宽指配方式实现保护倒换，带宽利用率不高，不能根据业务的等级提供差异化服务	1. 可提供E1、FE、GE、10GE的带宽颗粒，但由于其处理内核为分组方式，因此对于分组业务的承载优势较大，承载TDM业务的能力有限。 2. 基于MPLS-TP技术的PTN网络，用PW和标记交换路径LSP来分别标识端到端的分组传送业务和分组传送路径，实现面向连接的分组转发和传送功能。 3. 支持1∶1/1+1线性、环网保护，在50ms内完成点对点连接通道的保护切换，可实现传输级别的业务保护和恢复	1. 业务接入带宽为GE、10GE，采用智能管控及网络切片技术，SPN设备的以太网端口基于TDM时分复用的硬管道可实现时隙调度、刚性隔离、独占带宽、通道之间不相互影响。针对电力传输网不同业务的安全隔离要求，部署切片，实现不同区域电网业务的承载。 2. SPN支持L3到边缘的转发。 3. 目前，主流厂商切片颗粒最小为10M（华为1G），尚不能满足2M等小颗粒业务通道使用	1. 多业务接入。能够接入任意速率的任意业务［SDH，SONET，PDH，ETH，FC，SDI，PON，SAN，CPRI］。 2. 统一交叉。融合L0+L1+L2技术，可提供基于波长，PKT，ODU和VC的统一交叉调度。 3. 统一传送。各种业务可以映射到最匹配的管道中，任意汇聚到大容量的波长中统一传送

续表

序号	维度	组网技术			
		SDH	PTN	SPN	OTN
4	组网	1. 采用较先进的ADM，DXC、网络的自愈功能和重组功能较强。 2. SDH组网网络拓扑结构灵活，可以独立组网，网络运行灵活、安全、可靠。 3. 标准的开放型光接口可以在基本光缆段上实现横向兼容，降低了联网成本	1. 具有较为灵活的组网调度能力、具备业务感知和端到端业务开通管理能力。 2. 可采用核心、汇聚、接入三层组网模式。接入层采用环型或链型结构组网，客户侧采用E1、FE端口。汇聚层及以上可采用环形或MESH组网，可承载在波分系统上；上下层相连可采用两点接入方式。汇聚层及以上采用大容量10G线路侧端口。 3. PTN组网在分组业务占主导时候才具有优势。 4. 对于与MSTP网络在业务、网管等层面实现互联互通，PTN仍有待于进一步完善	1. SPN设备由数据平面、控制平面、管理平面组成，其中数据平面包括分组交换、SE交叉、OAM、保护、QoS、同步等模块；控制平面包括路由、信令和资源管理等模块。数据平面和控制平面采用UNI和NNI接口与其他设备相连，管理平面还可采用管理接口与其他设备相连。 2. SPN应独立组网，一般采用核心、骨干、汇聚、接入四层组网模式。 3. 由于技术标准仍待完善，各厂家设备暂不具备互联互通能力	1. 通过OTN帧结构、ODUk交叉和ROADM的引入，大大增强了光传送网的组网能力，改变了基于SDH VC-12/VC-4调度带宽和WDM点到点提供大容量传送带宽的现状。 2. 由于OTN主要承载大容量大带宽业务，因此多采用SDH+OTN相结合的组网模式。 3. OTN的引入不仅增加了大颗粒电路的调度灵活性，也可节约大量光纤资源。 4. 各厂商转发技术均基于私有方案，不同厂家线路侧封装和客户侧业务映射各不相同，无法实现互联互通的IrDI接口对接。目前正在试点研究跨域跨厂商端到端业务自动开通

续表

序号	维度	组网技术			
		SDH	PTN	SPN	OTN
5	标准	成熟，标准已经多年不再更新，后续也处于停滞状态	在环网保护、同步、OAM、与路由器互通方面的标准尚不成熟	趋于成熟，在公网运营商已规模应用。SPN的国标已经完成意见征求稿，正式标准即将发布，ITU－T的G.MTN主要标准也基本确定，不过在电力系统尚未规模使用	成熟，ITU－T主要标准，已基本完善，针对基于OTN的控制平面和管理平面，ITU－T也完成了相应主要规范的制定
6	运维	无控制平面，基于静态的网管配置建立业务连接，网管功能大部分集中在网元管理层	无控制平面，继承了SDH技术的操作、管理和维护机制，静态配置方式给网络调整带来复杂度	基于SDN架构，并统一网元管理、网络管理，网络能力开放、高效灵活，业务可视、可管、可控	基于SDN架构，界面清晰、网络设备和传输设备分层及网管
7	投资	针对大带宽业务，高速率板卡价格昂贵	造价相对较低，传送单位比特成本低	在电力系统尚未规模应用，预估具备一定的价格优势	OTN设备接口相对较贵，数据网络设备以太网接口价格便宜，综合造价相对较低
8	可靠性	高可靠性	可靠性不高	可靠性较高	可靠性较高
9	SDN技术结合	不支持SDN	不支持SDN	支持SDN	支持SDN
10	技术迭代	目前产业链正在萎缩	目前产业链正在萎缩	主流技术	主流技术
11	应用	可接入任何安全区的业务，目前主要应用在省干、省级、地区级网络	可接入任何安全区的业务，目前主要应用于城域网各个层面的业务及网络层面	目前试点接入安全Ⅲ、Ⅳ区的业务，目前主要应用在地区局。	可接入任何安全区的业务，目前主要应用在省干、省级

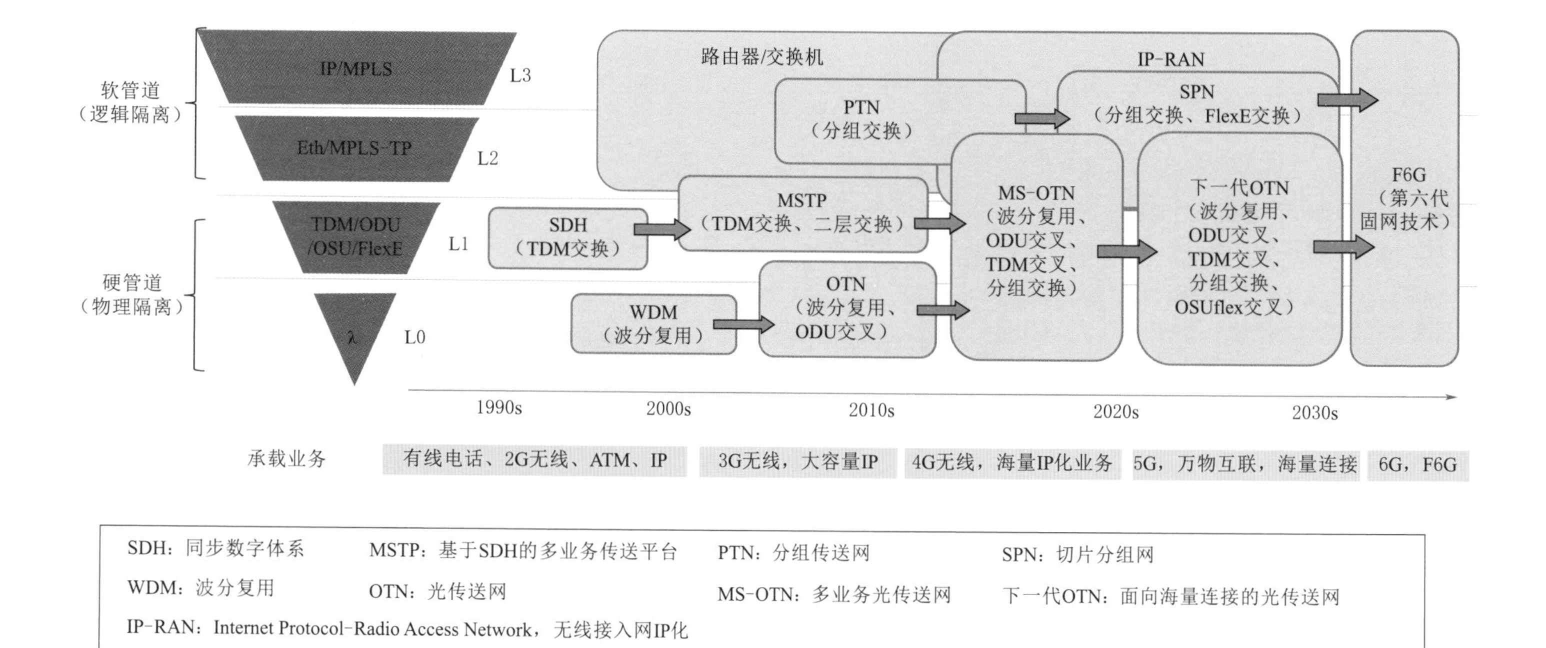

图 4－1　光传输网络演进方向

3. OTN/WDM 系统具备同步能力

OTN 设备时钟同步包括频率同步和时间同步两方面。频率同步方面，满足 SDH 传输定时性能；时间同步方面，满足 E1 电路时间性能；OTN 设备通过外部接入一主一备两台时间服务器作为同一时间域的时间基准源头，并配置 GPS/北斗卫星授时接收机和高精度原子钟来提高全网的同步可靠性。

4. OTN/WDM 系统线路拆迁改造带来的业务调度

在电力网络中，不时会发生因为输电线路拆迁改造而造成的业务长时间中断。OTN 调度节点可以对业务进行灵活的交叉调度，实现快速业务恢复。

5. OTN/WDM 系统可增加路由提高网络安全性

随着新型电力系统的发展，电力通信网络规模不断扩大。OTN 调度节点具有更多个维度的灵活交叉调度能力。可利用该网络增加备用保护路径有效抵抗多点失效，提高传输网络整体安全性。

6. OTN/WDM 系统 100G 相干技术全面提升网络性能

OTN 的 100G 波道采用相干检测技术，使得 100G 光传输系统具有足够的色散容限和偏振模容限，从而无需再考虑线路传输上的色度色散和偏振模色散的影响。这给网络建设和运维带来一系列好处，主要包括：

（1）简化了传输线路上的光学色散补偿和偏振解复用设计。消除了光通信网络对低偏振模色散（Polarization Mode Dispersion，PMD）光纤的依赖。使电力通信网适用于各种规格的传输光纤，便于光纤线路速率升级。

（2）消除了传输线路色散补偿（Dispersion Compensating Fiber，DCF）光纤非线性效应的影响，减少了线路放大器的数量和 ASE 噪声的影响，降低了线路成本，提升了系统长距传输能力。

（3）减小了线路传输时延，按照 1km 光纤 5μs 的时延计算，消除 DCF 光纤所带来的时延减少非常可观，这对时延敏感的应用环境意义重大，时延的降低有利于 OTN 网络中承载的保护业务的安全。

鉴于 OTN 具备以上优势，基于 OTN 的组网方式必将逐步取代传统的 SDH+WDM 的网络架构，成为下一代光传送网络的发展主流。基于 OTN 的智能光网络将为大颗粒宽带业务的传送提供非常理想的解决方案。相对 SDH 而言，OTN 技术的最大优势就是提供大颗粒带宽的调度与传送，因此，在不同的网络层面是否采用 OTN 技术，取决于主要调度业务带宽颗粒的大小。按照网络现状，省际干线传送网、省内干线传送网以及城域（本地）传送网的核心层调度的主要颗粒一般在 Gbit/s 及以上，因此，这些层面均可优先采用优势和扩展性更好的 OTN 技术来构建。对于城域（本地）传送网的汇聚与接入层面，当主要调度颗粒达到 Gbit/s 量级，亦可优先采用 OTN 技术构建。SPN 技术已经实现规模商用，以切片技术、新型接口、SR 段路由等关键技术。SPN、PTN 在电网中的应用，如更适合的设备形态、小颗粒的承载等，具体应用场景仍需持续探索。

第 5 章

OTN 技术原理

当下，OTN 以其独特优势成为传输干线首选技术，本章将针对 OTN 的组网方式、保护方式、业务映射关系及 RODAM 在 OTN 网络的应用场景进行详细论述，为新型电力系统平台型传输网络设计提供技术基础。

5.1 OTN 技术概述

OTN 是由一组通过光纤链路连接在一起的光网元组成的网络，能够提供基于光通道的客户信号的传送、复用、路由、管理、监控以及保护（可生存性）。OTN 的一个明显特征是对于任何数字客户信号的传送设置与客户特定特性无关，即客户无关性。

客户信号（SDH、IP、ATM、以太网等）
OCh层
OMS层
OTS层
光媒质层

图 5-1 OTN 的分层结构图

OTN 网络从垂直方向分层结构如图 5-1 所示，即光通道（Optical Channel with full functionality，OCh）层、光复用段（Optical Multiplex Section，OMS）层和光传送段（Optical Transmission Section，OTS）层。

其中 OCh 层由 4 个数字结构单元组成，如图 5-2 所示，OPU*k*（Optical Channel Payload Unit-*k*，净负荷单元），ODU*k*（Optical Channel Data Unit-*k*，光通道数据单元），OTU*k*（Completely Standardized Optical Channel Transport Unit-*k*，光通道传送单元）和 OTS（Optical Transmission Section，光通道子层）。

系数 k 表示所支持的比特速率和不同种类的 OPU*k*，ODU*k* 和 OTU*k*。$k=1$ 表示比特速率为 2.5Gbit/s，$k=2$ 表示比特速率为 10Gbit/s，$k=3$ 表示比特速率为 40Gbit/s，$k=4$ 表示比特速率为 100Gbit/s。

OTN 的帧结构，即 OTU*k* 采用固定长度的帧结构，为 4 行 4080 列结构，主要

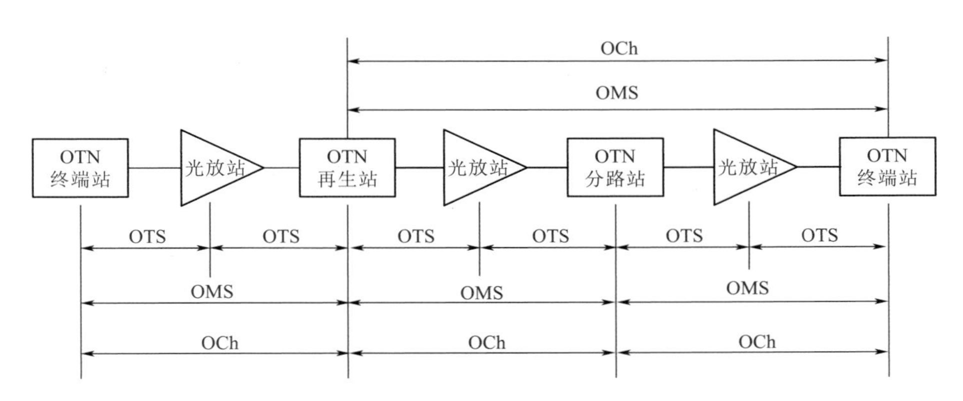

图 5-2 光通道层（OCh）结构示意图

由 OTUk 开销、OTUk 净负荷、OTUk 前向纠错 3 部分组成，如图 5-3 所示。图中第 1 行的第 1～14 列为 OTUk 开销，第 2～4 行中的第 1～14 列为 ODUk 开销，第 1～4 行的第 15～3824 列为 OTUk 净负荷，第 1～4 行中的第 3825～4080 列为 OTUk 前向纠错码。OTUk 帧结构不随客户信号速率变化而变化，也不随 OTUk 速率等级而变化。当客户信号速率较高时，相对缩短帧周期，加快帧频率，而每帧承载的数据信号没有增加。

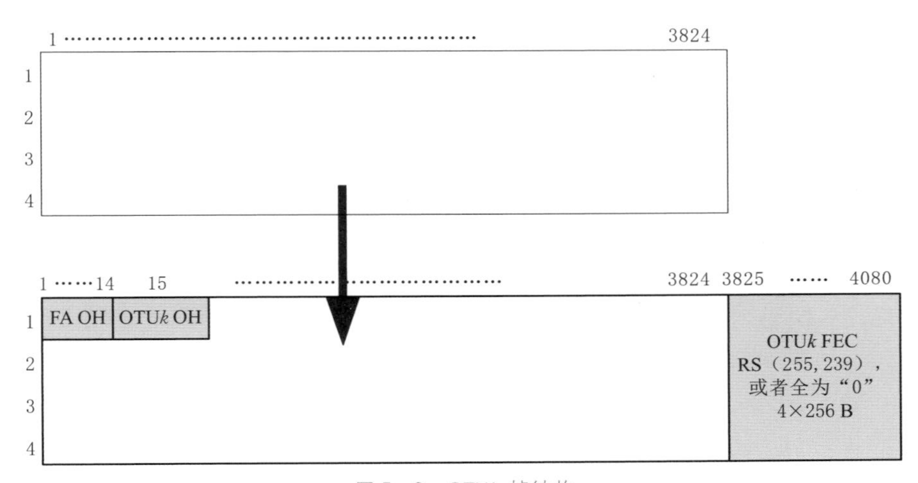

图 5-3 OTUk 帧结构

5.2 OTN 组网方式

5.2.1 星型网

星型网是指网络中的各节点设备通过一个网站集中设备连接在一起，各节点呈星状分布的网络连接方式，其组网结构如图 5-4 所示。

5.2.1.1　优点

星型网便于集中控制，因为端用户之间的通信必须经过中心站。由于这一特点，也带来了易于维护和安全等优点。端用户设备因为故障而停机时也不会影响其他端用户间的通信。一跳直达核心层，网络扁平化，网络延迟时间较小，系统的可靠性较高，调度灵活。排除故障比较容易，线材成本低，可以满足各种速率网络。

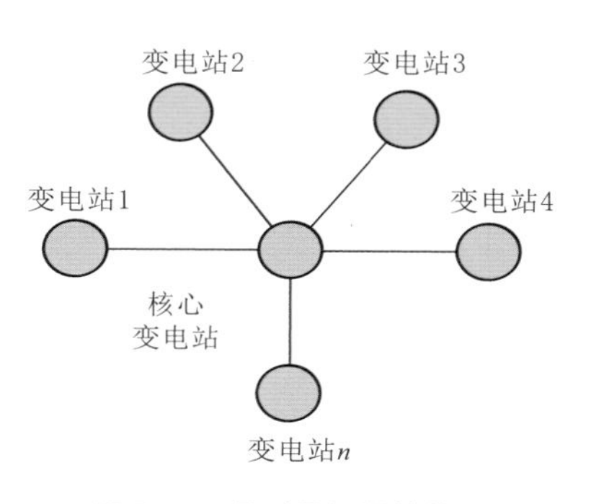

图 5－4　星型网组网结构图

5.2.1.2　缺点

在星型拓扑结构中，网络中的各节点通过点到点的方式连接到一个中央节点上，由该中央节点向目的节点传送信息。中央节点执行集中式通信控制策略，因此中央节点相当复杂，负担比各节点重得多。在星型网中任何两个节点要进行通信都必须经过中央节点控制。对中心节点设备需要抗故障能力强，一旦出现故障，整个网络瘫痪。扩充新节点时布线比较麻烦，传输距离受限。

5.2.2　单环网

单环网指使用一个连续的环将每台设备连接在一起，其组网结构如图 5－5 所示。它能够保证一台设备上发送的信号可以被环上其他所有的设备都看到。在简单的环状网中，网络中任何部件的损坏都将导致系统出现故障，将阻碍整个系统的正常工作。

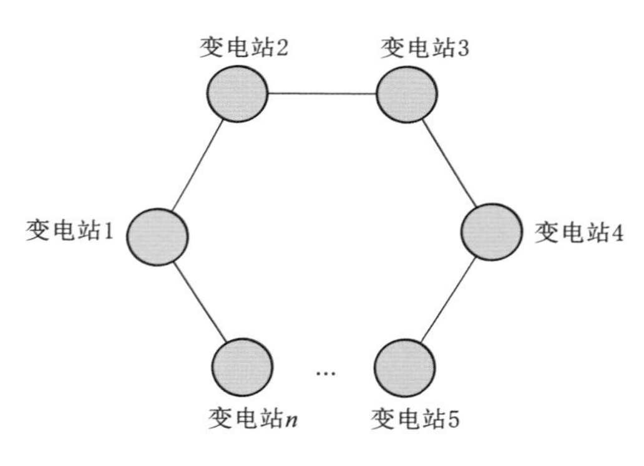

图 5－5　单环网组网结构图

环形网中各结点通过环路接口连在一条首尾相连的闭合环形通信线路中，就是把每台 OTN 设备连接起来，数据沿着环依次通过每台 OTN 直接到达目的地，环路上任何结点均可以请求发送信息。请求一旦被批准，便可以向环路发送信息。环形网中的数据可以是单向传输也可是双向传输。信息在每台设备上的延时时间是固定的。

5.2.2.1　优点

单环状组网结构简单，环状结构清晰，业务规划、部署简便。该组网模式链路长度短。环形拓扑网络链路长度较星型拓扑网络更短。

5.2.2.2　缺点

（1）节点的故障会引起全网故障。因环上数据传输要通过接在环上的每一个节点，一旦环中某一节点发生故障就会引起全网故障。

（2）故障检测困难。因网络非集中控制，故障检测需在网上各个节点进行，故障定位过程复杂。

(3) 扩充环的配置比较困难。同样，关停部分已入网站点也较为困难。

(4) 由于信息是串行穿过多个节点环路接口，当节点过多时，影响传输效率，网络时延较长。但当网络结构确定时，其时延固定，实时性有保障。

(5) 每一主干光缆段采用复用段保护，可提高网络可靠性。网络为应对光缆中断，可为业务临时传输方案提供备用路由，但主/备用路由长度不均衡，业务切换过程中存在一定的抖动。

5.2.3 网状网

网状网可以让网络中的每个节点都可以发送和接收信号，建立每个点之间的互联，保证网络健壮性和稳定性，其组网结构如图 5-6 所示。

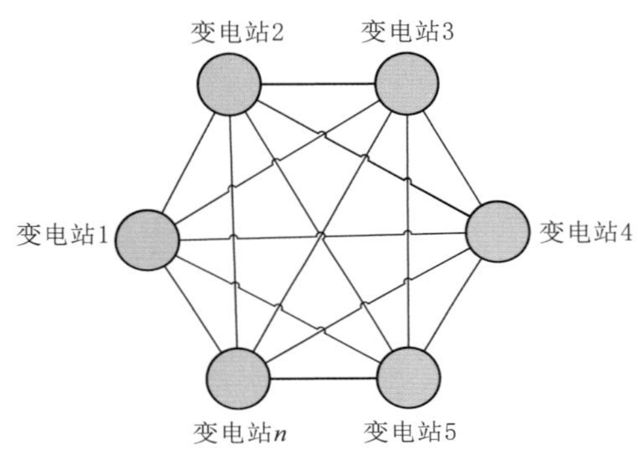

图 5-6 网状网组网结构图

5.2.3.1 优点

1. 无单点故障

网状网具有无单点故障的健壮性和稳定性，不依赖某一个单一节点的性能。在单环网络中，如果某一个节点出现故障，整个网络也就随之瘫痪。而在网状网结构中，每个网状网节点都有多条数据路径，多个节点形成网状组网架构。如果任何一处的节点出现故障或者受到干扰，结合智能化的算法，可自动路由到备用路径继续进行传输，整个网络的运行不受到影响。

2. 折叠快速组网、灵活组网

每个设备都有多个传输路径可用，网络可以根据业务需求，优选最短路径组织业务，减少业务整体路径长度，从而有效地避免了单区段业务重载问题。

5.2.3.2 缺点

投资较高，纤芯占用量高，网络结构复杂，业务规划可选性较多，容易出错。

5.3 保护方式

OTN 定义了两种类别的保护，分别是：线性保护和环网保护。

(1) 线性保护，可用于任何物理结构（网、环和混合）。工作方式可以是 1+1 方式，也可以是 1∶N 方式。

(2) 环网保护为环中每个连接提供了 1∶1 方式的保护路由和保护容量。在无故障情况下，保护连接本身并没有传送工作连接的备份，因而可传送低优先级的额外业务。额外业务不受保护，该段保护路由可作为其他工作通道共享的保护通道。

5.3.1　线性保护

5.3.1.1　基于单个光通道的1+1保护［OCh SNCP（Subnetwork Connection Protection，子网连接保护）］

基于单个光通道的保护是采用OCh信号并发选收的原理，一般称光通道1+1保护。这种保护方式不需要自动保护倒换（Automatic Protect Switch，APS）协议，倒换速度快（50ms以内），可靠性高。检测和触发条件：

信号丢失（Signal Fail，SF）条件：线路光信号丢失（Loss of Signal，LOS、OTU*k*层次的SF条件、*k*阶光数据单元通道（Optical Data Unit of Level *k* Path，ODU*k* P）的SF条件。

信号缺陷（Signal Defect，SD）条件：光功率过高、过低及基于监视OTU*k*层次及ODU*k* P层次的误码劣化（Degraded defect，DEG）。

5.3.1.2　基于单个光通道的1∶N保护

在正常工作状态，保护波长不传输业务。当任意一个光通道出现故障时，接收端监视判断接收的信号状态，并执行来自保护段合适信号的桥接和选择。

基于单个光通道的1∶*n*保护如图5-7所示，属于双端倒换，收端和发端都同时进行保护倒换动作，并且每一个通道的倒换与其他通道倒换独立。一旦检测到启动倒换事件，保护倒换应在50ms内完成。

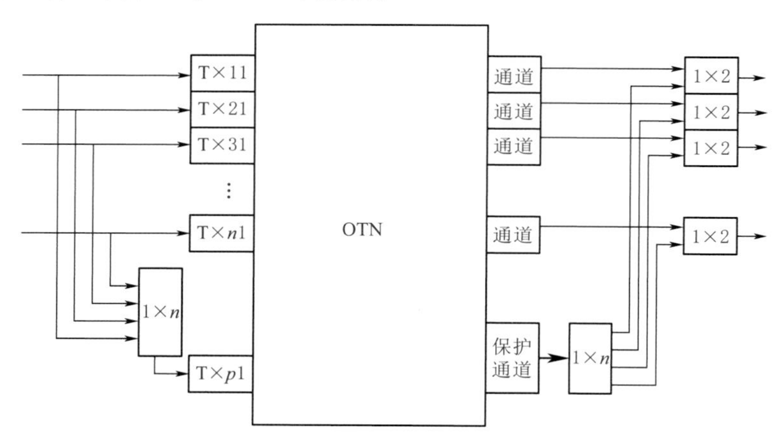

图5-7　基于单个光通道的1∶*n*保护

检测和触发条件：

SF条件：线路光信号丢失（LOS）及OTU*k*层次的SF条件和ODU*k*P层次的SF条件。

SD条件：光功率过高、过低，及基于监视OTU*k*层次及ODU*k*P层次的误码劣化（DEG）。

5.3.1.3 ODU*k* SNCP 保护

ODU*k* 子网连接保护是一种专用点到点的保护机制，可用在任何一种物理拓扑结构的网络中（网状、环状、混合结构），对部分或全部网络节点实行保护。

受到保护的子网络连接可以是两个连接点（CP）之间，也可以是一个连接点和一个终接连接点之间（TCP）或两个终接连接点之间的完整端到端网络连接。一旦检测到启动倒换事件，保护倒换应在 50ms 内完成。

ODU*k* SNCP 可进一步根据监视方式划分如下几种：

SNC/I（Inherent Monitoring）：固有监视，触发条件为 SM 段开销状态。当不需要配置 ODU 端到端保护，也不需要配置 TCM 子网应用时，选择 SNC/I。

SNC/S（Sub－layer Monitoring）：子层监视，触发条件为 SM、TCM 段开销状态。当不需要配置 ODU 端到端保护，但需要配置 TCM 子网应用时，选择 SNC/S。

SNC/N（Non－intrusive Monitoring）：非介入监视，触发条件为 SM、TCM、PM 段开销状态。当需要配置 ODU 的端到端保护时，选择 SNC/N。

这三种保护的区别在于监视能力不同，体现在触发条件不同。

ODU 保护类型分为 1＋1（图 5－8）和 $M:N$（图 5－9）两种。

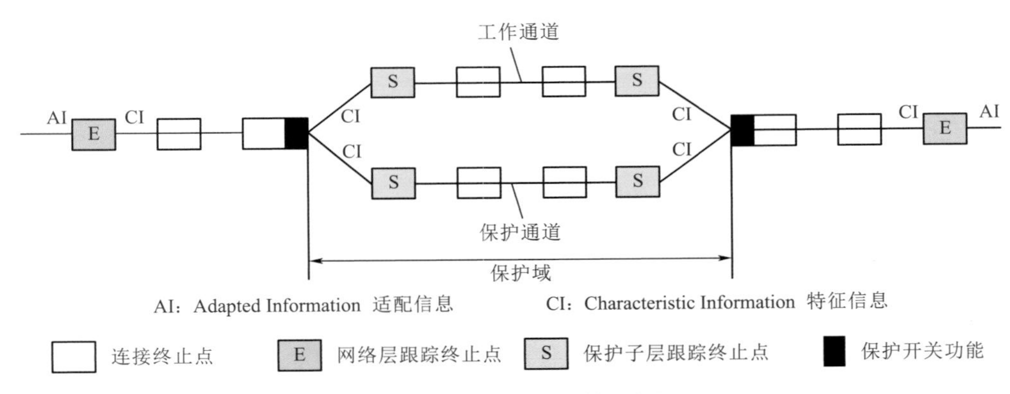

图 5－8　1＋1 SNCP 保护示意图

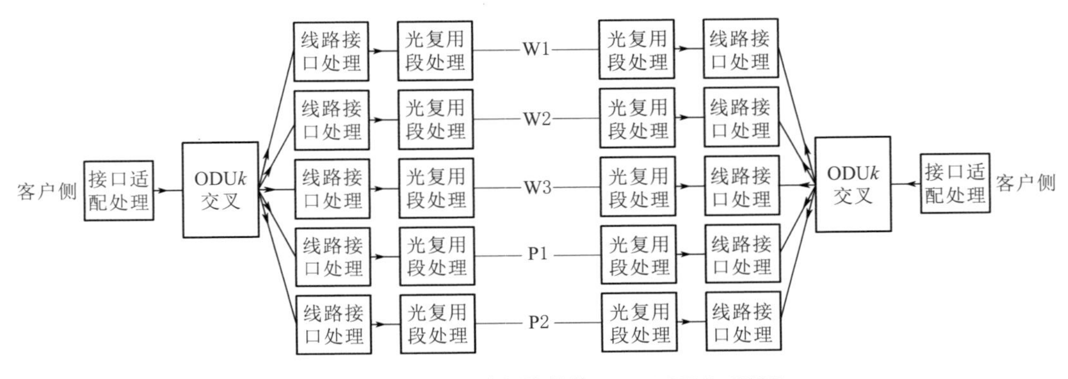

图 5－9　使用不同光纤路径的 $M:N$ ODU*k* SNCP

在源节点，客户业务经过业务接入单元送至ODUk交叉单元，经过ODUk交叉单元送至3个工作线路单元和2个保护线路单元。各个线路单元分别经过不同的合波单板送至不同光纤，经过不同光纤传送至宿节点。在宿节点，经过不同光纤传送过来的信号经不同分波单板送至3个工作线路单元和2个保护线路单元，这5个线路单元的信号，经过ODUk交叉单元选收后送至业务接入单元。

图5-10所示为单方向，M∶N保护可支持单向也可支持双向。需要使用APS协议在源宿节点间交互信息来控制保护倒换。

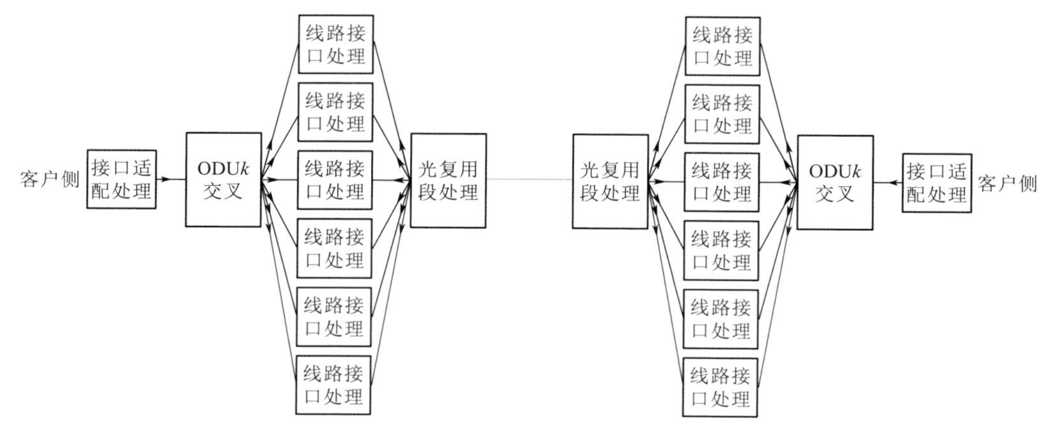

图5-10　M∶N ODUk SNCP应用于反向复用

假如W1光纤损坏，则在宿节点检测到线路单元1的LOS，通过与宿节点的APS协议交互确定后，在源宿节点分别执行保护倒换的桥接和倒换动作，使用P1来进行保护。

另外，对于反向复用的情况，可考虑使用相同的光纤路由，使得工作通道与保护通道是一致的路由，时延均满足要求。所以，反向复用的多路信号中，假如某一线路接口处理单元故障，可仅对这一路进行保护倒换，而不必将复用的全部信号都进行倒换。

对于100G反向复用为10个ODU2的情况，若采用1+1保护，则需配置10个1+1保护通道，且任一ODU2工作通道故障，必须将全部10个保护组都进行倒换。

5.3.2　环网保护

ODUk共享保护环（ODUk Shared Protection Ring，ODUk SPRing）保护如图5-11所示，红色实线XW表示工作ODUk，红色虚线XP表示保护ODUk。蓝色实线YW表示反方向工作ODUk，蓝色虚线YP表示反方向保护ODUk。其中XW与XP、YW与YP可工作在同一根光纤，也可在不同光纤，可由用户配置指定，正向ODUk与反向ODUk不可配置在同一光纤。其中，保护通道可支持额外业务，也可不支持额外业务，此保护方式在分布式业务网络中存在较大应用价值。环上任何两节点间业务容量应小于等于 ODUk 容量，若存在大于 ODUk 容量的业务需要保护，则需配置更高等级的 ODUk 保护组或配多个保护组。ODUk SPRing 保护组仅将环上节点对信号质量检测情况作为倒换依据，同时对协议的传递也仅需环上的节点进行处理。在没有额外业务且所有节点处于空闲态（光纤长度小于 1200km）时，一旦检测到启动倒换事件，保护倒换应在 50ms 内完成。

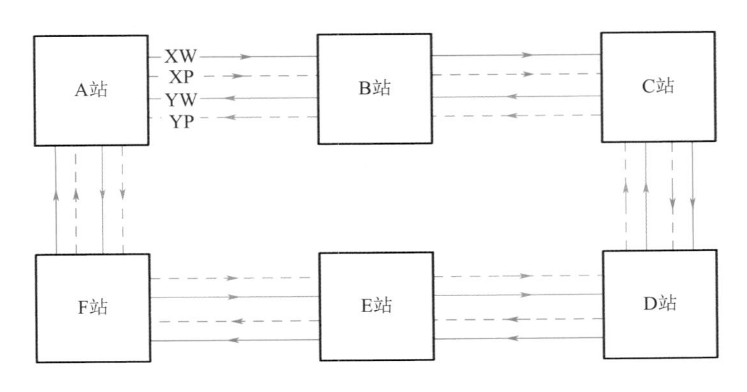

图 5－11　ODUk SPRing 保护

保护触发条件：保护倒换的条件是对 OTUk 和 ODUk TCM（ODUk 串接连接监视）进行监测，如具备 SF 条件或 SD 条件之一，则进行保护倒换。

5.4　业务映射关系

OTN 设备通常包括电层设备（电子框）和光层设备（光子框）两部分。电子框主要实现不同业务接入、映射和电层调度，即将支路侧信号转换成标准波长的光信号；光子框主要实现波长分配、光层调度、光放大、光层保护等功能。通常根据节点在网络中的位置及作用进行资源配置。OTN 设备通用结构示意如图 5－12 所示。

5.4.1　电层资源配置原则

目前各主流品牌 OTN 设备支路侧支持 STM－1/4/16，GE/FE，10GE，100GE，OTUk（k=1、2、3、4），FC－100/200/400，光纤连接器（Fiber Connector，FICON），管理系统连接（Enterprise Systems Connection，ESCON），光纤分布式数据接口（Fiber Distributed Data Interface，FDDI），数字视频广播（Digital Video Broadcast，DVB）等业务接入；线路侧则支持 OTU2、OTU3、OTU4、超 100G 带宽传送；支持一个或者多个级别 ODUk（k=0/1/2/3/4/flex）的电层调度；

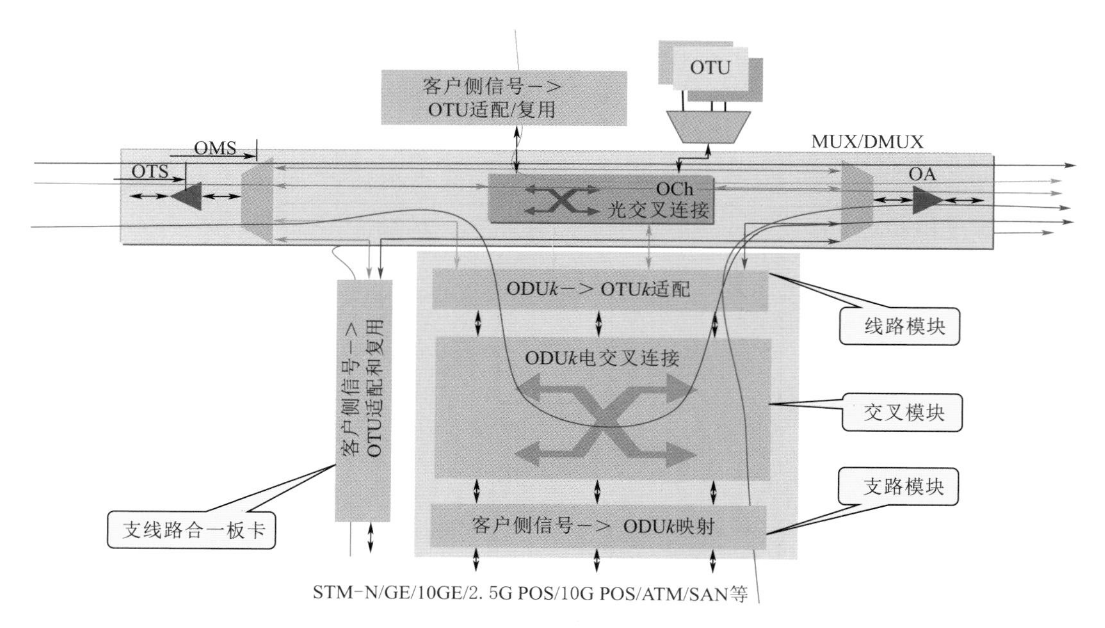

图5-12　OTN设备通用结构示意图

设备电交叉容量从800G到32T可选。在进行OTN设备电层资源配置时，主要考虑映射模式和电交叉容量两个因素。

5.4.2　各类业务映射模式

5.4.2.1　SDH类业务

1. E1业务

电力传输网中，存在大量2M业务，该类业务在SDH上映射到VC12容器，复用到VC4，再复用到STM-16/STM-64，接入OTN设备，映射复用到ODU1/ODU2通道信号。

2. STM-1/4业务：有两种接入、映射方式

方式1：在SDH网络中复用到STM-16/STM-64，再接入OTN设备，映射复用到ODU1/ODU2通道信号，该方式为推荐方式。

方式2：STM-1/4业务可接入OTN设备（支持2M及以上带宽业务接入），直接封装映射到OPU1支路时隙TS，再复用到ODU1/ODU2通道信号。

3. STM-16业务：有三种接入、映射方式

方式1：STM-16业务直接接入OTN设备客户侧端口，映射到ODU1通道信号，再进行交叉调度。

方式2：4路STM-16业务接入到OTN客户侧端口，分别映射到4个ODU1，再复用到1个ODU2通道信号。

方式3：40路STM-16业务接入到OTN客户侧端口，分别映射到40个

ODU1，再复用到 1 个 ODU4 通道信号。

4. STM－64 业务：有两种接入、映射方式

方式 1：STM－64 业务接入到 OTN 客户侧端口，再映射到 ODU2 通道信号。

方式 2：10 路 STM－64 业务 OTN 客户侧端口，分别映射到 4 个 ODU2，再复用到 ODU4 通道信号。

5.4.2.2 以太网业务

1. FE 业务

方式 1：FE 业务在 SDH 网络采用通用成帧规程透明传输模式（Generic Framing Procedure－Transparent，GFP－T）封装映射到 VC4，复用到 STM－16/STM－64，再接入 OTN 网络，映射复用到 ODU1/ODU2 通道信号。

方式 2：FE 业务直接接入 OTN 网络，采用 GFP－T 直接封装映射到 OPU1 支路时隙 TS，再映射复用到 ODU1/ODU2 通道信号。

在方式 1 中 FE 业务独立使用 TS 时隙，方式 2 出现不同类型、安全等级业务可共用 1 个 TS 时隙。因方式 2 存在安全隐患，推荐采用方式 1 实现 FE 业务传送。

2. GE 业务

方式 1：GE 业务在 SDH 网络通过 GFP－T/F 封装映射到 VC4－8c 或 VC4－Xv（X＝1～7），复用到 STM－16/STM－64 帧格式，再接入 OTN 网络，映射复用到 ODU1/ODU2 通道信号。

方式 2：GE 业务直接接入 OTN 设备，通过 GFP－T/F 直接封装映射到 ODU1/ODU2 的支路时隙 TS 中，再映射复用到 ODU1/ODU2 通道信号。

方式 2 具有效率高，业务开通简单快捷等优势，推荐采用方案 2 实现 GE 业务传送。

3. 10 GE 业务

在电力传输网中，该业务主要来自数据网，可直接接入 OTN 客户侧端口进行传送，不建议使用 SDH 承载。

方式 1：采用标准 ODU2 帧格式，以 STM－64 形式传送 10G base－W（WAN PHY），再映射为 OPU2 格式。

方式 2：采用标准 ODU2 帧格式，以通用成帧规程帧映射模式（Generic Framing Procedure－Frame，GFP－F）方式将 10G base－R（LAN PHY）仅有效载荷部分映射为 OPU2 格式。

4. 100 GE 业务

目前电力传输网中 100GE 业务极少，未来随着数据网业务的攀升，将会有更多的承载需求，可直接接入 OTN 客户侧 100GE 端口进行传送。

5.4.2.3 各类业务在 OTN 设备中映射关系图

OTN 技术体制将光网络分为 3 层，即光通道（OCh）层、光复用段（OMS）

层和光传送段（OTS）层。OCh 为整个 OTN 的核心，是 OTN 的主要功能载体，它由 OCh 传送单元（OTU*k*）、OCh 数据单元（ODU*k*）和 OCh 净负荷单元（OPU*k*）3 个数字结构单元组成。OTN 技术体制各层之间的映射关系如图 5－13 所示，具体定义可参见 YD/T 1462—2011《光传送网（OTN）接口》。

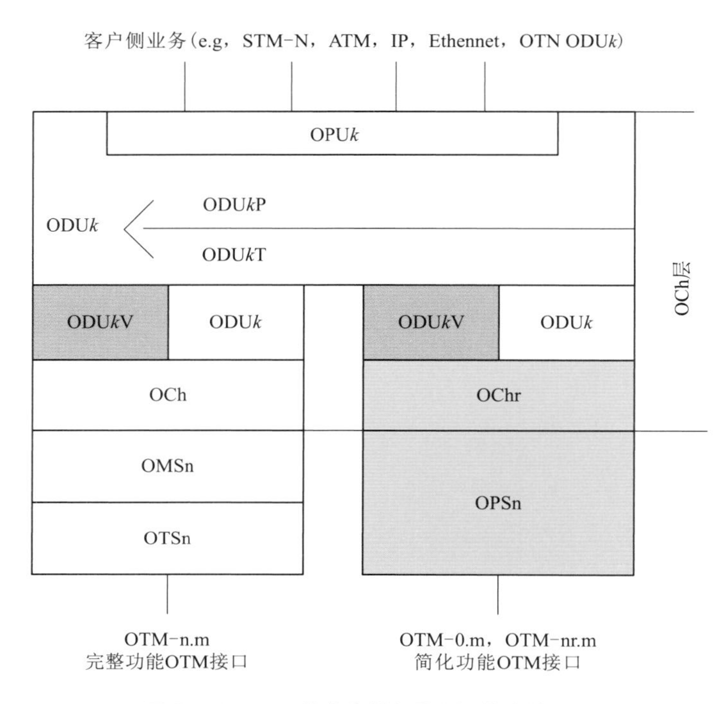

图 5－13　OTN 技术体制各层之间的映射关系

各类业务在 OTN 设备中复用和映射结构如图 5－14 所示，用户信号映射到低阶 OPU，标识为“OPU（L）”；OPU（L）信号映射到相关的低阶 ODU，标识为“ODU（L）”；ODU（L）信号映射到相关的 OTU［V］信号或者 ODTU 信号。ODTU 信号复用到 ODTU 组（ODTUG）。ODTUG 信号映射到高阶 OPU，标识为“OPU（H）”。OPU（H）信号映射到相关的高阶 ODU，标识为“ODU（H）”。ODU（H）信号映射到相关的 OTU［V］。OPU（L）和 OPU（H）具有相同的信息结构，但承载不同的用户信号。各类业务在 OTN 设备中复用和映射结构，用户信号映射到低阶 OPU，标识为“OPU（L）”；OPU（L）信号映射到相关的低阶 ODU，标识为“ODU（L）”；ODU（L）信号映射到相关的 OTU［V］信号或者 ODTU 信号。ODTU 信号复用到 ODTU 组（ODTUG）。ODTUG 信号映射到高阶 OPU，标识为“OPU（H）”。OPU（H）信号映射到相关的高阶 ODU，标识为“ODU（H）”。ODU（H）信号映射到相关的 OTU［V］。OPU（L）和 OPU（H）具有相同的信息结构，但承载不同的用户信号。

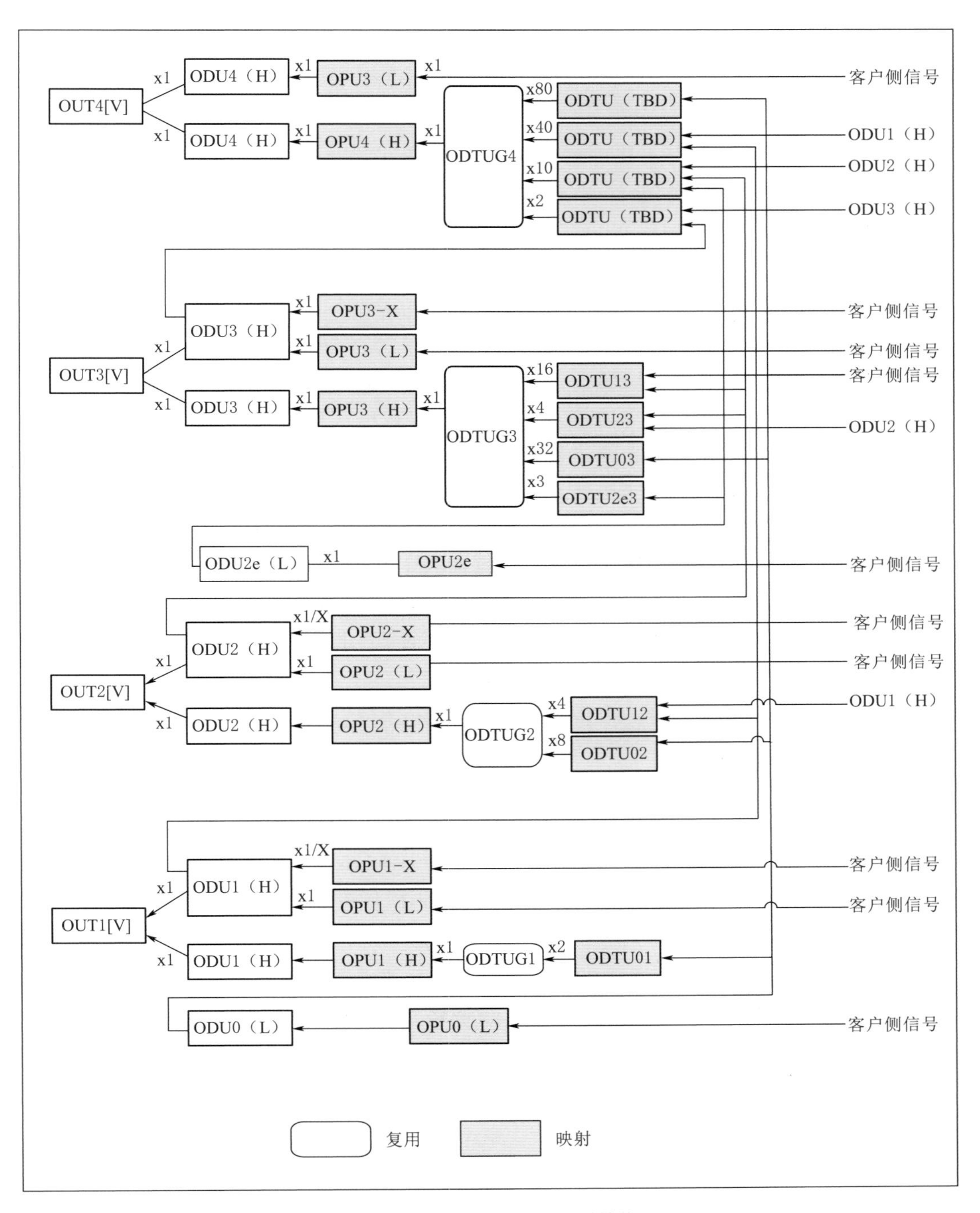

图 5-14　OTN 的复用和映射结构

5.5 ROADM技术

5.5.1 网络发展驱动ROADM的应用

目前，随着新型电力系统业务全面展开，除了传统的生产类数据业务为小颗粒点对点业务外，大量的IP业务及10GE的大颗粒业务，将成为未来光网络带宽的主要占用者。IP对光网络提出了新的传送需求和严峻挑战，主要体现在以下几方面：

（1）源、荷、储的复杂随机性需要通过信息流控制能源流实现能源双向按需传输和动态平衡，生产控制类业务存在潜在需求，且受分布式系统、云部署、边缘计算等应用部署方式的演变对城域传送网的容量和组网方式影响较大。

（2）新型电力系统业务与传统业务相比，具有更高的动态特性和不可预测性，因此需要作为基础承载网的光网络提供更高的灵活性和智能化功能，以便在网络拓扑及业务分布发生变化时能够快速响应，实现业务的灵活调度。

（3）随着IP业务颗粒的增大和比重增加，基于VC-4-Xc交叉的SDH已不再适应10Gbit/s及以上IP业务的传送，而目前WDM仅实现了点到点、大容量、长距离传输功能，没有真正实现光层灵活组网、调度和快速保护功能，无法有效支撑IP网的传送。与此同时，在网络运维和演进方面的需求也推动着IP Over WDM组网模式的不断发展。

首先，在网络运维方面，希望WDM网络具有类似SDH的组网、保护、带宽配置和管理维护能力。传统点到点的第一代WDM系统和以固定OADM（Optical Add-Drop Multiplexer，光分插复用器）为代表的第二代WDM环网系统都不能满足运维需求。其次，背靠背OTM（Optical Terminal Multiplexer，光终端复用器）组网方式下，如需调整业务则需要在光纤配线架进行手动连纤操作，无法直接在网管上自动配置，运维工作量大。同时，随着新型电力系统发展，受分布式系统、云部署、边缘计算的影响，电力传输网将使用大量10GE LAN接口满足区域间大颗粒业务传输。目前SDH和OTN产品均不全面有效地支持10GE LAN透传、灵活组网及保护配置。因此，为满足IP化及网络运维等方面的需求，基础承载网的建设可逐渐采用一种以可重构光分插复用设备（ROADM）为代表的光层灵活组网技术，使WDM从简单的点对点过渡到环网/多环相交拓扑，最终实现网状网。综合来说，ROADM具有以下应用优势：

（1）在无需人工现场调配的情况下，ROADM可实现对波长的上下路及直通配置，增加了光网络的弹性，降低了网络规划及设计难度。

（2）采用ROADM易于实现组播/广播功能，适合分布式系统、云部署、边缘计算等新型业务的开展。

（3）ROADM 设备的灵活性可满足数据业务的动态需求，易于实现网络扩展，随业务发展而逐步进行网络扩建。

（4）ROADM 通过提供节点的重构能力可提升工作效率及对客户新需求的反应速度，同时有效降低运营和维护成本。

（5）ROADM 采用通用多协议标记交换（Generalized Multiprotocol Label Switching，ASON/GMPLS）/SDN 控制平面，支持多种网络保护/恢复，生存性强。

（6）远端统一网管，支持 4 光功率的自动管理和端到端的波长管理。

5.5.2　ROADM 技术简介

5.5.2.1　ROADM 和 FOADM 模型对比

OADM 用于 WDM 网络，在该设备中，主要功能是将两个或多个波长耦合到同一根光纤中，以增加两点间的总带宽。在传统的 WDM 网络中，光层分合波部分通常有光复用单元（Optical Multiplexer Unit，OMU）、光解复用单元（Optical Demultiplexing Unit，ODU），以及处于中间的 OADM 光分插复用器。OADM 分为固定光分插复用器（Fixed Optical Add - Drop Multiplexer，FOADM）和可重配置光分插复用器（Reconfigurable Optical Add - Drop Multiplexer，ROADM）。

FOADM 调度模型如图 5 - 15 所示，只能上路和下路指定波长的信道，不能动态调整设定去上路和下路的信道。

ROADM 调度模型如图 5 - 16 所示，是一种使用在密集波分复用（DWDM）系统中的器件或设备。通过远程配置，ROADM 可以动态调整上路或下路业务波长，包括 C - ROADM、D - ROADM、CD - ROADM、CDC - ROADM 四类。在 ROADM 中，通过光波长选择开关（Wavelength Selective Switch，WSS）实现从合波信号中分插出任意的单波或合波信号，实现多个维度动态光波长调度，并可实现上述过程的逆过程。此外，ROADM 系统业务波长的功率也可以管理。

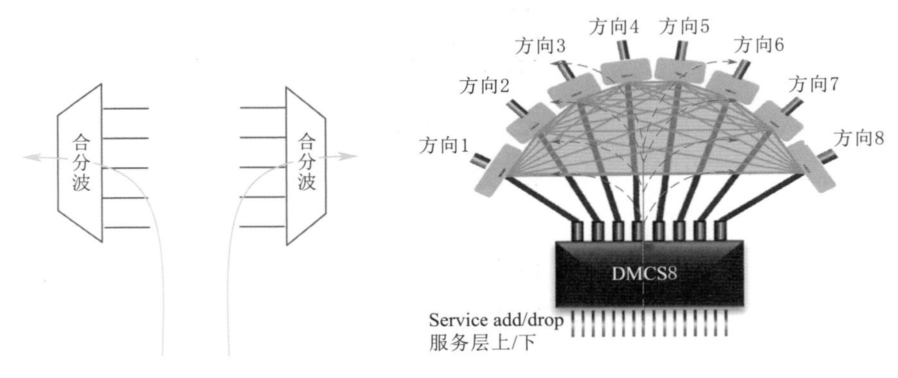

图 5 - 15　FOADM 调度模型　　　图 5 - 16　ROADM 调度模型

FOADM 与 ROADM 拥有其各自的应用领域，两者优缺点对比详见表 5 - 1。

表 5-1　FOADM 与 ROADM 优缺点对比表

设备类型	优　　点	缺点	备注
FOADM	配置复杂度最低，成熟度最高	网络不具备自动调度、恢复能力	
ROADM	1. ROADM 站型多，能够实现波长、方向的灵活调度，具有强大的节点重构能力，使得 DWDM 网络可以方便地重构，因此在网络遭遇突发事件需要重新规划时，能够快速响应，提高整个网络的效率。 2. ROADM 系统通过网管系统即可进行远端配置，开通波长级新业务。 3. ROADM 便于维护和降低维护成本。ROADM 常用的日常维护操作都可以远程通过网管进行，不需要派人去现场操作，从而提高工作效率，降低维护成本	设备复杂度高，成本高	

5.5.2.2　ROADM 整体技术特点

ROADM 技术经历了基于液晶的波长阻断（Wavelength Blocker，WB）技术、平面光波电路（Planar Lightwave Circuit，PLC）技术和波长选择开关（Wavelength Selective Switch ，WSS）技术三个阶段。基于 WB 技术和 PLC 技术因产业链停滞发展等原因技术上未能实现方向无关性和波长无关性，只在早期 ROADM 系统中得到应用。随着 WSS 技术的诞生、发展和完善，WSS 技术逐渐取代 WB 技术和 PLC 技术，成为新一代 ROADM 系统的核心硬件单元，在 ROADM 网络中得到广泛应用。

WSS 技术采用波长选择开关技术实现，其基本原理如图 5-17 所示。采用 WSS 波长选择开关技术，利用解复用器把波长分开，再通过独立的衰减器对每一个波长进行功率调整，使用切换开关把任意波长指配到任意输出端口，支持多维连接。WSS 技术支持 100GHz 和 50GHz 间隔的系统。

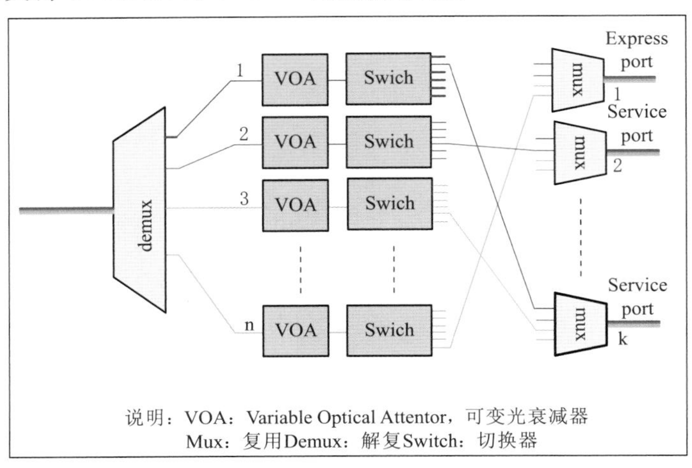

说明：VOA：Variable Optical Attentor，可变光衰减器
Mux：复用Demux：解复Switch：切换器

图 5-17　WSS 技术基本原理图

5.5.2.3 各类 ROADM 优缺点介绍

为了让读者更直观了解各类 ROADM 差异，此部分结合 2021 年末中兴、华为、诺基亚贝尔主流品牌及设备型号举例，后续读者可根据应用需求进行设备选择与调整。

1. 波长相关方向相关 ROADM

波长相关方向相关 ROADM（Colored & Direction ROADM）如图 5－18 所示，群路架构的收、发端都采用 WSU 板（WSS 器件），实现群路侧任意方向调度；上下路单元由波长敏感型合/分波板（OMU/ODU）和固定波长 OTU 单板构成，每个线路方向配置独立上下单元。该型 ROADM 无上/下路波长无冗余路由，不具有基于 ROADM 重路由的保护恢复功能。

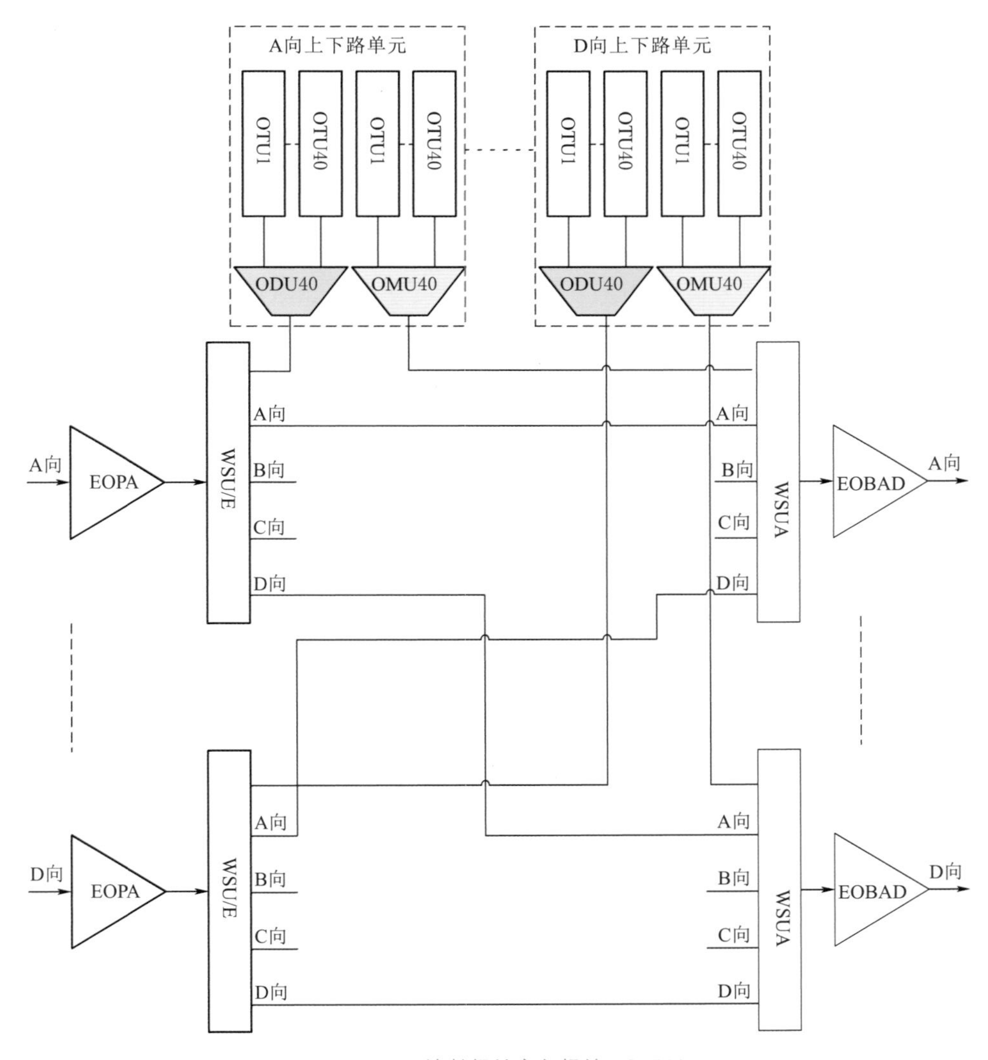

图 5－18 波长相关方向相关 ROADM

主流品牌波长相关方向相关ROADM与传统DWDM产品对比详见表5－2，相同维度情况下，ROADM系统占用机柜空间与DWDM相同，单机功耗略有升高，但成本有较大幅度提高。

表5－2　主流品牌波长相关方向相关ROADM与传统DWDM产品对比分析表

序号	品牌	设备类型	单方向配置	占用槽位	每维光框数	功耗差/W	ROADM较传统DWDM配置增配板卡
1	中兴	传统DWDM	OMU　1块 ODU　1块 光放　按需	OMU　2个 ODU　2个 光放　按需	1	25	每个方向约增加2块WSS板
		波长相关方向相关ROADM	OMU　1块 ODU　1块 光放　按需 WSS 2块	OMU　2个 ODU　2个 光放　按需 WSS　4个	1		
2	华为	传统DWDM	M48V　1块 D48　1块 光放　按需	M48V　2个 D48　2个 光放　按需	1	30	
		波长相关方向相关ROADM	M48V　1块 D48　1块 光放　按需 WSS 2块	M48V　2个 D48　2个 光放　按需 WSS　4个	1		
3	诺基亚贝尔	传统DWDM	OMU　1块 ODU　1块 光放　按需	M48V　2个 D48　2个 光放　按需	1	60	
		波长相关方向相关ROADM	OMU　1块 ODU　1块 光放　按需 WSS　2块	M48V　2个 D48　2个 光放　按需 WSS　4个	1		

注　型号参照2021年末厂家在产设备。

2. 波长相关方向无关ROADM

波长相关方向无关ROADM（Color & Directionless ROADM，D－ROADM）如图5－19所示，群路框架的收端采用广播板（PDU板），发端采用WSU板，实现群路侧任意方向调度；D－ROADM各方向共用一个上下路单元，上路波长合波后通过PDU板向群路发端WSU板广播；各波长通过群路框架PDU板广播到下路单元WSU板做下路波长选择，然后再发送给分波板（ODU板），并通过ODU板对应端口发送给固定波长OTU板。

主流品牌D－ROADM与传统DWDM产品对比详见表5－3，相同维度情况下，

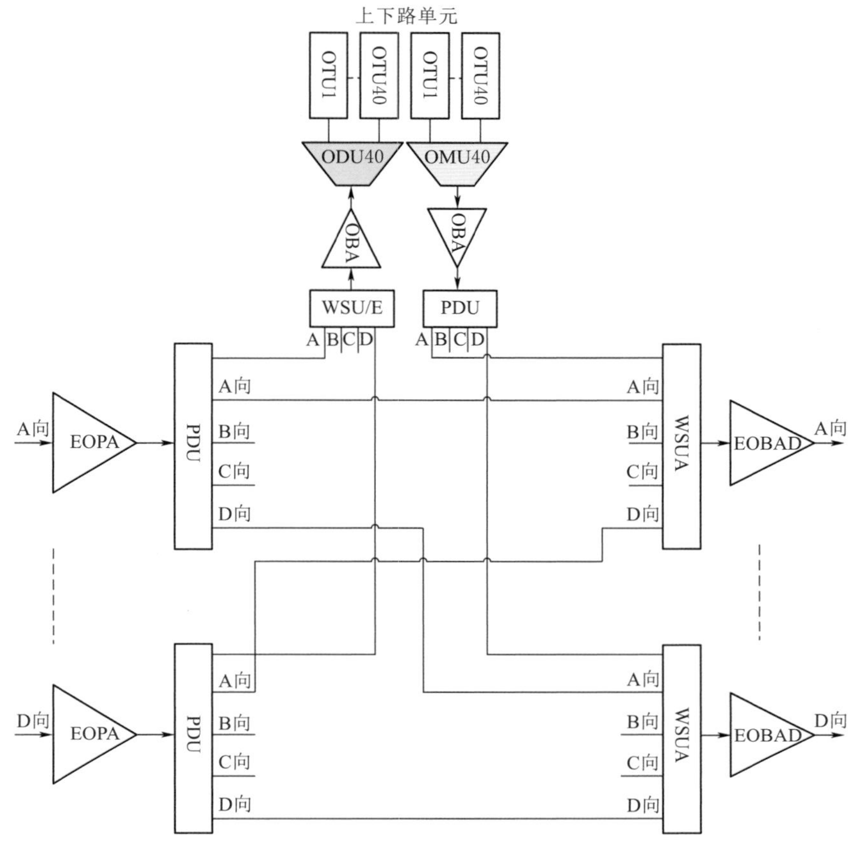

图 5-19　波长相关方向无关 ROADM

D-ROADM 比 DWDM 系统多占用 1 个子框机柜空间；D-ROADM 与 DWDM 功耗大体相当，随着维度升高，D-ROADM 系统单机功耗略有升高，但成本有较大幅度提高。

表 5-3　　主流品牌 D-ROADM 与传统 DWDM 产品对比分析表

序号	品牌	设备类型	单方向配置	占用槽位	每维光框数	功耗差/W	D-RODAM 较传统 DWDM 配置增配板卡
1	中兴	DWDM	OMU　1 块 ODU　1 块 光放　按需	OMU　2 个 ODU　2 个 单方向光放　按需	1	D-ROADM 与 DWDM 功耗大体相当	每个方向增配 1 块 WSS 板，核减群路侧合、分波板
		波长相关方向无关 D-ROADM	OMU 多方向共用 ODU 多方向共用 光放　按需 WSS 群路侧每方向 1 块，支路侧 1 块	OMU　2 个 ODU　2 个 光放　按需 WSS 2 个	>1		

续表

序号	品牌	设备类型	单方向配置	占用槽位	每维光框数	功耗差/W	D-RODAM 较传统 DWDM 配置增配板卡
2	华为	DWDM	M48V 1块 D48 1块 光放 按需	M48V 2个 D48 2个 光放 按需	1	D-ROADM 与 DWDM 功耗大体相当	群路侧每方向增加 1 块 WSS 板，支路侧增加 1 块 WSS，核减群路侧合、分波板
		波长相关方向无关 D-ROADM	M48V 多方向共用 D48 多方向共用 光放 按需 WSS 群路侧每方向 1 块，支路侧 1 块	M48V 2个 D48 2个 光放 按需 WSS 2个	>1		
3	诺基亚贝尔	DWDM	OMU 1块 ODU 1块 光放 按需	M48V 2个 D48 2个 光放 按需	1	30	
		波长相关方向无关 D-ROADM	OMU 多方向共用 ODU 多方向共用 光放 按需 WSS 群路侧每方向 1 块，支路侧 1 块	M48V 2个 D48 2个 光放 按需 WSS 4个	>1		

注　型号参照 2021 年末厂家在产设备。

3. 波长无关方向相关 ROADM

波长无关方向相关 ROADM（Colorless & Direction ROADM，C-ROADM）如图 5-20，群路框架的收端采用 PDU 板，发端采用 WSU 板；各方向配置独立上下路单元；上路波长合波后传送至对应方向群路框架 WSU 板；各波长通过群路框架 PDU 板广播到下路单元 WSU 板做下路波长选择和端口调度，将业务调度到某槽位可调波长 OTU 单板。C-ROADM 支持本地任意波长上下，但不支持方向调度，调度灵活性差。

主流品牌 C-ROADM 与传统 DWDM 产品对比详见表 5-4。相同维度情况下，中兴、华为品牌 C-ROADM 与 DWDM 系统占用相同机柜空间；每维 C-ROADM 功耗比每维 DWDM 功耗高 15～20W；每维度成本均有增加。对于诺基亚贝尔设备，IROADM9R 中集成有光路子系统，支持 22dB 线路衰减，线路衰减大于 22dB 的方向需配置线路光放并配置子框，小于等于 22dB 的线路方向无需配置光放。IROADM9R 占用 1 个槽位空间，集成度较高，大幅缩减设备占用空间，单方向增加成本主要由 IROADM9 和 PSC1-6 板卡替代 OMU、ODU 板产生。

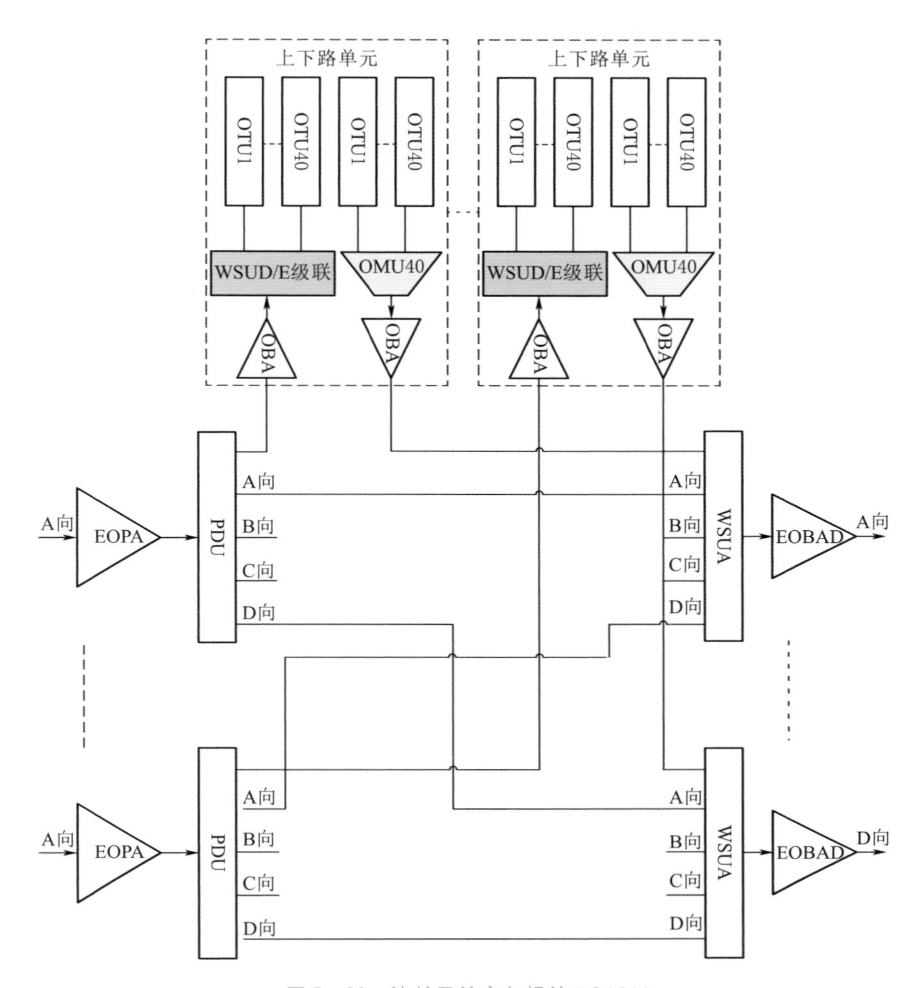

图 5-20 波长无关方向相关 ROADM

表 5-4 主流品牌 C-ROADM 与传统 DWDM 产品对比分析表

序号	品牌	设备类型	单方向配置	单维度占用槽位	每维光框数	每维光子框功耗差/W	C-ROADM较传统DWDM配置增配板卡
1	中兴	DWDM	OMU 1块 ODU 1块 光放 按需	OMU 2个 ODU 2个 单方向光放 按需	1	15	1块 WSS
		波长无关方向相关C-ROADM	OMU 1块 ODU 0块 光放 按需 WSS 1块	OMU 2个 ODU 0个 光放 按需 WSS 2个	1		

续表

<table>
<tr><th>序号</th><th>品牌</th><th>设备类型</th><th>单方向配置</th><th>单维度
占用槽位</th><th>每维
光框数</th><th>每维光子框功耗差/W</th><th>C－ROADM 较传统 DWDM 配置增配板卡</th></tr>
<tr><td rowspan="2">2</td><td rowspan="2">华为</td><td>DWDM</td><td>M48V 1 块
D48 1 块
光放 按需</td><td>M48V 2 个
D48 2 个
光放 按需</td><td>1</td><td rowspan="2">20</td><td rowspan="2">1 块 WSS</td></tr>
<tr><td>波长无关方向相关 C－ROADM</td><td>M48V 1 块
D48 0 块
光放 按需
WSS 1 块</td><td>M48V 2 个
D48 0 个
光放 按需
WSS 2 个</td><td>1</td></tr>
<tr><td rowspan="2">3</td><td rowspan="2">诺基亚贝尔</td><td>DWDM</td><td>OMU 1 块
ODU 1 块
光放 按需</td><td>OMU 1 块
ODU 1 块
光放 按需</td><td>1</td><td rowspan="2">40</td><td rowspan="2">增配 1 块 IROADM9、1 块 PSC1－6 板卡</td></tr>
<tr><td>波长无关方向相关 C－ROADM</td><td>IROADM9R 9 维 ROADM 1 块
PSC1－6 无源分光耦合器 1－6 1 块
光放 按需</td><td>IROADM9R 1 个
PSC1－6 1U
光放 按需</td><td>线路衰减大于 22dB 的方向配置 1 个光子框，小于等于 22dB 的占用 1 个槽位＋1U 空间</td></tr>
</table>

注　型号参照 2021 年末厂家在产设备。

4. 波长无关方向无关 ROADM

波长无关方向无关 ROADM（Colorless & Directionless ROADM，CD－ROADM）如图 5－21 所示，群路框架的收端采用 PDU 板，发端采用 WSU 板；各方向共用一个上下路单元；上路波长合波后通过广播板（PDU）向群路框架发端 WSU 板广播；各波长通过群路框架 PDU 广播到下路单元 WSU 板做下路波长选择，然后再发送给 WSU 板，并通过 WSU 板调度到某槽位可调波长 OTU 单板。CD－ROADM 使用了 WSS 器件级联，在设计规划该站型时，要特别注意 ROADM 内部节点的功率插损计算。CD－ROADM 通过 WSS 级联可实现更多波长上下，但不支持不同方向采用相同波长在本地上下业务。

主流品牌 CD－ROADM 与传统 DWDM 产品对比详见表 5－5。相同维度情况下，中兴、华为的 CD－ROADM 比 DWDM 系统多占用 1 个子框机柜空间；每维 CD－ROADM 功耗比 DWDM 功耗高 80W，能耗提升较大。由于使用了较多的 WSS 板，每个维度成本均有大幅攀升，中兴约增加 70 万元，华为约增加 80 万元。诺基亚贝尔设备 IROADM9R 中集成有光放，支持 22dB 线路衰减，线路衰减大于 22dB 的方向需配置线路光放并配置子框，小于等于 22dB 的线路方向无需配置光放。IROADM9R 占用

2 个槽空间，集成度较高，大幅缩减设备占用空间，但单方向成本约增加 120 万元。CD－ROADM 调度非常灵活，但配置复杂多样，容易出错，成本较高。

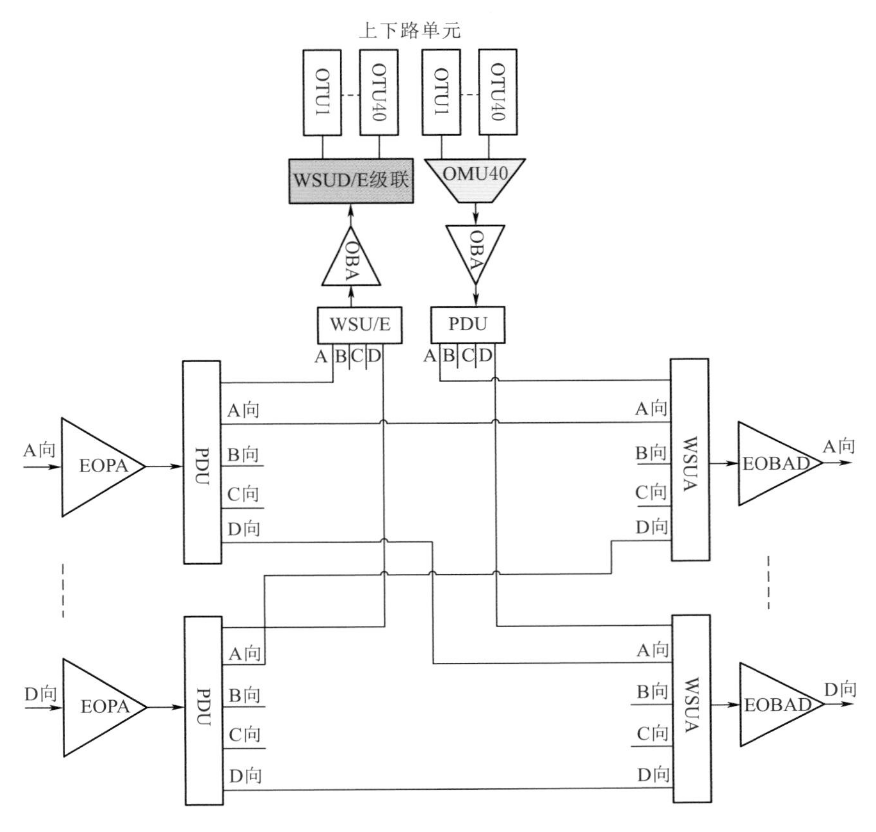

图 5－21　波长无关方向无关 ROADM

表 5－5　　主流品牌 CD－ROADM 与传统 DWDM 产品对比分析表

<table>
<tr><th>序号</th><th>品牌</th><th>设备类型</th><th>单方向配置</th><th>单维度占用槽位</th><th>每维光框数</th><th>每维光子框功耗差/W</th><th>CD－ROADM 较传统 DWDM 配置增配板卡</th></tr>
<tr><td rowspan="2">1</td><td rowspan="2">中兴</td><td>传统 DWDM</td><td>OMU　1 块
ODU　1 块
光放　按需</td><td>OMU　2 个
ODU　2 个
单方向光放　按需</td><td>1</td><td rowspan="2">约 80</td><td rowspan="2">增配 2 块本地光放、1 块 WSUBT20D、2 块 WSUBA9P9D</td></tr>
<tr><td>波长无关方向无关 CD－ROADM</td><td>OMU　1 块
ODU　1 块
本地光放　2 块
WSUBT20D　1 块
WSUBA9P9D　2 块
线路光放　按需</td><td>OMU　2 个
ODU　2 个
本地光放　1 个
WSS　6 个
线路光放　按需</td><td>>1</td></tr>
</table>

续表

序号	品牌	设备类型	单方向配置	单维度占用槽位	每维光框数	每维光子框功耗差/W	CD-ROADM较传统DWDM配置增配板卡
2	华为	传统DWDM	M48V 1块 D48 1块 光放 按需	M48V 2个 D48 2个 光放 按需	1	约80	增配2块G3WSMD9板、2块DWSS20板、4块TMD20板
		波长无关方向无关CD-ROADM	G3WSMD9 1块 DWSS20 1块 TMD20 2块 光放 按需	G3WSMD9 2个 DWSS20 2个 TMD20 4个 光放 按需	>1		
3	诺基亚贝尔	传统DWDM	OMU 1块 ODU 1块 光放 按需	OMU 1块 ODU 1块 光放 按需	1	约120	增配2块IROADM9R、1块PSC1-6
		波长无关方向无关CD-ROADM	IROADM9R 9维ROADM 2块 PSC1-6无源分光耦合器1-6 1块 光放 按需(IROADM9R内置光放，满足22dB，超过22dB需配光放)	IROADM9R 2个 PSC1-6 1U 光放 按需	线路衰减大于22dB的方向配置子框，小于等于22dB的占用2个槽位+1U空间		

注 型号参照2021年末厂家在产设备。

5. 波长无关方向无关竞争无关ROADM

波长无关方向无关竞争无关ROADM（Colorless & Directionless & Contentionless ROADM，CDC-ROADM）如图5-22所示，CDC-ROADM的群路框架与CD-ROADM一样，收端采用PDU板，发端采用WSU板；每个线路方向配置独立上下单元，实现竞争无关性，即实现本地上下不同方向相同波长业务；每个上下单元结构与CD-ROADM的上下单元结构一致。CDC-ROADM使用了WSS器件级联，在设计规划该站型时，需注意ROADM内部节点的功率插损计算。

主流品牌CDC-ROADM与传统DWDM产品对比详见表5-6。相同维度情况下，中兴、诺基亚贝尔的CDC-ROADM与DWDM系统占用机柜空间相同，华为CDC-ROADM比DWDM多1个子框空间。每个维度CDC-ROADM与DWDM功耗相比，不同品牌设备均有大幅度提升，中兴增加80W、华为增加130W、诺基亚贝尔增加80W。由于使用了大量的SS器件和可调波长模块，单维度成本大幅攀升，远高于DWDM价格。

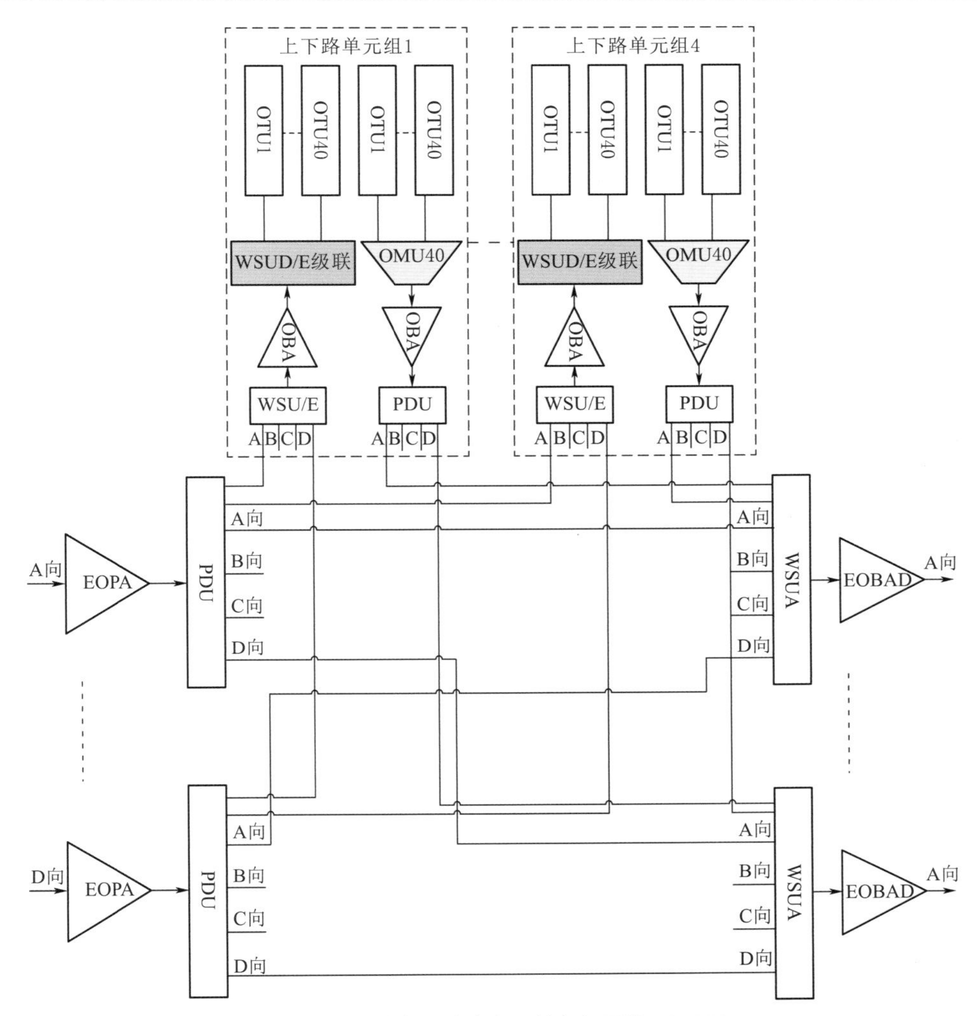

图 5-22 波长无关方向无关竞争无关 ROADM

表 5-6 主流品牌 CDC-ROADM 与传统 DWDM 产品对比分析表

序号	品牌	设备类型	单方向配置	占用槽位	每维光框数	功耗差/W	CDC-ROADM较传统DWDM配置增配板卡
1	中兴	传统DWDM	OMU 1块 ODU 1块 光放 按需	OMU 2个 ODU 2个 单方向光放 按需	1	70	增加3块MSU、2块本地光放、1块WSUBT20D
		波长无关方向无关竞争无关CDC-ROADM	MSU 3块 本地光放 2块 WSUBT20D 1块 线路光放 按需	MSU 2个 本地光放 1个 WSUBT20D 2个 线路光放 按需	1		

续表

序号	品牌	设备类型	单方向配置	占用槽位	每维光框数	功耗差/W	CDC-ROADM较传统DWDM配置增配板卡
2	华为	传统DWDM	M48V　1块 D48　1块 光放　按需	M48V　2个 D48　2个 光放　按需	1	230	1块DWSS20（线路）、 2块ADC0824板（CDC维度）、 2块DWSS20板（本地）、 2块TMD20板（本地）
		波长无关方向无关竞争无关CDC-ROADM	DWSS20（线路）1块 ADC0824(CDC维度 2块 DWSS20（本地）2块 TMD20（本地）2块 光放　按需	DWSS20（线路）2个 ADC0824(CDC维度 6个 DWSS20（本地）2个 TMD20（本地）4个 光放　按需	>1		
3	诺基亚贝尔	传统DWDM	OMU　1块 ODU　1块 光放　按需	OMU　1块 ODU　1块 光放　按需	1	80	增配1块IRDM20板、 1块MCS8-16板、 1块MSH4-FSB、 1块AAR2X8A
		波长无关方向无关竞争无关CDC-ROADM	IDRM20　集成型20维ROADM　1块 MCS8-16　组播交换卡1块 MSH4-FSB 4维光纤交换盒　1块 AAR2X8A　8光放阵列1块 光放　按需	IDRM20　集成型20维ROADM　1个 MCS8-16　组播交换卡1个 MSH4-FSB 4维光纤交换盒　1U AAR2X8A　8光放阵列1个 光放　按需	>1		

注　型号参照2021年末厂家在产设备。

6. OXC全光交叉站型

全光交叉（Optical Cross Connect，OXC）平台是新一代ROADM系统，通过光背板子架提供全光连接矩阵，光背板集成了合分波、线路放大、线路维度WSS、光监控OSC等功能，实现了插板即可连接光矩阵，一块单板集成一个光方向全部功能，最高支持32维ROADM。OXC不仅支持传统ROADM的路由重构、故障定位与隔离等功能，还解决了传统多维ROADM复杂连纤问题，OXC实现内部免连纤，避免错误连纤。OXC还具有极简扩波/扩维能力，运维简便，最多可节省80%空间和75%电源等优点，缺点是价格昂贵，比CDC-ROADM还要高。

7. 各类ROADM特性对比

各类ROADM特性对比如图5-23所示，可知从普通的OTM至OXC，网络的自愈性逐级升高。

表5-7对之前提及的各类ROADM从优缺点、经济性及应用场景进行对比。实际应用中可根据各类网络节点需求及项目预算，确定ROADM的选型。

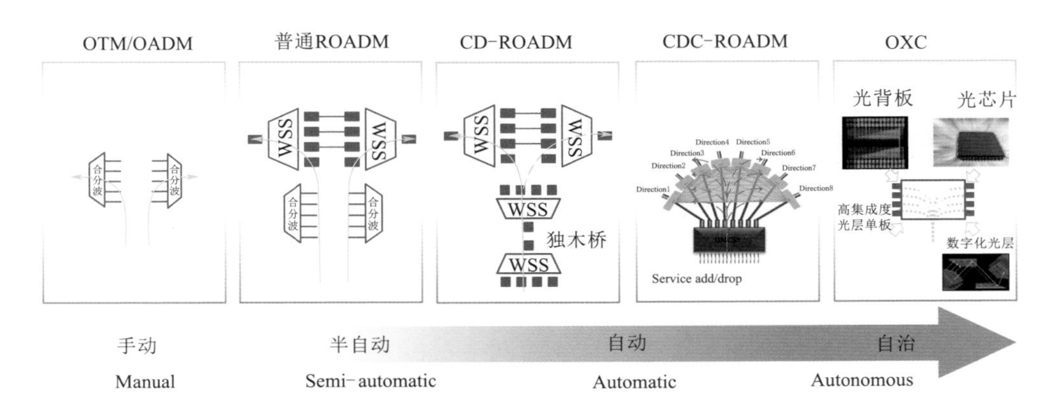

图 5-23 各类 ROADM 特性对比图

表 5-7 各类 ROADM 站型优缺点分析

序号	DWDM/ROADM 站型	优 点	缺 点	经济性	建议使用节点
1	DWDM 设备	1. 结构简单，设备成熟度高。 2. 设备价格较低	不具备光层灵活调度能力	高	末端节点
2	波长相关 方向相关 ROADM	1. 设备成熟度最高，配置简单。 2. 支持线路到线路光交叉调度能力，可以作为多光维度节点线路业务调度使用。 3. WSS 模块数量少，设备成本最低	1. 上下路业务不具有调度能力，合/分波采用固定波长和方向的器件，不具有波长调谐和交叉调度能力。 2. 无冗余备份路由，不具基于 ROADM 重路由的保护恢复功能	较高	接入节点或多维光中继节点
3	波长相关 方向无关 D-ROADM	1. 配置复杂度较低，WSS 数量需求较少。 2. 设备成熟度高。 3. 具备方向调度能力和恢复能力	上下路端口不具有波长无关性，波长资源固定，无法根据需求更改业务波长	较高	汇聚节点
4	波长无关 方向相关 C-ROADM	1. 支持本地任意端口的任意波长上下。 2. 设备成熟度高	1. 不支持上下路业务灵活调度。 2. 各方向需配独立上下路单元，设备占用空间较大	较高	上下波长较多的末端节点
5	波长无关 方向无关 CD-ROADM	1. 支持上下路业务灵活调度。 2. 设备成熟度相对较高	1. 节点配置复杂度相对较高，成本较高。 2. 存在波长冲突问题，需通过扩展上下路单元解决	较低	地调和地市公司第二汇聚点；省公司、备调、省公司第二汇聚点

续表

序号	DWDM/ROADM站型	优点	缺点	经济性	建议使用节点
6	波长无关方向无关竞争无关CDC-ROADM	1. 可实现方向、波长、端口的任意灵活调度，不存在波长和端口冲突问题。 2. 设备成熟度相对较高	1. 节点配置复杂度最高，WSS数量需求最多。 2. 设备成本高，维护复杂	低	上下路波长多、维度多、有相同波长上下的省公司、备调、省公司第二汇聚点
7	OXC设备	1. 内部免连纤，避免错连，提高部署效率。 2. 具有极简扩波/扩维，极简运维功能。 3. 省空间、单位传输容量能耗低，最多可节省80%空间和75%电源等	1. 子框结构固定，槽位不通用。 2. 集成度高，设备宕机后的影响较大。 3. 核心部件光背板未实现完全自主研发，成本高	很低	国干核心点及部分多方向对业务调度需求高的节点

5.6 电力传输网OTN技术匹配关键要素

目前，将OTN技术部署应用于电力传输网面临着四大挑战：

（1）电网业务系统安全隔离、传输性能要求高。电网保护、安控等重要生产业务，要求严格的物理隔离和超低时延，必须采用刚性管道提供高可靠性、实时性的业务承载。分组增强型OTN技术尚未明确是否满足电力通信的安全分区机制。

（2）OTN缺乏成熟统一的标准。由于分组增强型OTN缺乏成熟统一的标准，不同厂家采用的技术体制也不尽相同，在波长功率、线路编码方式方面存在差异，导致OTN设备在光层无法实现互联互通，而这制约了分组增强型OTN技术在电力传输网的应用与发展。现阶段，需网络背靠背转接才可互通，存在占用大量机房空间、增加故障点及时延、不利于统一管理的问题。

（3）100G相干调制受雷击影响。近年来100G OTN开始大规模商用，在雷雨季节时期，电力行业网络传输的信息却频繁地出现误码，同一时期，运营商的100G OTN网络并无此现象。经验证，发现导致此异常的原理机制是雷击导致OPGW中的光信号的偏振态（State of Polarization，SOP）波动进而导致OTN设备误码。对于采用了偏振态复用的100G及以上速率的OTN光传输系统，相干接收机需要实时跟踪光信号的SOP状态，才能够有效地进行偏振态解复用、PMD补偿以及信号恢复和数据提取操作。当光信号SOP变化速度超出100G相干接收机的容忍能力时，OTN系统可能会出现瞬时闪断或误码，影响信息数据的安全可靠传输。

解决SOP扰动的办法主要有下述几种：一是设计新型的光缆结构避免法拉第

效应；二是采用非偏振复用技术；三是研究更快速跟踪能力的 DSP 算法；四是设计足够的 OSNR 裕量。已建成线路光缆基本不具备大范围改造条件，建议根据当地的雷击强度和网络建设投入选择合适的 SOP，并预留 OSNR 余量设计来补偿雷击影响。目前，根据南方电网厂家测试结果，各厂家最新型号的设备 SOP 均可达到 8MRad/s，同时付出 7dB OSNR 余量时，按全国雷击整体分布来看，该预留裕量约可抗击 96.9%的雷击。其余各地区需根据实际雷区分布图，确定相对使用的参数，建议配置时同时考虑 OTN 设备的先进性并适当预留 OSNR 裕量，降低雷击对网络的影响。

（4）业务承载合适的中继段选择。OTN 设备受线路情况、插入损耗、中继段是否均匀、每段中继段长度配比、承载业务的颗粒大小等多种因素影响，传输业务的中继段长度设置范围较为灵活。目前，因为电力系统光缆经常会因为电网建设而改变每个中继段的长度，如何选择一个最经济的电中继方案成为困扰电力系统的主要问题。目前，电力系统 OTN 系统为排除不确定性，采取站站电中继方式，每个站点设备均需配置电子框，业务在每个站点均需要电中继信号重生，消耗大量机房和电源基础资源。随着省地县进一步网络深度融合，亟须使用小型化设备解决现有低电压等级变电站及部分多级共用 500kV 及以上变电站的基础资源不足问题。现有站站电中继的模式，增加了部分站点额外的电中继设备，且为满足站站电中继，设备的交叉容量增加，也无法使用小型设备实现覆盖。如何选择一个合理的中继段，成为现有网络向着地市延伸亟须解决的问题。

综上所述，OTN 网络具有完善的技术体制，适应 IP 化网络演进，具备大颗粒业务的快速开通、兼容现有各类业务的能力，满足传输网络对同步的要求。同时，OTN 网络调度方便，具有较高网络安全性，适应未来一段时期内传输业务发展的需求。但是，目前设备存在雷击风险，跨品牌无法互联，建议网络设计考虑利用 100G 与 10G 互备、进行光/电层保护或通过预留合适的 OSNR 裕度的方式，降低雷击对现有业务的影响。通过结合业务需求，合理规划网络部署方式，优化网络互联。下一步，可以通过试点项目验证或科技研究，探索不同情况下合理的中继距离。同时，进一步试验 ODUflex（灵活速率光数字单元）在电力系统的应用效果，验证其安全可靠性后，可考虑全网业务均由 OTN 承载。如果 OTN 网络安全可靠性、时延、同步等方式无法与现有网络及需求相适应，建议网络在未来一段时间内仍采用 OTN＋SDH 方式演进。

第 6 章

电力传输网带宽预测

传输网直接用户包括业务网、业务系统、业务三种。业务网主要有调度数据网、数据通信网、配电数据网、网管网等，传输网为业务网提供组网通道，消耗绝对比重传输资源。为简化分析，结合电力系统业务安全分区独有特性，传输网带宽需求预测示例按调度数据网、数据通信网、传输专线三类直接计列，传输专线是指除调度数据网、数据通信网组网通道外的所有通道，包括业务系统构建通道和具体业务通道，如继电保护通道、调度交换网中继链路、地县一体化调度自动化系统县调终端通道、变电站接入网远程通道等。

6.1 带宽预测方法

带宽＝Σ(单通道带宽×通道数量×可靠性系数)

通道数量：业务需要的存在实际物理端口的通道数量。

可靠性系数：表示该业务是否需要传输网做通道保护，如做保护，可靠性系数取 2。

例 1： 某 220kV 变电站，部署调度数据网省调接入网设备、地调接入网设备各 1 套，每套设备单方向 4M 带宽，采用 2M 接口，双归至两个不同汇聚节点，每个 2M 通道采用子网连接保护方式，则该 220kV 变电站调度数据网业务单通道带宽为 2M，通道数量为 8 个（省调接入网、地调接入网各 4 个），可靠性系数取 2，调度数据网通道带宽需求为 32M。

例 2： 某 220kV 变电站，部署通信网管网接入节点设备 1 套，单方向 4M 带宽，采用 FE 接口，双归至两个不同汇聚节点，则该 220kV 变电站通信网管网业务单通道带宽为 4M，通道数量为 2 个，可靠性系数取 1，调度数据网业务通道带宽需求为 8M。

传输网预测基于线路交换体制特点进行测算，业务网承载业务需考虑并发比例，业务网单通道带宽为传输系统实际分配带宽。各类预测主要确定累计口径。

6.2　需求预测体系

根据业务需求统计口径，传输网带宽需求预测包括单类业务单通道需求分析、单站带宽预测、断面带宽预测、子网/环网带宽预测、系统带宽预测。

（1）单类业务单通道需求分析。分析业务对单链路基础带宽、承载方式、保护通道可靠性要求等维度的通信指标需求。

（2）单站带宽预测。仅考虑本站业务需求，适用于任何通信站，主要用于测算业务具备规律性且数量较多的站点，如变电站，测算数据作为后续测算基础，或作为末端节点出口带宽指导设备配置。

（3）断面带宽预测。仅考虑某级传输网业务中心节点的带宽，忽略网络结构、承载方式等因素，多用于测算业务量大的重要业务中心，如公司本部、调度机构、数据中心。

（4）子网/环网带宽预测。以物理光缆网架为基础，忽略传输网多系统及多逻辑通道业务分担，主要用于测算特定区域内业务需求总量，特定区域可以是一个或多个供电区、地市/县公司，在单站带宽基础上，考虑伴生网络结构的汇聚方式及数据流向，关注汇聚业务、过网业务，支撑区域干线构建，并对传输网核心层构建提出带宽需求。

（5）系统带宽预测。在子网/环网带宽预测基础上，进一步考虑技术体制、网架结构、系统部署、业务通道方式策略，进行子平面、多系统带宽分配，确定网络架构，指导设备选型。

6.3　需求预测步骤

6.3.1　梳理典型站通信业务模型

梳理典型站通信业务模型包括业务类型、承载方式，具体参见 2.1.2。

6.3.2　建立典型站点本站业务带宽模型

根据本地区电力系统构成、电网结构、业务部署范围及通道组织原则，确定本地区典型站本站业务带宽典型模型。应了解各类业务属地通道组织/方式安排策略。如 220kV 变电站省调、地调分别部署模拟/IP 调度电话主备通道，由××调度交换机放号，PCM/IAD 承载。抽象总结，形成典型站点本站业务带宽模型。站点业务模型主要用于初步估算一定区域内业务体量，初步确定子网划分范围，同时结合网络结构服务站点设备选型，因为抽象通用模型，与具体站点业务存在一定差异。典型站点典型带宽需求见表 6-1。

表 6-1　　　　典型站点典型带宽需求表

序号	通信站			网络带宽/M				专线带宽/M								总带宽/M
	类型		电压/kV	数据通信网	调度数据网	…	小计	调度电话	继电保护	安稳系统	网管网	精准负控	接入网回传	…	小计	
1	网	变电站	＞500													
			500													
			220													
			110													
			35													
		开闭站	⋮													
		换流站														
		串补站														
		中继站														
2	源	升压站														
		开关站														
		风/光														
		生物质														
3	荷	普通														
		用户站														
		含自备电厂用户站														
		大数据														
		用户站														
		电铁牵引站														
4	储	独立储能														

其中，典型站点典型网络业务带宽需求分解见表 6-2。

表 6-2　典型站点典型网络业务带宽需求分解表

序号	通信站			网络业务									
	类型		电压/kV	数据通信网					调度数据网				总带宽/M
				单通道净流量/M	单通道带宽/M	通道数量	可靠性系数	总带宽/M	单通道带宽/M	通道数量	可靠性系数	传输带宽/M	
1	网	变电站	＞500										
			200										
			220										
			110										
			35										
		开闭站	⋮										
		换流站											
		串补站											
		中继站											
2	源	升压站											
		开关站											
		风/光											
		生物质											
3	荷	普通											
		用户站											
		含自备电厂用户站											
		大数据											
		用户站											
		电铁牵引站											
4	储	独立储能											
测算说明：……													

典型站点典型专线业务带宽需求分解见表 6－3。

表 6－3 典型站点典型专线业务带宽需求分解表

通信站		类型	网									源				荷						储
			变电站					开闭站	换流站	串补站	中继站	升压站	开关站	风/光	生物质	普通	用户站	含自备电厂用户站	大数据	用户站	电铁牵引站	独立储能
		电压	＞500	500	220	110	35	……														
专线业务	调度电话	单通道带宽/M																				
		通道数量																				
		可靠性系数																				
		分配总带宽/M																				
	继电保护	单通道带宽/M																				
		通道数量																				
		可靠性系数																				
		分配总带宽/M																				
	安稳系统	单通道带宽/M																				
		通道数量																				
		可靠性系数																				
		分配总带宽/M																				
	网管网	单通道带宽/M																				
		通道数量																				
		可靠性系数																				
		分配总带宽/M																				
	接入网回传	单通道带宽/M																				
		通道数量																				
		可靠性系数																				
		分配总带宽/M																				
	……	……																				
	专线业务总带宽/M																					

6.3.3 电力系统体量统计

统计测算范围电力系统体量，是业务体量的基础。电力系统规模统计表见表6－4。

表6－4　　　电力系统规模统计表

<table>
<tr><th rowspan="2">省</th><th rowspan="2">地市</th><th rowspan="2">供电分区</th><th rowspan="2" colspan="3">类　型</th><th rowspan="2">总数量</th><th colspan="5">电压等级/kV</th></tr>
<tr><th>>500</th><th>500</th><th>220</th><th>110</th><th>35</th></tr>
<tr><td rowspan="23">××</td><td rowspan="23">××</td><td rowspan="23">××</td><td rowspan="9">线路</td><td rowspan="3">网</td><td>干线</td><td></td><td></td><td></td><td></td><td></td><td></td></tr>
<tr><td>支线</td><td></td><td></td><td></td><td></td><td></td><td></td></tr>
<tr><td>子网间</td><td></td><td></td><td></td><td></td><td></td><td></td></tr>
<tr><td rowspan="3">源</td><td>干线</td><td></td><td></td><td></td><td></td><td></td><td></td></tr>
<tr><td>支线</td><td></td><td></td><td></td><td></td><td></td><td></td></tr>
<tr><td>子网间</td><td></td><td></td><td></td><td></td><td></td><td></td></tr>
<tr><td rowspan="3">荷</td><td>干线</td><td></td><td></td><td></td><td></td><td></td><td></td></tr>
<tr><td>支线</td><td></td><td></td><td></td><td></td><td></td><td></td></tr>
<tr><td>子网间</td><td></td><td></td><td></td><td></td><td></td><td></td></tr>
<tr><td rowspan="14">电力系统节点</td><td rowspan="5">网</td><td>变电站</td><td></td><td></td><td></td><td></td><td></td><td></td></tr>
<tr><td>开闭站</td><td></td><td></td><td></td><td></td><td></td><td></td></tr>
<tr><td>换流站</td><td></td><td></td><td></td><td></td><td></td><td></td></tr>
<tr><td>串补站</td><td></td><td></td><td></td><td></td><td></td><td></td></tr>
<tr><td>中继站</td><td></td><td></td><td></td><td></td><td></td><td></td></tr>
<tr><td rowspan="4">源</td><td>升压站</td><td></td><td></td><td></td><td></td><td></td><td></td></tr>
<tr><td>开关站</td><td></td><td></td><td></td><td></td><td></td><td></td></tr>
<tr><td>风/光</td><td></td><td></td><td></td><td></td><td></td><td></td></tr>
<tr><td>生物质</td><td></td><td></td><td></td><td></td><td></td><td></td></tr>
<tr><td rowspan="4">荷</td><td>普通用户站</td><td></td><td></td><td></td><td></td><td></td><td></td></tr>
<tr><td>含自备电厂用户站</td><td></td><td></td><td></td><td></td><td></td><td></td></tr>
<tr><td>大数据用户站</td><td></td><td></td><td></td><td></td><td></td><td></td></tr>
<tr><td>电铁牵引站</td><td></td><td></td><td></td><td></td><td></td><td></td></tr>
<tr><td>储</td><td>独立储能</td><td></td><td></td><td></td><td></td><td></td><td></td></tr>
</table>

6.3.4 子网构建

考虑分布特性，基于“6.3.2 典型站点本站业务带宽模型”和“6.3.3 电力系统体量统计”粗略估算，构建子网。

影响带宽预测的根本要素是业务体量和分布特性。传输设备承载业务包括本站业务、汇聚业务、过网业务。汇聚业务、过网业务的分布特性影响是预测难点。汇聚业务、过网业务的分布特性主要取决于业务数据流向及汇聚方式。

电网结构千差万别，面向单站的流量汇聚典型模型抽象困难，而单站出口带宽的意义主要支持节点选型，为体现规划网络架构，突出跨区干线关键带宽，带宽预测以 220kV 电磁环网供电分区为基准线，通过构建网络单元——子网，化繁为简，测算子网内和子网间带宽。典型站出站带宽示意图如图 6-1 所示。

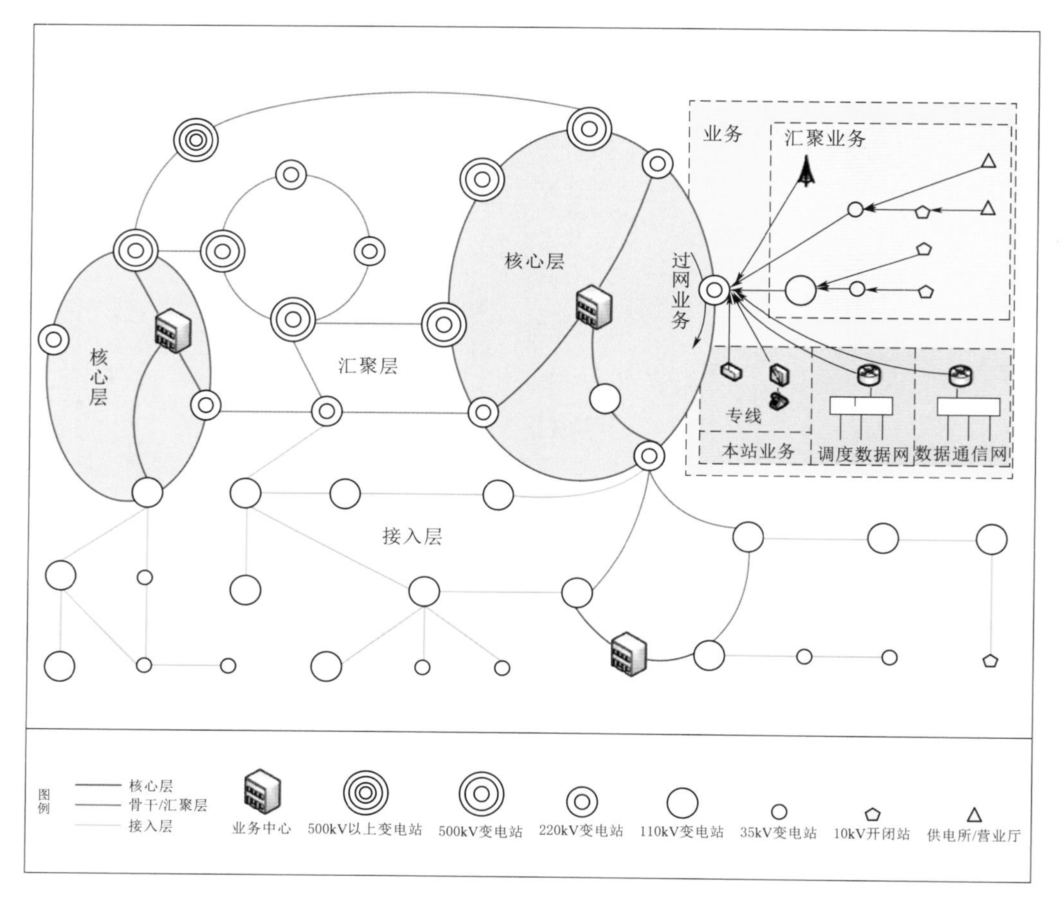

图 6-1 典型站出站带宽示意图

在构建子网时，首先参考电网供电区划分，不同供电区之间，电网一般有 2～3

条联络线，随联络线建设的光缆作为核心层构建的主要光缆，测算子网间带宽叠加效应相对简单清晰。其次当电网供电分区较大，涉及节点过多，考虑传输干线的带宽容量，可以进一步划分子网，基于电网供电及结算方式可结合行政区划考虑，但子网之间电网相对独立，光缆路由不宜超过 4 条，子网区域内业务量宜控制在 20G 至 40G。例如，某省供电分区及通信子网如图 6－2、图 6－3 所示。

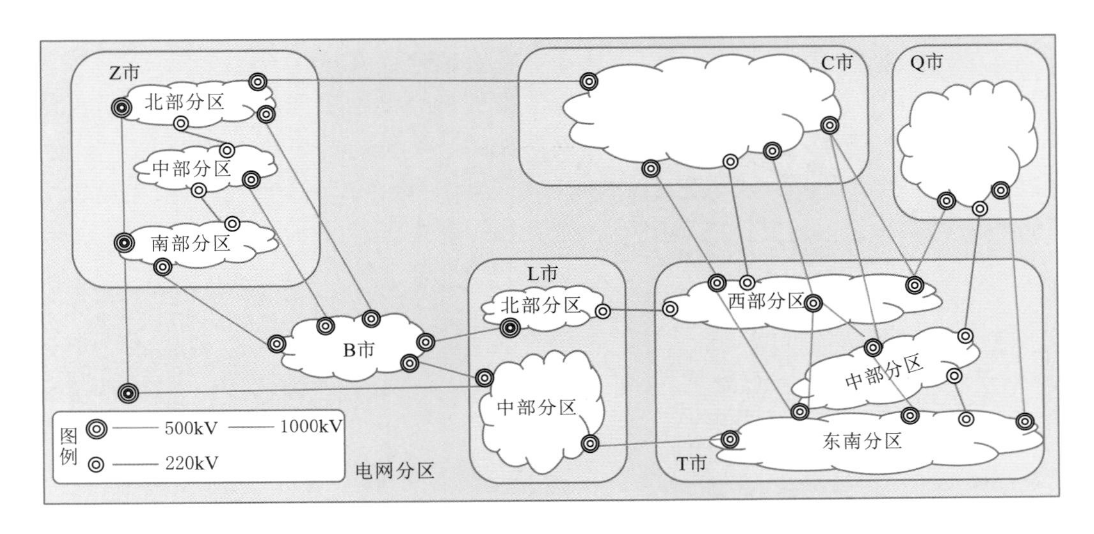

图 6－2　某省供电分区示意图

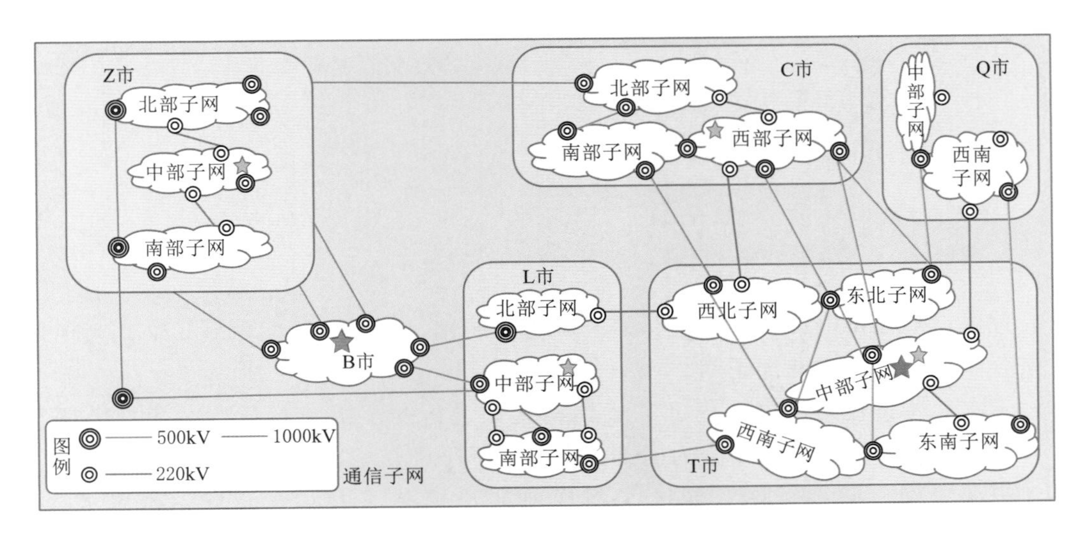

图 6－3　某省通信子网示意图

具体以 L 地市传输网为例，该地市公司下辖 8 个县公司，共有各类变电站 213 座，直调电厂 7 座。

该地区电网规划将划分为北部、中南部2个供电分区，该地区基本构建了220kV环网，因此决定了该地区光缆干线以220kV为主、110kV为补充的基本特点，首先对110kV及以上光缆网架进行梳理（图6-4），初步确定核心层构建基础光缆（图6-5）。注意：光缆拓扑图中，红线代表500kV线路光缆，黑线代表220kV线路光缆，蓝线代表110kV线路光缆。

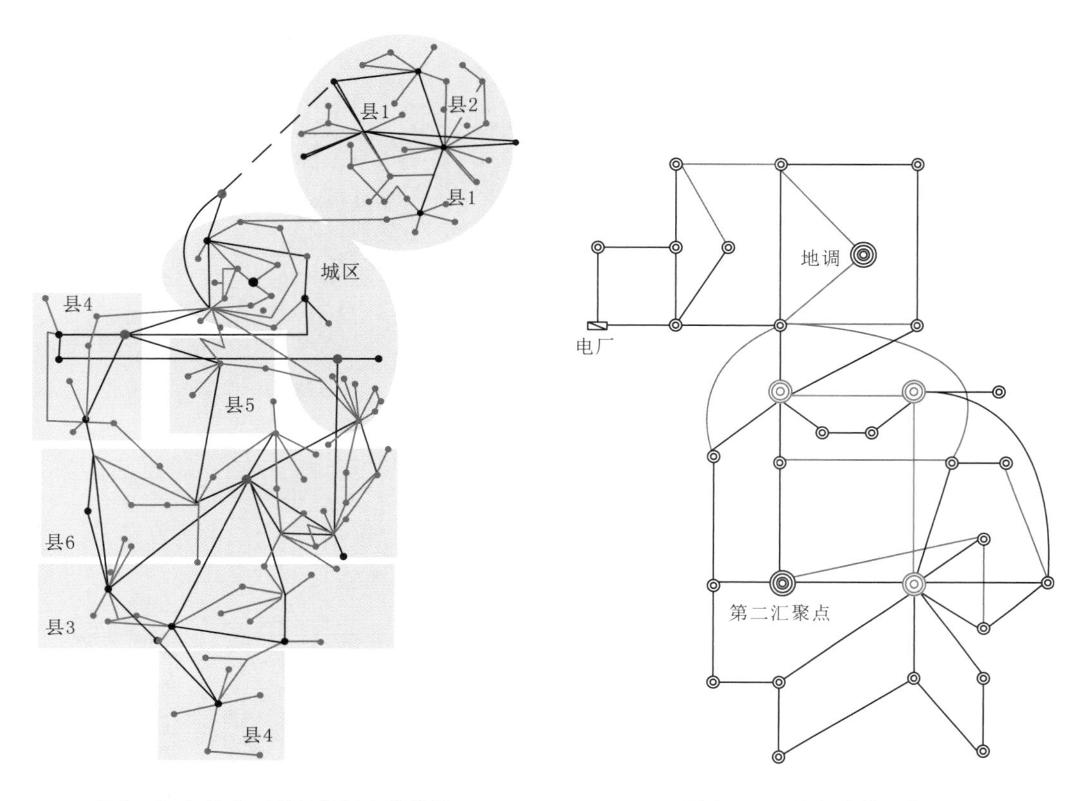

图6-4　L地市110kV及以上光缆图　　图6-5　L地市光缆干线图

首先，依托供电区、县域进行第一步网络简化（图6-6）。北部3个县与电网供电分区一致，设置北部子网。

其次，体量较大供电区内部的子网构建，进行初步的流量校验。依托电网结构，中南部供电区，进一步分为中部子网、南部子网、城区子网（图6-7）。

中部子网、南部子网、城区子网规模初步校验，采取直调场站带宽需求，进行简单叠加，中部、南部子网需求基本符合20～40G之间体量要求，北部子网虽然略低，但受地理条件限制，联络光缆路由仅有2条，且作为独立供电区宜作为独立子网考虑。L地市带宽需求见表6-5，L地市电力系统规模统计见表6-6。

县1、2、3
地调
县4
县5
县6
第二汇聚点
县7、8

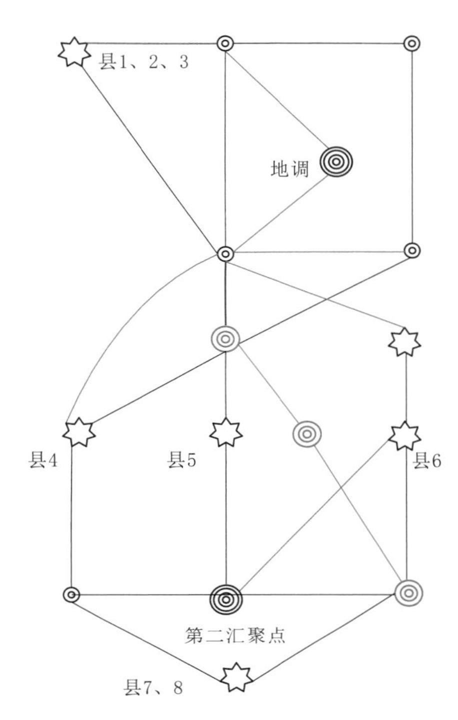

图 6-6 L地市等效网络构建Ⅰ（县域子网）

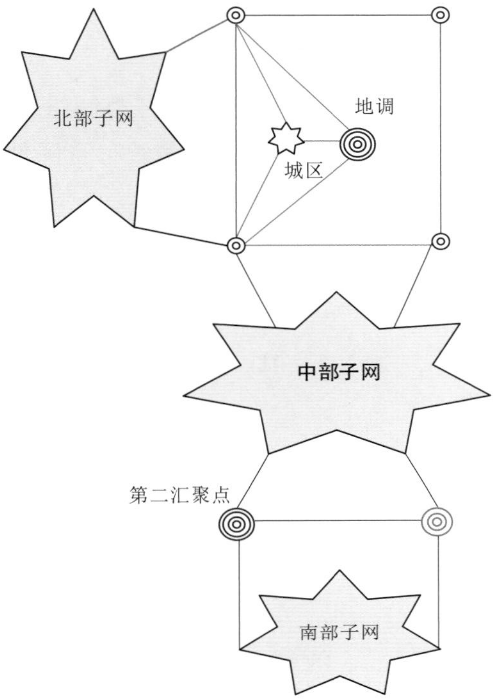

北部子网
地调
城区
中部子网
第二汇聚点
南部子网

图 6-7 L地市等效网络构建Ⅱ（区域子网）

表 6-5 L地市带宽需求表

序号	通信站		网络业务带宽/M			专线业务带宽/M							总带宽/M
			数据通信网	调度数据网	小计	调度电话	继电保护	安稳系统	网管网	精准负控	接入网回传	小计	
1	网	220kV	360	64	424	8	96	8	8	0	16	136	560
		110kV	304	32	336	8	0	0	0	0	16	24	360
		35kV	168	32	200	8	0	0	0	0	16	24	224
2	源		20	32	52	8	16	8	0	0	0	32	84

表 6-6 L地市电力系统规模统计表

子网	变电站数量			电厂	子网带宽/G
	220kV	110kV	35kV		
北部	4	27	15	2	15.49
中部（含城郊）	9	41	39	2	28.70
南部	7	21	34	2	19.26
城区	4	12	0	1	6.64
单站带宽/M	560	360	224	84	

6.3.5　子网业务体量统计

基础数据：按通信子网统计基础体量、业务体量，作为出子网带宽测算基础数据，此维度针对区域进行总量统计，降低单站业务模型累计差异，与基础体量结合。根据业务体量及分布关系进一步确定出子网及子网内带宽需求。

1. 基础体量

通信业务相关基础体量统计见表 6－7。

表 6－7　　通信业务相关基础体量统计表

省	地市	供电分区	子网	类型			电压等级/kV					调度关系/机构级别				
							＞500	500	220	110	35	国网	分部	省	地	县/配
××	××	××	××	线路（条）	网	干线										
						支线										
						子网间										
					源	干线										
						支线										
						子网间										
					荷	干线										
						支线										
						子网间										
				电力系统节点	网	变电站										
						开闭站										
						换流站										
						串补站										
						中继站										
					源	升压站										
						开关站										
						风/光										
						生物质										
					荷	普通用户站										
						含自备电厂用户站										
						大数据用户站										
						电铁牵引站										
					储	独立储能										

续表

省	地市	供电分区	子网	类型			电压等级/kV					调度关系/机构级别				
							>500	500	220	110	35	国网	分部	省	地	县/配
××	××	××	××	业务中心	公司本部											
					调度机构											
					独立办公区											
					营销网点											
					数据中心	电网独立设置公用										
						能源大数据中心										
						边缘数据中心										
						其他										
				重要业务系统	变电站集控	集控站										
						监控班										
						运维班										
					配电自动化系统	主站										
						子站										
					新型负控系统	主站										
						子站										
					安稳系统	主站										
						执行站										
						测量站										
					能源集控站	子网内主站										
						子网内接入站										
						子网内主站接入站总数										

2. 业务体量

通信业务体量统计见表 6－8。

6.3.6 出子网带宽测算

根据子网业务体量，测算本子网出口带宽。L 地市出子网业务带宽统计见表 6－9。

L 地市北部子网出子网业务统计见表 6－10。

表 6-8　　　　通信业务体量统计表

省	地市	供电分区	子网	通道类型			子网内通道数量					子网间通道数量					
							专用光芯	传输专线	调度数据网	数据通信网	其他	目的子网	专用光芯	传输专线	调度数据网	数据通信网	其他
××	××	××	××	业务通道	线路保护	≥220kV											
						≤110kV											
					安稳系统												
					调度电话	单机											
						中继											
					行政电话	单机											
						中继											
					新型负控	主站～子站											
						子站～终端											
					会议	专线视频											
						网络视频											
						电话会议											
					自动化系统	调度											
						变电站集控											
						配电											
						能源集控											
						远程终端											
					变电站辅控	一次设备监测											
						动环											
						智能巡检											
						安防锁控											
					电能质量												
					接入网回传												
					信息内网												
					信息外网												
					视频	作业现场											
						基建现场											
						线路监控											
				组网通道	数据通信网												
					调度数据网												
					网管网												

表 6－9　　　　　　　　　L 地市出子网业务带宽统计表

子网	调度数据网/G	数据通信网/G	专线/G	总带宽/G
北部	3.10	18.00	2.20	23.30
中部	5.58	30.00	2.60	38.18
南部	3.72	20.00	1.73	25.45

表 6－10　　　　　　　　L 地市北部子网出子网业务统计表

序号	需求组成	带宽需求组成	带宽需求/M	链路数量	可靠性要求	小计/M
1	调度数据网	调度数据网接入网 1	155	10	1	1550
		调度数据网接入网 2	155	10	1	1550
		小计				3100
2	数据通信网	地市公司-县公司	1000	6	1	6000
		直属单位本部-地市公司	155	0	1	0
		汇聚层	1000	12	1	12000
		小计				18000
3	专线	调度电话	2	81	2	324
		精准负荷控制	2	0	1	0
		地县一体化	100	15	1	1500
		接入网远程通道	4	42	1	168
		通信网管网	34	6	1	204
		资源同步网	1000	0	2	0
		业务中心 1（参见通信站点典型业务分类）				
		业务中心 2				
		……				
业务净流量总计						23296

6.3.7　干线断面带宽预测（考虑子网带宽穿通叠加测算）

绘制子网相对关系示意图，如图 6－8 所示，体现子网内带宽、子网出口带宽及子网穿通带宽叠加后干线带宽。根据表 6－9，L 市公司本部到中部子网、南部子网本体断面带宽分别为 38.18G、25.45G，但南部子网需经过中部子网到达，所以公司本部到中部子网带宽需按 80G 考虑。

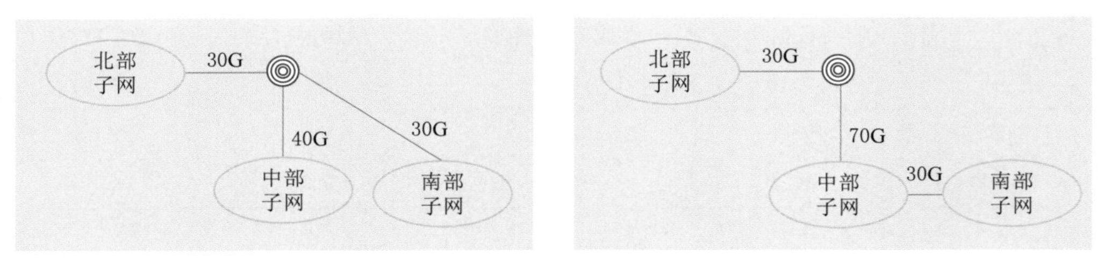

图 6-8　子网相对关系示意图

6.3.8　系统带宽预测

结合通信网网架承载关系及系统部署方式，进行带宽需求到单个传输系统的分解映射，根据选定网架模型（参见第 7 章），确定具体平面、子平面、传输系统的具体业务需求分配带宽。

第 7 章

电力传输网目标网架及演进策略

7.1 电力通信网目标网架

新型电力系统专用通信网需立足地缘特性、能源禀赋，以建设能源互联网为战略目标，保持发展敏锐度，坚持战略思维，强化系统观念，建设需求快速响应、资源柔性调配、源网荷储协同发展的高速、实时、可靠、安全、友好、融合的一体化通信网，提升资源利用效率，实现通信网健体瘦身、通信技术迭代发展、建设投资精准高效，全面支撑电力系统数字化、智能化发展。坚持“多元资产、协同发展，多级资源、高度共享，网络安全、接入友好，响应敏捷、扩展灵活，需求导向、策略柔性，统一规划、演进平滑，精准投资、配置优化”总体原则，建设一体化传输网络平台，促进整体网络向传输网一体化、业务网属地化、接入网多元化发展。

新型电力系统专用通信网定位为电力系统一体化承载平台，如图 7-1 所示，构建新型电力系统三层两级一体化承载体系，三层即光缆网、传输网、业务网，两级即省际网、省内网，一体化即资源管理模式。打破随调度范围构建通信网原则，可以降低设备冗余度，提高资源调度能力。

新型电力系统专用通信网以光纤通信为主体构建，光缆网作为通信系统基础，电力光缆网依托电力线路路径资源建设，主要采用 OPGW、ADSS、OPPC、管道光缆、直埋光缆等，0.4～1000kV 电力光缆扁平化组织应用。传输网作为电力通信网“运力”核心，提供业务网组网通道及专线业务通道，提供“1+1”保障，部署在 35kV 及以上电力厂站、业务中心，主要采用 OTN、SDH、SPN 等技术，OTN 技术主要应用于各级通信子网间跨域传输干线构建，SDH（MSTP）、SPN 技术主要应用于子网内传输接入层构建。业务网面向某类或某几类 IP 分组业务，提供“$N-M$”保障，提供多方向数据承载服务。10kV 及以下部署接入网，采用 PON、工业以太网等技术，作为传输网、业务网延伸。新型电力系统专用通信网三层两级一体化承载架构切面图如图 7-2 所示。

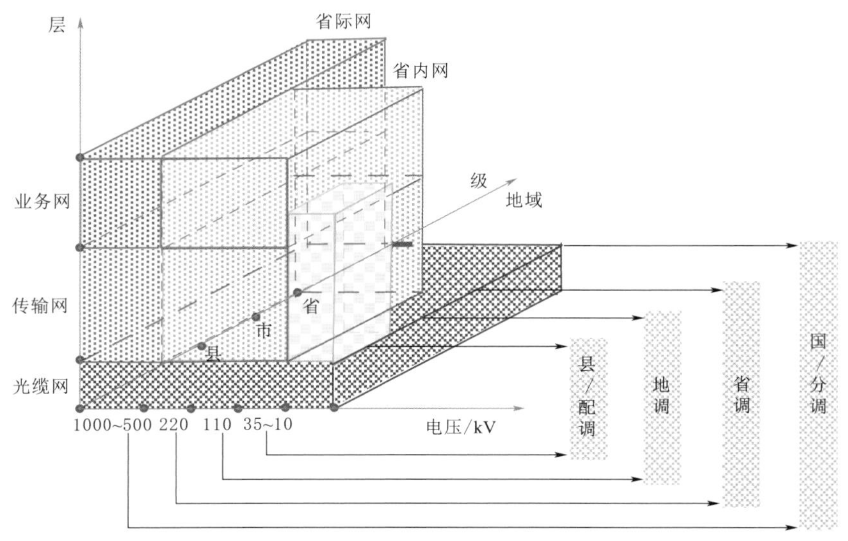

图 7-1　新型电力系统专用通信网三层两级一体化承载架构模型

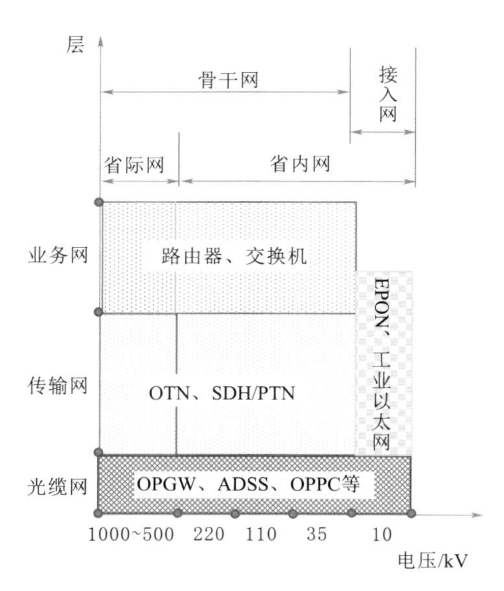

图 7-2　新型电力系统专用通信网三层两级一体化承载架构切面图

7.2　电力传输网目标网架

伴生电网的电力通信网投产时间分布较公用通信网离散，尤其是干线层，新型电力系统光传输网应在现有网络基础上、结合地区电力发展及业务需求平滑演进，保持技术政策连续性及投资效益最大化，适时开展网络架构优化调整。本节所述目标网架的提出以典型地区业务量为基础，考虑1+1可靠性保障、极简部署，不同网地区实现时间节点存在差异，演进过程网架参见7.3。

采用“OTN+SDH(MSTP)/PTN(SPN)”技术组织省际、省内两级传输网络，逐步归集“国、分、省、地、县”五级网络。传输网包括骨干层、接入层，骨干层主要采用OTN技术，接入层采用SDH（MSTP）技术、PTN（SPN）技术，清晰分层功能定位及多级一体化部署是新型电力系统传输网典型特征，以保障广域资源敏捷、柔性调配发展需要，与电力系统高电压向低电压整体树形结构匹配。

OTN平面作为传输网骨干层，以面向业务网组网及接入网互连通道提供为主，原则上不直接面向具体小颗粒业务。可建设单子平面或双子平面，单子平面建设时业务中心或送端电网需跨省市回传的边界节点考虑双设备配置，以组织业务网、传输网在业务中心独立主备通道落地，线路侧带宽以 $N\times100$G 为主，支路侧接口原则上不低于1G，推荐单波100G、小型设备。

SDH平面作为传输网接入层或专线业务承载网，主要面向小颗粒业务，特别是时延敏感、安全性及可靠性要求高的业务，如保护、安控、调度电话等，汇聚区域子网内业务，提供业务网（调度数据网、数据通信网、配电数据网、网管网等）622M及以下组网通道。根据业务通道可靠性需求，选择部署单子平面或双子平面，光芯资源紧张且要求主、备通道保障区域可采用单节点双设备背靠背单子面组网方式，但不推荐。带宽以2.5G及以下为主，现有10G网络依托OTN干线降速解网，作为区域内干线或存在10G带宽，随OTN网络部署推进、网络功能逐渐转型、调整带宽。电力传输网目标网架模型示例如图7-3所示。

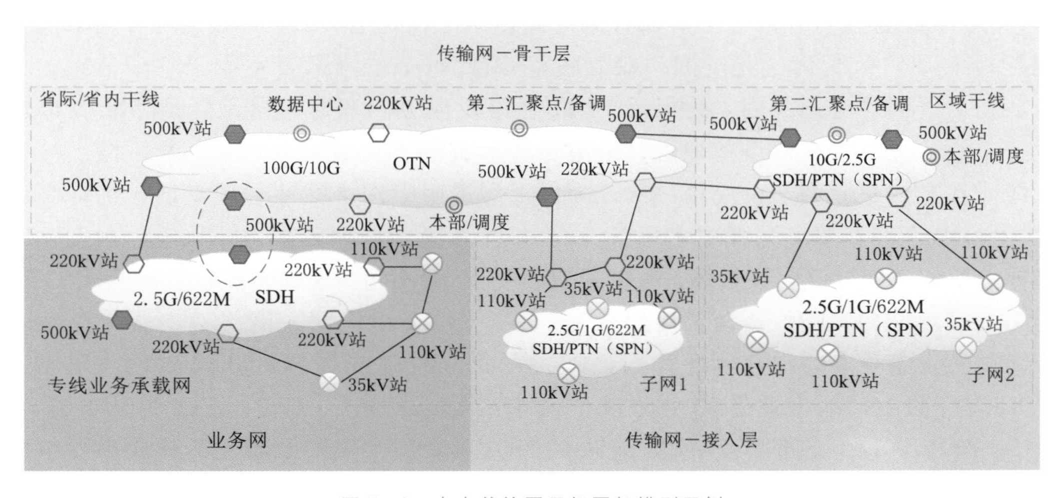

图7-3　电力传输网目标网架模型示例

7.3　电力传输网典型模型演进策略

考虑参考意义，本节就省内电力传输网典型模型及演进策略进行论述。省内电力传输网存在省级、地市级、县级、省内一体化、地县一体化等多种组网形式，网络设备投运时间分布及整体运行状态、电力系统发展增速及业务需求、投资能力及建设方式、运维能力及组织方式等均制约着传输网演进策略，省内电力传输网发展以目标网架为方向，采取灵活、渐进方式演进。本节提供两类7种模型以供参考。

根据OTN平面与SDH平面关系可分为纵向层级关系和独立平行关系两大类。纵向层级关系OTN作为骨干层、SDH以接入层为主；独立平行关系OTN、SDH作为不同类型业务承载网，新型电力系统传输网推荐层级模式，平行模式为“十三五”典型架构。OTN建设单平面或双子平面，SDH根据省内一体化程度及双通道组织方式可建设多个子平面，OTN与SDH部署方式组合形成7个典型模型，见表7-1。

OTN与SDH是层级关系还是平行关系，本质区别是SDH是否依托OTN组网，从而SDH网络结构从与光缆网架高度重合的物理结构向逻辑结构发展，本身网络结构空间属性影响力减弱，SDH网络“过路业务”减少，子网至业务中心向“星型”结构发展，网络业务通道平均节点数下降，广域联网需求降低，与电网分区供电格局更加契合，高电压光缆共享统筹压力减弱，同时业务网的汇聚层、核心层组网由OTN网络主要组织，SDH承载业务量下降。

7.3.1　SN1-1模型：单OTN-双SDH平面

本模型为新型电力系统初级阶段优先推荐模型，设备冗余度最低，承载能力较高。

OTN作为省内传输骨干层，省地一体化单平面部署，OTN子平面节点单设备配置为主，OTN保障的是子网“双上联”，因此每个子网部署不少于2个节点，相切、相交子网可考虑共用，为保障SDH网络及业务网双通道落地，地市级及以上业务中心、数据中心双设备配置；全电压等级路径光缆优先保障OTN组网，同一光缆段在全网中原则上仅应用一次，降低上层透明组网可靠性管理难度，优选高电压OPGW光缆，节点选择应考虑SDH区域干线及业务网汇聚点，从规划角度，应统筹主要业务网（调度数据网、数据通信网）及SDH网络汇聚节点，从而简化OTN网络规模及结构，降低资源调度及保障难度，OTN组织同一网络双上联应注意光缆路由及设备独立。线路侧配置$N\times100G+M\times10G$或$N\times100G$，省地共用段以$N\times100G$为主，地市业务为主区段按需求带宽采用$M\times10G$、$N\times100G+M\times10G$、$N\times100G$。支路侧以GE、2.5G、10G、10GE为主，原则上不开放小颗粒接口，支持灵活调度、光层重路由保护，光电交叉混合组网，光层容量根据节点全向光路断面带宽确定，电交叉容量根据上下业务和电中继业务带宽需求确定。统筹业

表 7-1 演进模型

<table>
<tr><th colspan="4">类型</th><th colspan="8">模型</th><th></th></tr>
<tr><th rowspan="3">序号</th><th colspan="3">特征</th><th rowspan="3">编号</th><th colspan="4">设置</th><th colspan="3">特点</th><th rowspan="3">定位</th></tr>
<tr><th rowspan="2">OTN与SDH关系</th><th colspan="2">功能定位</th><th colspan="2">OTN</th><th colspan="2">SDH</th><th rowspan="2">设备配置量</th><th rowspan="2">SDH干线压力</th><th rowspan="2">通道可靠性</th></tr>
<tr><th>OTN</th><th>SDH</th><th>形式</th><th>平面-子平面</th><th>形式</th><th>平面-子平面</th></tr>
<tr><td rowspan="7">Ⅰ</td><td rowspan="7">纵向层级关系</td><td rowspan="7">传输网骨干层</td><td rowspan="7">传输网接入层、区域干线、专线业务承载网</td><td rowspan="2">SN1-1</td><td rowspan="2">一体化</td><td rowspan="2">省内一体化 OTN 平面</td><td rowspan="2">一体化</td><td>省内一体化 SDH 子平面Ⅰ</td><td rowspan="2">☆</td><td rowspan="2">☆☆</td><td rowspan="2">☆☆☆☆☆</td><td rowspan="2">新型电力系统初期推荐模型</td></tr>
<tr><td>省内一体化 SDH 子平面Ⅱ</td></tr>
<tr><td rowspan="2">SN1-2</td><td rowspan="2">一体化</td><td>省内一体化 OTN 子平面Ⅰ</td><td rowspan="2">一体化</td><td>省内一体化 SDH 子平面Ⅰ</td><td rowspan="2">☆☆</td><td rowspan="2">☆</td><td rowspan="2">☆☆☆☆☆</td><td rowspan="2">新型电力系统全面建成理想模型</td></tr>
<tr><td>省内一体化 OTN 子平面Ⅱ</td><td>省内一体化 SDH 子平面Ⅱ</td></tr>
<tr><td rowspan="3">SN1-3</td><td rowspan="3">一体化</td><td rowspan="3">省内一体化 OTN 平面</td><td>独立</td><td>省级 SDH 子平面</td><td rowspan="3">☆☆☆</td><td rowspan="3">☆</td><td rowspan="3">☆☆☆☆☆</td><td rowspan="3">新型电力系统初期过渡模型</td></tr>
<tr><td>一体化</td><td>省内一体化 SDH 平面</td></tr>
<tr><td>独立</td><td>地市级 SDH 平面</td></tr>
<tr><td rowspan="12">Ⅱ</td><td rowspan="12">独立平行关系</td><td rowspan="12">省地断面大颗粒业务承载网</td><td rowspan="12">全业务承载网</td><td rowspan="2">SN2-1</td><td rowspan="2">一体化</td><td rowspan="2">省内一体化 OTN 平面</td><td rowspan="2">一体化</td><td>省内一体化 SDH 子平面Ⅰ</td><td rowspan="2">☆</td><td rowspan="2">☆☆☆☆☆</td><td rowspan="2">☆☆☆☆☆</td><td rowspan="2">发展较快或整体健康水平较差网络演进类模型</td></tr>
<tr><td>省内一体化 SDH 子平面Ⅱ</td></tr>
<tr><td rowspan="3">SN2-2</td><td rowspan="3">一体化</td><td rowspan="3">省内一体化 OTN 平面</td><td>独立</td><td>省级 SDH 子平面</td><td rowspan="3">☆☆☆</td><td rowspan="3">☆☆☆☆</td><td rowspan="3">☆☆☆☆</td><td rowspan="3">发展一般、整体健康水平一般网络演进类模型</td></tr>
<tr><td>一体化</td><td>省内一体化 SDH 平面</td></tr>
<tr><td>独立</td><td>地市级 SDH 平面</td></tr>
<tr><td rowspan="3">SN2-3</td><td rowspan="3">一体化</td><td rowspan="3">省内一体化 OTN 平面</td><td>独立</td><td>省级 SDH 子平面Ⅰ</td><td rowspan="3">☆☆☆</td><td rowspan="3">☆☆☆</td><td rowspan="3">☆☆☆</td><td rowspan="3">发展一般、整体健康水平一般网络维持类模型</td></tr>
<tr><td>独立</td><td>省级 SDH 子平面Ⅱ</td></tr>
<tr><td>独立</td><td>地市级 SDH 平面</td></tr>
<tr><td rowspan="4">SN2-4</td><td rowspan="4">一体化</td><td rowspan="4">省内一体化 OTN 平面</td><td>独立</td><td>省级 SDH 子平面Ⅰ</td><td rowspan="4">☆☆☆☆☆</td><td rowspan="4">☆☆</td><td rowspan="4">☆☆☆☆☆</td><td rowspan="4">发展缓慢、整体健康水平较高网络维持类模型</td></tr>
<tr><td>独立</td><td>省级 SDH 子平面Ⅱ</td></tr>
<tr><td>独立</td><td>地市级 SDH 平面Ⅰ</td></tr>
<tr><td>独立</td><td>地市级 SDH 平面Ⅱ</td></tr>
</table>

务传输距离、跳数，优化网络结构，适当考虑全光交叉节点，控制“站站电中继”粗放型管理。现有 OTN 网络大颗粒业务承载网向传输干线转变过程中，OTN 平面建设在系统评估现有网络设备运行情况、网络规模、设备先进性、投资效益、业务切改难度等，可采取扩容改造或新建改造两种方式，目标网架体量超过现有网络 1.5 倍、设备平均运行年限达 7 年以上建议采取新建方式。

SDH 功能定位由区域干线随 OTN 部署范围增大逐步向传输接入层、专线业务承载网转变，双子平面省内一体化部署，承载省、地、县各级具体业务通道，同一电压等级同一类型站点 2 张子平面部署高度重合，路由丰富节点可选择不同光缆作为出站双路由，2 张子平面组织主、备通道应注意光缆路由独立。现有 SDH 网络子平面全业务承载网功能定位逐渐弱化，利用 OTN 承载构建 SDH 网络，网络结构逻辑化，子网与业务中心间向星型结构发展，摆脱广域物理结构限制，1 张子平面相邻子网间解网降速，带宽向 2.5G 及以下发展。SN1－1 模型设计说明见表 7－2，目标网架如图 7－4 所示。

表 7－2　SN1－1 模型设计说明

<table>
<tr><th>模型编号</th><th>平面</th><th>功能定位</th><th colspan="3">目标网架结构模型</th><th>备注</th></tr>
<tr><td rowspan="6">SN1－1</td><td rowspan="4">OTN</td><td rowspan="4">省内传输干线</td><td>演进方式</td><td colspan="2">综合评估，选取扩容改造或新建改造方式。推荐初期整体建设，网络拓扑结构随电网结构小幅度调整，部署节点数低速增长</td><td rowspan="6">新型电力系统初级阶段优先推荐模型</td></tr>
<tr><td>配置说明</td><td colspan="2">业务中心、数据中心、送端电网跨省回传汇聚节点双设备配置，其他网络节点单设备配置</td></tr>
<tr><td>部署范围</td><td colspan="2">业务中心：省/地市公司本部及第二汇聚点、调度机构、数据中心、省级业务主站大型综合办公区等；
区域/子网业务汇聚点：500kV 及 220kV 变电站、网架结构薄弱地区的枢纽 110kV 变电站、送端电网特高压等电源汇集站等；
网络功能性节点：长距中继节点、路由资源丰富的多子网交叉节点</td></tr>
<tr><td>承载业务</td><td colspan="2">省/地业务网（数据通信网、调度数据网、配电数据网等）核心层、汇聚层组网通道，SDH 平面组网通道</td></tr>
<tr><td rowspan="2">SDH/PTN</td><td rowspan="2">区域干线、接入网或生产专线业务网</td><td></td><td>省内一体化子平面Ⅰ</td><td>省内一体化子平面Ⅱ</td></tr>
<tr><td>承载业务</td><td>生产控制类专线业务：保护、安稳、调度/配电自动化远程终端、配电自动化回传通道、调度台远传通道、IP 电话、AG/IAD/PCM 等；
业务网/系统组网小颗粒通道：调度数据网、数据通信网接入层通道，网管网组网通道，调度交换、行政交换中继、视频会议系统 MCU 级联及终端远程接入通道、无线专网远程通道等</td><td>生产控制类专线业务：保护、安稳、调度/配电自动化远程终端、配电自动化回传通道、调度台远传通道、IP 电话、AG/IAD/PCM 等；
业务网/系统组网小颗粒通道：调度数据网、数据通信网接入层通道，网管网组网通道，调度交换、行政交换中继、视频会议系统 MCU 级联及终端远程接入通道、无线专网远程通道等</td></tr>
</table>

续表

<table>
<tr><th>模型编号</th><th>平面</th><th>功能定位</th><th colspan="3">目标网架结构模型</th><th>备注</th></tr>
<tr><td rowspan="3">SN1－1</td><td rowspan="3">SDH/PTN</td><td rowspan="3">区域干线、接入网或生产专线业务网</td><td>部署范围</td><td>省/地市/县公司本部及第二汇聚点，地调及备调、县调，省/地/县调直调厂站，省/地/县公司直属单位、能源集控中心等</td><td>省/地市/县公司本部及第二汇聚点，地调及备调、县调，省/地/县调直调厂站，省/地/县公司直属单位能源集控中心等</td><td rowspan="3">新型电力系统初级阶段优先推荐模型</td></tr>
<tr><td>配置说明</td><td colspan="2">省/地市/县公司本部及第二汇聚点、省/地调及备调、县调、省/地调直调厂站双设备配置，分别接入 2 个省内一体化子平面；地/县调直调厂站采用双设备或单设备配置，分别接入 2 个或 1 个省内一体化子平面；省/地/县公司直属生产单位按需配置接入</td></tr>
<tr><td>演进方式</td><td colspan="2">老旧改造、带宽调整、区域改造，网络架构随电网结构调整优化，节点数量随冗余消除、共享程度提高呈初期下降、随网源荷规模低速增长，设备配置降低</td></tr>
<tr><td>架构说明</td><td colspan="6">部署 1 个 OTN 平面、2 个省地一体化 SDH 子平面，OTN 作为传输网核心层，SDH 作为接入层，设备冗余度低，SDH 干线要求居中</td></tr>
<tr><td>适用范围</td><td colspan="6">体量较大、增速较快，设备运行年限集中且超推荐运行年限设备占比高、适宜新建方式改造，可靠性保障要求较高（政治保电多、保护及安稳业务较多），跨区域业务需求显著</td></tr>
</table>

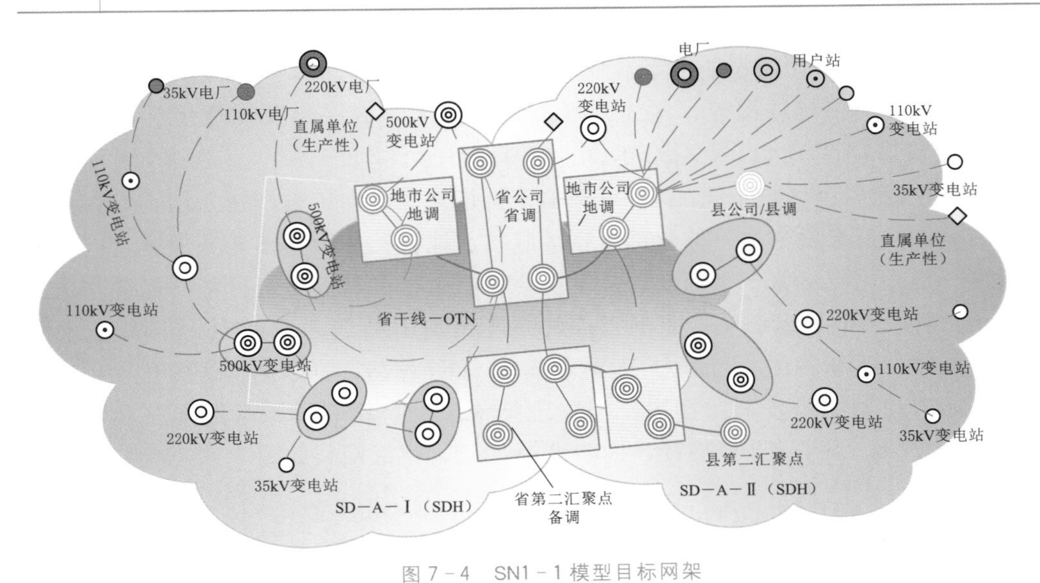

图 7－4 SN1－1 模型目标网架

7.3.2 SN1－2 模型：双（OTN－SDH）平面

本模型为新型电力系统全面建成阶段理想模型，设备冗余度较低，承载能力最高。

OTN作为省内传输骨干层，SDH作为省内传输骨干层，均采用省地一体化部署，部署OTN-SDH独立双平面，两张平面根据业务需求OTN、SDH存在覆盖差异，业务中心、送端电网跨省回传节点配置2套OTN设备，分别接入两个OTN平面，普通子网业务汇聚点可以部署1套OTN，通过子网内不同节点组织出子网独立多路由，汇聚节点本身业务第二路由由接入层SDH网连接到相近汇聚节点，根据光缆、电源、机房等条件差异化部署；SDH根据主备通道需求选择配置1套任选接入1个平面，或2套设备分别接入2个平面，如：110kV变电站业务以主备通道需求为主则配置2套设备，35kV变电站业务单通道需求为主则配置1套设备。

OTN保障的是子网“双上联”，因此每个子网内2张OTN子平面部署不少于2个节点，相切、相交子网可考虑共用；节点选择应考虑SDH区域干线及业务网汇聚点，从规划角度，应统筹主要业务网（调度数据网、数据通信网）及SDH网络汇聚节点，从而简化OTN网络规模及结构，降低资源调度及保障难度，OTN双子平面分别组织同一网络双上联应注意光缆路由独立。线路侧配置$N\times100G+M\times10G$或$N\times100G$，省地共用段以$N\times100G$为主，地市业务为主区段按需求带宽采用$M\times10G$、$N\times100G+M\times10G$、$N\times100G$。支路侧以GE、2.5G、10G、10GE为主，原则上不开放小颗粒接口，支持灵活调度、光层重路由保护，光电交叉混合组网，光层容量根据节点全向光路断面带宽确定，电交叉容量根据上下业务和电中继业务带宽需求确定。统筹业务传输距离、跳数，优化网络结构，适当考虑全光交叉节点，控制“站站电中继”粗放型管理。建设方式可以新建1张子平面，另一张子平面由现有大颗粒业务承载网OTN平面小范围逐步扩容改造，统筹推进地市以下OTN网络延伸覆盖，优先开展电网体量大、数字化发展程度深、传输通道叠加效应显著地区的OTN网络建设。

SDH功能定位由区域干线随OTN部署范围增大逐步向传输网接入层、专线业务承载网转变，双子平面省内一体化部署，承载省、地、县各级具体业务通道，同一电压等级同一类型站点2张子平面部署高度重合，路由丰富节点可选择不同光缆作为出站双路由，2张子平面组织主、备通道应注意光缆路由独立。现有SDH网络全业务承载网功能定位逐渐弱化，利用OTN承载构建SDH网络，网络结构逻辑化，子网与业务中心间向星型结构发展，摆脱广域物理结构限制，相邻子网解网降速，带宽向2.5G及以下发展。SN1-2模型设计说明见表7-3，目标网架如图7-5所示。

7.3.3　SN1-3模型：单OTN-三SDH平面

本模型为新型电力系统初级阶段过渡模型，设备冗余度较低，承载能力较高。

OTN作为省内传输骨干层，省地一体化双平面部署，OTN子平面节点单设备配置为主，OTN保障的是子网“双上联”，因此每个子网部署不少于2个节点，相切、相交子网可考虑共用，为保障SDH网络及业务网双通道落地，地市级业务中心、数据中心双设备配置；全电压等级路径光缆优先保障OTN组网，同一光缆段

表 7-3 SN1-2 模型设计说明

模型编号	平面	功能定位	目标网架结构模型			备注
				省内一体化子平面Ⅰ	省内一体化子平面Ⅱ	
SN1-2	OTN	省内传输干线	演进方式	初期整体建设，网络拓扑结构随电网结构小幅度调整，部署节点数低速增长	原则上由现有省地断面大颗粒业务承载网 OTN 平面扩容改造，具备送端电网属地回传业务及地市业务承载能力	新型电力系统初级阶段优先推荐模型
			配置说明	业务中心、数据中心、送端电网跨省回传汇聚节点双设备配置，分别接入 2 个子平面，其他网络节点单设备配置接入任意子平面		
			部署范围	业务中心：省/地市公司本部及第二汇聚点、调度机构、数据中心、省级业务主站大型综合办公区等； 区域/子网业务汇聚点：500kV 及 220kV 变电站、网架结构薄弱地区的枢纽，110kV 变电站、送端电网特高压等电源汇集站等； 网络功能性节点：长距中继节点、路由资源丰富的多子网交叉节点	业务中心：省/地市公司本部及第二汇聚点、调度机构、数据中心、省级业务主站大型综合办公区等； 区域/子网业务汇聚点：500kV 及 220kV 变电站、网架结构薄弱地区的枢纽，110kV 变电站、送端电网特高压等电源汇集站等； 网络功能性节点：长距中继节点、路由资源丰富的多子网交叉节点	
			承载业务	省/地业务网（数据通信网、调度数据网、配电数据网等）核心层、汇聚层组网通道，SDH 平面组网通道	省/地业务网（数据通信网、调度数据网、配电数据网等）核心层、汇聚层组网通道，SDH 平面组网通道	
	SDH	区域干线、接入网或生产专线业务网	承载业务	生产控制类专线业务：保护、安稳、调度/配电自动化远程终端、配电自动化回传通道、调度台远传通道、IP 电话、AG/IAD/PCM 等； 业务网/系统组网小颗粒通道：调度数据网、数据通信网接入层通道，网管网组网通道，调度交换、行政交换中继、视频会议系统 MCU 级联及终端远程接入通道、无线专网远程通道等	生产控制类专线业务：保护、安稳、调度/配电自动化远程终端、配电自动化回传通道、调度台远传通道、IP 电话、AG/IAD/PCM 等； 业务网/系统组网小颗粒通道：调度数据网、数据通信网接入层通道，网管网组网通道，调度交换、行政交换中继、视频会议系统 MCU 级联及终端远程接入通道、无线专网远程通道等	

续表

<table>
<tr><th>模型编号</th><th>平面</th><th>功能定位</th><th colspan="3">目标网架结构模型</th><th>备注</th></tr>
<tr><td rowspan="4">SN1－2</td><td rowspan="3">SDH</td><td rowspan="3">区域干线、接入网或生产专线业务网</td><td>部署范围</td><td>省/地市/县公司本部及第二汇聚点，地调及备调、县调，省/地/县调直调厂站，省/地/县公司直属单位、能源集控中心等</td><td>省/地市/县公司本部及第二汇聚点，地调及备调、县调，省/地/县调直调厂站，省/地/县公司直属单位、能源集控中心等</td><td rowspan="4">新型电力系统初级阶段优先推荐模型</td></tr>
<tr><td>配置说明</td><td colspan="2">省/地市/县公司本部及第二汇聚点、省/地调及备调、县调、省/地调直调厂站双设备配置，分别接入2个省内一体化子平面；地/县调直调厂站采用双设备或单设备配置，分别接入2个或1个省内一体化子平面；省/地/县公司直属生产单位按需配置接入</td></tr>
<tr><td>演进方式</td><td colspan="2">老旧改造、带宽提升、区域改造，网络架构随电网结构调整优化，节点数量随冗余消除、共享程度提高呈初期下降、随网源荷规模低速增长，设备配置降低</td></tr>
<tr><td colspan="3">目标网架</td><td>SD－Ⅰ</td><td>SD－Ⅱ</td></tr>
<tr><td>架构说明</td><td colspan="6">部署2个OTN－SDH子平面，OTN作为传输网骨干层，SDH作为接入层，设备冗余度较低，承载能力高，SDH干线要求低</td></tr>
<tr><td>适用范围</td><td colspan="6">体量大、增速快，跨区域业务需求显著，可靠性保障要求较高（政治保电多、保护及安稳业务较多）</td></tr>
</table>

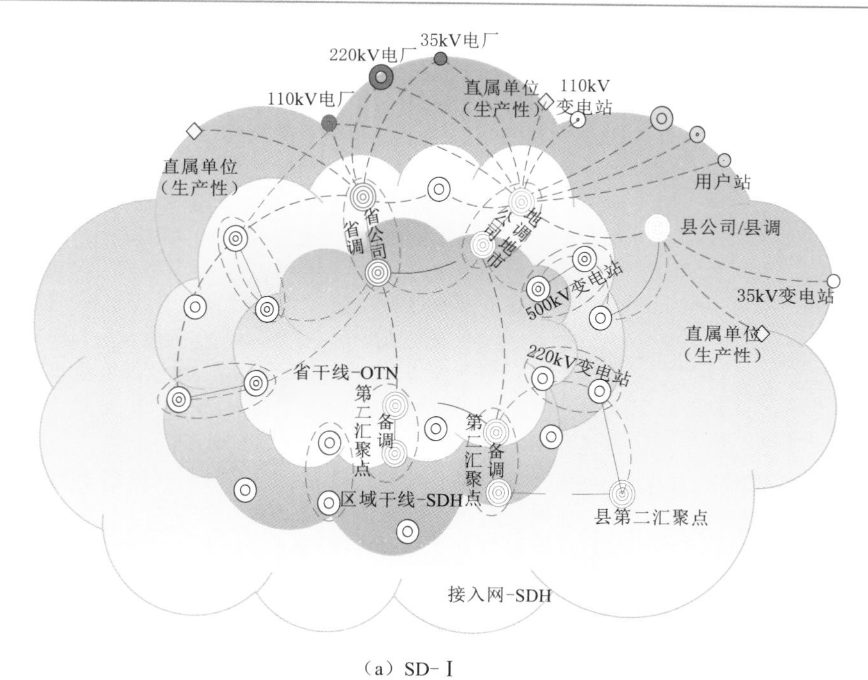

（a）SD-Ⅰ

图7－5（一）　目标网架

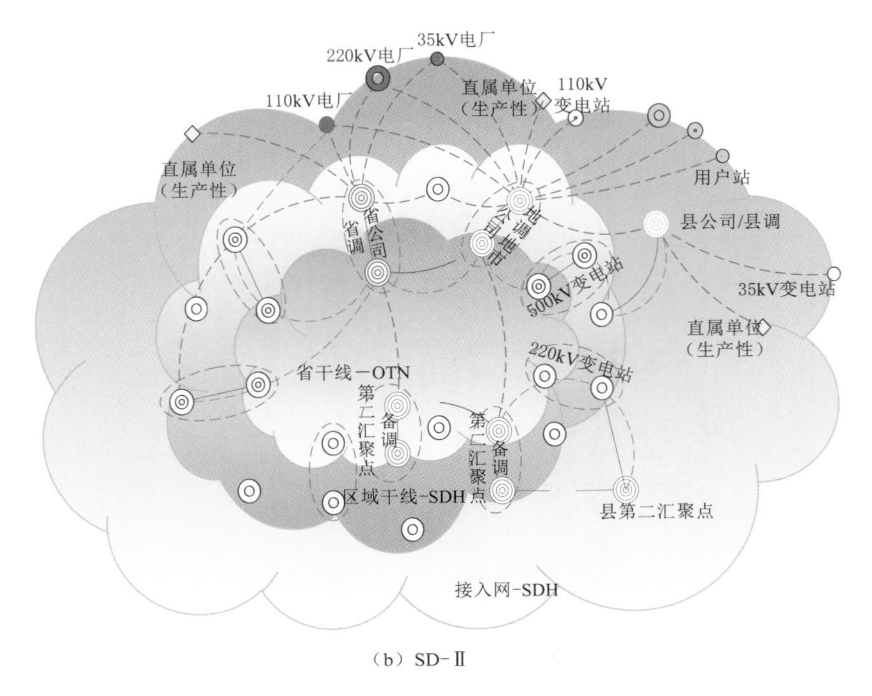

（b）SD-Ⅱ

图7-5（二） 目标网架

在全网中原则上仅应用一次，降低上层透明组网可靠性管理难度，优选高电压OPGW光缆，节点选择应考虑SDH区域干线及业务网汇聚点，从规划角度，应统筹主要业务网（调度数据网、数据通信网）及SDH网络汇聚节点，从而简化OTN网络规模及结构，降低资源调度及保障难度，OTN组织同一网络双上联应注意光缆路由及设备独立。线路侧配置$N\times100$G+$M\times10$G或$N\times100$G，省地共用段以$N\times100$G为主，地市业务为主区段按需求带宽采用$M\times10$G、$N\times100$G+$M\times10$G、$N\times100$G。支路侧以GE、2.5G、10G、10GE为主，原则上不开放小颗粒接口，支持灵活调度、光层重路由保护，光电交叉混合组网，光层容量根据节点全向光路断面带宽确定，电交叉容量根据上下业务和电中继业务带宽需求确定。统筹业务传输距离、跳数，优化网络结构，适当考虑全光交叉节点，控制“站站电中继”粗放型管理。现有OTN网络大颗粒业务承载网向传输干线转变过程中，OTN平面建设在系统评估现有网络设备运行情况、网络规模、设备先进性、投资效益、业务切改难度等，可采取扩容改造或新建改造两种方式，目标网架体量超过现有网络1.5倍、设备平均运行年限达7年以上建议采取新建方式。

SDH平面由省网、地网独立部署向省内一体化方向演进，可以认为是SN2－3向SN1－1演进过程模型，部署省级、省地一体化、地市级3张独立平行SDH子平面，分别承载省、地、县各级具体业务通道，现有SDH网络子平面全业务承载网功能定位逐渐弱化，省内一体化子平面利用OTN承载构建SDH网络，网络结构逻辑化，子网与业务中心间向星型结构发展，摆脱广域物理结构限制，降低设备配置量，降低设备配置。地市级子平面借助 OTN 进行网络结构完善。省级子平面向专线业务承载网演进。3 张子平面部署范围、网络结构差异显著，同一站点主、备通道利用 3 张子平面中 2 张组织，注意光缆路由独立。带宽容量以 2.5G 为主。SN1－3 模型设计说明见表 7－4，目标网架如图 7－6 所示。

表 7－4　　SN1－3 模型设计说明

<table>
<tr><th>模型编号</th><th>技术体制</th><th>功能定位</th><th colspan="4">目标网架结构模型</th><th>备注</th></tr>
<tr><td rowspan="6">SN1－3</td><td rowspan="4">OTN</td><td rowspan="4">省内传输干线</td><td>演进方式</td><td colspan="3">综合评估，选取扩容改造或新建改造方式。推荐初期整体建设，网络拓扑结构随电网结构小幅度调整，部署节点数低速增长</td><td rowspan="6">转型过渡期模型</td></tr>
<tr><td>配置说明</td><td colspan="3">业务中心、数据中心、送端电网跨省回传汇聚节点双设备配置，其他网络节点单设备配置</td></tr>
<tr><td>部署范围</td><td colspan="3">业务中心：省/地市公司本部及第二汇聚点、调度机构、数据中心、省级业务主站大型综合办公区等；
区域/子网业务汇聚点：500kV 及 220kV 变电站、网架结构薄弱地区的枢纽 110kV 变电站、送端电网特高压等电源汇集站等；
网络功能性节点：长距中继节点、路由资源丰富的多子网交叉节点</td></tr>
<tr><td>承载业务</td><td colspan="3">省/地业务网（数据通信网、调度数据网、配电数据网等）核心层、汇聚层组网通道，SDH 平面组网通道</td></tr>
<tr><td rowspan="2">SDH/PTN</td><td rowspan="2">区域干线、接入网或生产专线业务网</td><td></td><td>省级子平面</td><td>省内一体化子平面</td><td>地市级子平面</td></tr>
<tr><td>承载业务</td><td>生产控制类专线业务：保护、安稳、IP 电话、AG/IAD/PCM 等；
业务网/系统组网小颗粒通道：调度数据网、数据通信网接入层通道，网管网组网通道，调度交换、行政交换中继、视频会议系统 MCU 级联及终端远程接入通道</td><td>生产控制类专线业务：保护、安稳、调度/配电自动化远程终端、配电自动化回传通道、调度台远传通道、IP 电话、AG/IAD/PCM 等；
业务网/系统组网小颗粒通道：调度数据网、数据通信网接入层通道，网管网组网通道，调度交换、行政交换中继、视频会议系统 MCU 级联及终端远程接入通道、无线专网远程通道等</td><td>生产控制类专线业务：保护、安稳、调度/配电自动化远程终端、配电自动化回传通道、调度台远传通道、IP 电话、AG/IAD/PCM 等；
业务网/系统组网小颗粒通道：调度数据网、数据通信网接入层通道，调度交换、行政交换中继、视频会议系统 MCU 级联及终端远程接入通道、无线专网远程通道等</td></tr>
</table>

续表

<table>
<tr><th>模型编号</th><th>技术体制</th><th>功能定位</th><th colspan="4">目标网架结构模型</th><th>备注</th></tr>
<tr><td rowspan="4">SN1－3</td><td rowspan="4">SDH/PTN</td><td rowspan="3">区域干线、接入网或生产专线业务网</td><td>部署范围</td><td>省/地市公司本部及第二汇聚点，省调及备调、省调直调厂站、省公司直属生产单位</td><td>省/地市/县公司本部及第二汇聚点，地调及备调、县调，省/地/县调直调厂站</td><td>地市/县公司本部及第二汇聚点，地调及备调、县调、地/县调直调厂站、地/县公司直属生产单位</td><td rowspan="4">转型过渡期模型</td></tr>
<tr><td>配置说明</td><td colspan="3">省公司本部及第二汇聚点、省调及备调、省调直调厂站双设备配置，分别接入省级、省地一体化子平面；
地市公司本部及第二汇聚点/地调及备调配置 3 套设备，分别接入省级、省地一体化、地市级子平面；地/县调直调厂站双设备配置，分别接入省地一体化、地市级子平面；县公司本部及第二汇聚点双设备配置，分别接入省地一体化、地市级平面；地/县调直调厂站采用双设备或单设备配置，分别接入省地一体化、地市级平面；
省/地/县公司直属生产单位按需配置接入；
能源集控中心等外部客户根据并网点、跨区范围确定接入具体平面</td></tr>
<tr><td>演进方式</td><td colspan="3">老旧改造、带宽提升，网络架构随电网结构调整优化，节点数量随冗余消除、共享程度提高呈初期下降、随网源荷规模低速增长</td></tr>
<tr><td colspan="2">目标网架</td><td>SW－A</td><td>SD－I</td><td>DW－A</td></tr>
<tr><td>架构说明</td><td colspan="7">部署 1 个 OTN 平面、3 个 SDH（省级、省地一体化、地市级）子平面，设备冗余度低，SDH 干线要求居中</td></tr>
<tr><td>适用范围</td><td colspan="7">体量较大、增速较快，设备运行年限集中且超推荐运行年限设备占居中、适合单平面新建方式改造，可靠性保障要求较高（政治保电多、保护及安稳业务较多），跨区域业务需求较多</td></tr>
</table>

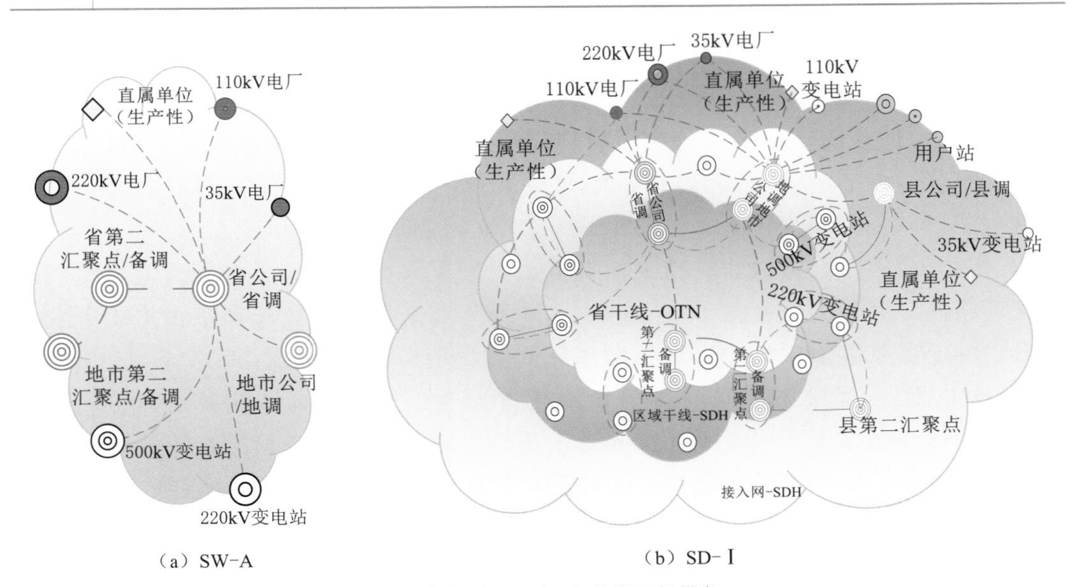

（a）SW-A

（b）SD-Ⅰ

图 7-6（一） SN1-3 模型目标网架

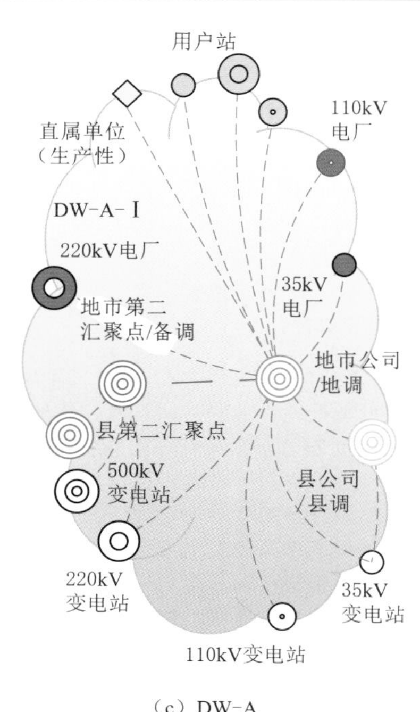

（c）DW-A

图 7-6（二） SN1-3 模型目标网架

7.3.4 SN2-1 模型：单 OTN+双 SDH 平面

本模型 OTN、SDH 网络功能定位较现状未发生本质变化。OTN 平面功能定位省地断面大颗粒业务承载网，根据业务需求进一步向子网少量延伸，承担部分地市业务中心-子网间大颗粒业务，缓解 SDH 重点区段压力。SDH 平面功能定位仍为全业务承载网，重点是省内一体化改造，构建省级通信平台，控制 SDH 保有量，适用于电网体量适中、源网荷储占比分布无显著变化、跨地市业务不多、电力系统发展适中的省内网络构建。

OTN 省地一体化单平面部署，OTN 子平面节点单设备配置为主，OTN 主要保障的是业务中心“双上联”，地市级及以上业务中心、数据中心双设备配置；线路侧配置 $N\times10$G 或 $N\times100$G$+M\times10$G。支路侧以 GE、10GE 、2.5G、10G 为主，适当开放小颗粒接口，支持灵活调度、光层重路由保护，光电交叉混合组网或电交叉组网，光层容量根据节点全向光路断面带宽确定，电交叉容量根据上下业务和电中继业务带宽需求确定。推荐随现有 OTN 网络改造演进。

SDH 双子平面省内一体化部署，承载省、地、县各级具体业务通道，同一电压等级同一类型站点 2 张子平面部署高度重合，路由丰富节点可选择不同光缆作为出站双路由，2 张子平面组织主、备通道应注意光缆路由独立。干线带宽以 10G 为主。SN2-1 模型设计说明见表 7-5，OTN 目标网架如图 7-7 所示，SDH 目标网架如图 7-8 所示。

表 7-5　　　　**SN2-1 模型设计说明**

<table>
<tr><th>模型编号</th><th>平面</th><th>功能定位</th><th colspan="3">目标网架结构模型</th><th>备注</th></tr>
<tr><td rowspan="11">SN2-1</td><td rowspan="5">OTN</td><td rowspan="4">省地业务中心断面管理信息大区大颗粒业务承载网</td><td>演进方式</td><td colspan="2">初期整体基本建成，网络拓扑结无重大调整，部署节点数少量增长，主要扩建为设备板卡或波道提速，极少情况随一次网架结构重大变化优化调整，原厂采购，扩建及优化成本高</td><td rowspan="11">推荐模型</td></tr>
<tr><td>配置说明</td><td colspan="2">地市级及以上业务中心、数据中心双设备配置，其他网络节点单设备配置</td></tr>
<tr><td>部署范围</td><td colspan="2">业务中心：省/地市公司本部及第二汇聚点、调度机构、数据中心、省级业务主站大型综合办公区等；
个别区域/子网业务汇聚点：500kV 及 220kV 变电站、网架结构薄弱地区的枢纽 110kV 变电站等；
网络功能性节点：长距中继节点</td></tr>
<tr><td>承载业务</td><td colspan="2">省-地数据通信网、调度数据网大颗粒组网通道</td></tr>
<tr><td colspan="2">目标网架</td><td colspan="2">SW-B</td></tr>
<tr><td rowspan="6">SDH</td><td rowspan="6">生产控制大区业务承载网、管理信息大区小颗粒业务承载网</td><td></td><td>省内一体化子平面Ⅰ</td><td>省内一体化子平面Ⅱ</td></tr>
<tr><td>承载业务</td><td>生产控制类专线业务：保护、安稳、调度/配电自动化远程终端、配电自动化回传通道、调度台远传通道、IP 电话、AG/IAD/PCM 等；
业务网/系统组网通道：调度数据网、数据通信网接入层通道，网管网组网通道，调度交换、行政交换中继、视频会议系统 MCU 级联及终端远程接入通道、无线专网远程通道等</td><td>生产控制类专线业务：保护、安稳、调度/配电自动化远程终端、配电自动化回传通道、调度台远传通道、IP 电话、AG/IAD/PCM 等；
业务网/系统组网通道：调度数据网、数据通信网接入层通道，网管网组网通道，调度交换、行政交换中继、视频会议系统 MCU 级联及终端远程接入通道、无线专网远程通道等</td></tr>
<tr><td>部署范围</td><td>省/地市/县公司本部及第二汇聚点，地调及备调、县调，省/地/县调直调厂站，省/地/县公司直属生产单位</td><td>省/地市/县公司本部及第二汇聚点，地调及备调、县调，省/地/县调直调厂站，省/地/县公司直属生产单位</td></tr>
<tr><td>配置说明</td><td colspan="2">省/地市/县公司本部及第二汇聚点、省/地调及备调、县调、省/地调直调厂站双设备配置，分别接入 2 个省内一体化子平面；地/县调直调厂站采用双设备或单设备配置，分别接入 2 个或 1 个省内一体化子平面；省/地/县公司直属生产单位按需配置接入</td></tr>
<tr><td>演进方式</td><td colspan="2">老旧改造、带宽调整、区域改造，网络架构随电网结构调整优化，节点数量随冗余消除、共享程度提高呈初期下降、随网源荷规模低速增长状态</td></tr>
<tr><td>目标网架</td><td>SD-A-Ⅰ</td><td>SD-A-Ⅱ</td></tr>
<tr><td>架构说明</td><td colspan="6">OTN 与 SDH 为独立平面，承担不同种类业务；省内 SDH 平面部署省地县一体化 2 个子平面，设备冗余度低，SDH 干线压力大</td></tr>
<tr><td>适用范围</td><td colspan="6">体量居中、增速居中、可靠性保障要求较高（政治保电多、保护及安稳业务较多）、跨区域业务不多的地区，设备运行年限集中且超推荐运行年限设备占比高、适宜新建方式改造</td></tr>
</table>

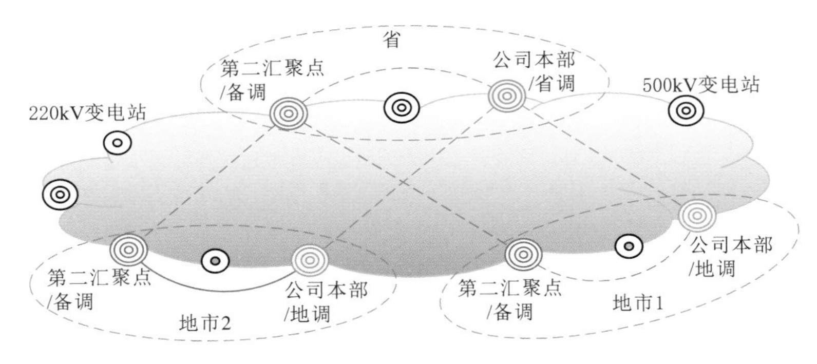

图7-7　OTN目标网架（SW-B）

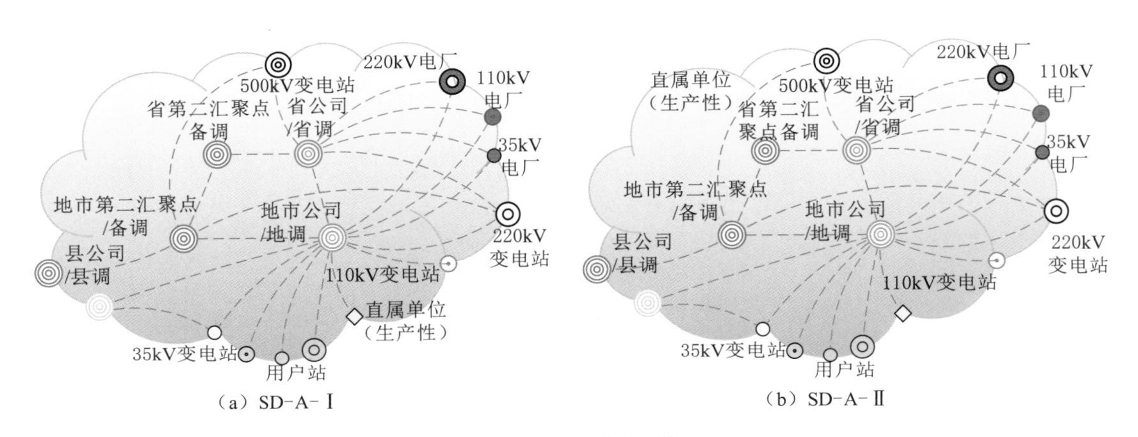

图7-8　SDH目标网架

7.3.5　SN2-2模型：单OTN+三SDH平面

本模型OTN、SDH网络功能定位较现状未发生本质变化。OTN平面功能定位省地断面大颗粒业务承载网，根据业务需求进一步向子网少量延伸，承担部分地市业务中心—子网间大颗粒业务，缓解SDH重点区段压力。SDH平面功能定位仍为全业务承载网，推进省内一体化改造进程，构建省级通信平台单平面，控制SDH保有量，适用于电网体量适中、源网荷储占比分布无显著变化、跨地市业务不多、电力系统发展适中的省内网络构建。

OTN省地一体化单平面部署，OTN子平面节点单设备配置为主，OTN主要保障的是业务中心“双上联”，地市级及以上业务中心、数据中心双设备配置；线路侧配置$N\times10G$或$N\times100G+M\times10G$。支路侧以GE、10GE、2.5G、10G为主，适当开放小颗粒接口，支持灵活调度、光层重路由保护，光电交叉混合组网或电交叉组网，光层容量根据节点全向光路断面带宽确定，电交叉容量根据上下业务和电中继业务带宽需求确定。推荐随现有OTN网络改造演进。

SDH平面由省网、地网独立部署向省内一体化方向演进，可以认为是SN2-3

向 SN2－1 演进过程模型，部署省级、省地一体化、地市级 3 张独立平行 SDH 子平面，分别承载省、地、县各级具体业务通道，省内一体化子平面承载省内全类业务，降低设备冗余配置量。3 张子平面部署范围、网络结构差异显著，同一站点主、备通道利用 3 张子平面中 2 张组织，注意光缆路由独立。干线带宽容量以 2.5G、10G 为主。SN2－2 模型设计说明见表 7－6，OTN 目标网架如图 7－9 所示，SDH 目标网架如图 7－10 所示。

表 7－6　　**SN2－2 模型设计说明**

<table>
<tr><th>模型编号</th><th>平面</th><th>功能定位</th><th colspan="4">目标网架结构模型</th><th>备注</th></tr>
<tr><td rowspan="7">SN2－3</td><td rowspan="5">OTN</td><td rowspan="4">省地业务中心断面管理信息大区大颗粒业务承载网</td><td>演进方式</td><td colspan="3">初期整体基本建成，网络拓扑结无重大调整，部署节点数少量增长，主要扩建为设备板卡或波道提速，极少情况随一次网架结构重大变化优化调整，原厂采购，扩建及优化成本高</td><td rowspan="7">“十三五”典型模型</td></tr>
<tr><td>配置说明</td><td colspan="3">地市级及以上业务中心、数据中心双设备配置，其他网络节点单设备配置</td></tr>
<tr><td>部署范围</td><td colspan="3">业务中心：省/地市公司本部及第二汇聚点、调度机构、数据中心、省级业务主站大型综合办公区等；
个别区域/子网业务汇聚点：500kV 及 220kV 变电站、网架结构薄弱地区的枢纽 110kV 变电站等；
网络功能性节点：长距中继节点</td></tr>
<tr><td>承载业务</td><td colspan="3">省-地数据通信网、调度数据网大颗粒组网通道</td></tr>
<tr><td colspan="2">目标网架</td><td colspan="3">SW－B</td></tr>
<tr><td rowspan="2">SDH</td><td rowspan="2">生产控制大区业务承载网、管理信息大区小颗粒业务承载网</td><td></td><td>省级子平面</td><td>省内一体化子平面</td><td>地市级子平面</td></tr>
<tr><td>承载业务</td><td>生产控制类专线业务：保护、安稳、IP 电话、AG/IAD/PCM 等；
业务网/系统组网小颗粒通道：调度数据网、数据通信网接入层通道，网管网组网通道，调度交换、行政交换中继、视频会议系统 MCU 级联及终端远程接入通道</td><td>生产控制类专线业务：保护、安稳、调度/配电自动化远程终端、配电自动化回传通道、调度台远传通道、IP 电话、AG/IAD/PCM 等；
业务网/系统组网小颗粒通道：调度数据网、数据通信网接入层通道，网管网组网通道，调度交换、行政交换中继、视频会议系统 MCU 级联及终端远程接入通道、无线专网远程通道等</td><td>生产控制类专线业务：保护、安稳、调度/配电自动化远程终端、配电自动化回传通道、调度台远传通道、IP 电话、AG/IAD/PCM 等；业务网/系统组网小颗粒通道：调度数据网、数据通信网接入层通道，调度交换、行政交换中继、视频会议系统 MCU 级联及终端远程接入通道、无线专网远程通道等</td></tr>
</table>

续表

<table>
<tr><th>模型编号</th><th>平面</th><th>功能定位</th><th colspan="4">目标网架结构模型</th><th>备注</th></tr>
<tr><td rowspan="4">SN2－3</td><td rowspan="4">SDH</td><td rowspan="3">生产控制大区业务承载网、管理信息大区小颗粒业务承载网</td><td>部署范围</td><td>省/地市公司本部及第二汇聚点，省调及备调、省调直调厂站、省公司直属生产单位</td><td>省/地市/县公司本部及第二汇聚点，地调及备调、县调，省/地/县调直调厂站</td><td>地市/县公司本部及第二汇聚点，地调及备调、县调、地/县调直调厂站、地/县公司直属生产单位</td><td rowspan="4">“十三五”典型模型</td></tr>
<tr><td>配置说明</td><td colspan="3">省公司本部及第二汇聚点、省调及备调、省调直调厂站双设备配置，分别接入省级、省地一体化子平面；
地市公司本部及第二汇聚点、地调及备调配置 3 套设备，分别接入省级、省地一体化、地市级子平面；、地/县调直调厂站、县公司本部及第二汇聚点双设备配置，分别接入省地一体化、地市级平面；地/县调直调厂站采用双设备或单设备配置，分别接入省地一体化、地市级平面；
省/地/县公司直属生产单位按需配置接入；
能源集控中心等外部客户根据并网点、跨区范围确定接入具体平面</td></tr>
<tr><td>演进方式</td><td colspan="3">老旧改造、带宽提升，网络架构随电网结构调整优化，节点数量随冗余消除、共享程度提高呈初期下降、随网源荷规模低速增长</td></tr>
<tr><td colspan="2">目标网架</td><td>SW－A</td><td>SD－A</td><td>DW－A</td></tr>
<tr><td>架构说明</td><td colspan="7">OTN 与 SDH 为独立平面，承担不同种类业务；省内 SDH 平面部署省级、省地一体化、地市级 3 个子平面，省、地两级调度站点（220kV 变电站、电厂）、网络骨干节点（500kV、220kV 变电站）设备冗余度较高</td></tr>
<tr><td>适用范围</td><td colspan="7">体量居中、增速居中、设备运行年限集中且超推荐运行年限设备占居中、适合单平面新建方式改造、可靠性保障要求高（政治保电、保护及安稳业务多）的地区</td></tr>
</table>

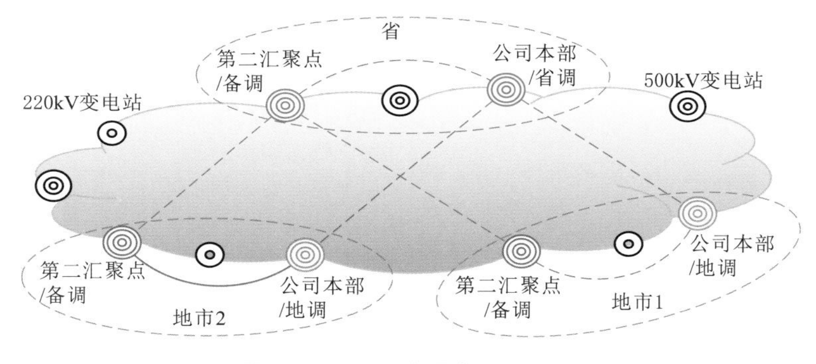

图 7－9　OTN 目标网架（SW－B）

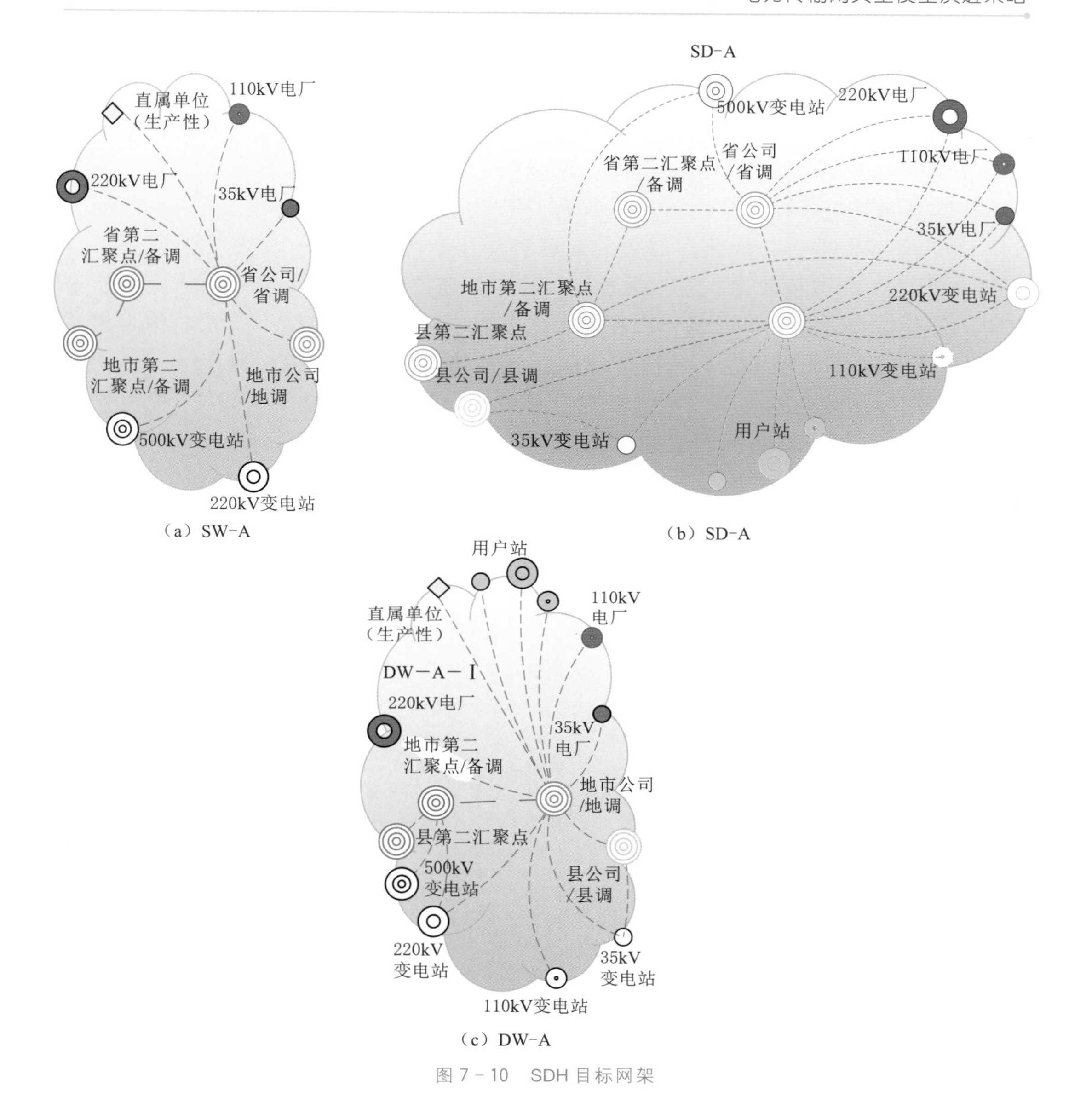

（a）SW-A （b）SD-A （c）DW-A

图 7-10 SDH 目标网架

7.3.6 SN2-3 模型：单 OTN＋三 SDH 省地独立平面

本模型为现状维持模型，OTN、SDH 网络功能定位较现状未发生本质变化。OTN 平面功能定位省地断面大颗粒业务承载网，随省地断面业务量增加扩容板卡。SDH 平面功能定位仍为全业务承载网，省地独立建设，省级双平面主备保障，地市单平面保障为主，SDH 保有量较大，适用于电网体量中等偏下、源网荷储占比分布无显著变化、跨地市业务不多、电力系统发展缓慢的省内网络构建。

OTN 省地一体化单平面部署，OTN 子平面节点单设备配置为主，OTN 主要保障的是业务中心“双上联”，地市级及以上业务中心、数据中心双设备配置；线路侧配置 $N\times 10G$ 或 $N\times 100G+M\times 10G$。支路侧以 GE、10GE、2.5G、10G 为主，适当开放小颗粒接口，支持灵活调度、光层重路由保护，光电交叉混合组网或电交叉组网，光层容量根据节点全向光路断面带宽确定，电交叉容量根据上下业务和电中继业务带宽需求确定。推荐随现有 OTN 网络改造演进。

SDH 平面保持省、地独立部署，部署省级Ⅰ、省级Ⅱ、地市级 3 张独立平行 SDH 子平面，分别承载省、地、县各级具体业务通道。2 张省级子平面同一电压等级同一类型站点 2 张子平面部署高度重合，路由丰富节点可选择不同光缆作为出站双路由，2 张子平面组织主、备通道应注意光缆路由独立。省级、地市级子平面部署范围、网络结构差异显著。干线带宽容量以 2.5G、10G 为主。SN2－3 模型设计说明见表 7－7，OTN 目标网架如图 7－11 所示，SDH 目标网架如图 7－12 所示。

表 7－7　　SN2－3 模型设计说明

<table>
<tr><th>模型编号</th><th>平面</th><th>功能定位</th><th colspan="4">目标网架结构模型</th><th>备注</th></tr>
<tr><td rowspan="7">SN2－2</td><td rowspan="4">OTN</td><td rowspan="4">省地业务中心断面管理信息大区大颗粒业务承载网</td><td>演进方式</td><td colspan="3">初期整体基本建成，网络拓扑结无重大调整，部署节点数少量增长，主要扩建为设备板卡或波道提速，极少情况随一次网架结构重大变化优化调整，原厂采购，扩建及优化成本高</td><td rowspan="7">“十三五”典型模型</td></tr>
<tr><td>配置说明</td><td colspan="3">地市级及以上业务中心、数据中心双设备配置，其他网络节点单设备配置</td></tr>
<tr><td>部署范围</td><td colspan="3">业务中心：省/地市公司本部及第二汇聚点、调度机构、数据中心、省级业务主站大型综合办公区等；
个别区域/子网业务汇聚点：500kV 及 220kV 变电站、网架结构薄弱地区的枢纽 110kV 变电站等；
网络功能性节点：长距中继节点</td></tr>
<tr><td>承载业务</td><td colspan="3">省-地数据通信网、调度数据网大颗粒组网通道</td></tr>
<tr><td colspan="3">目标网架</td><td colspan="3">SW－B</td></tr>
<tr><td rowspan="2">SDH</td><td rowspan="2">生产控制大区业务承载网、管理信息大区小颗粒业务承载网</td><td></td><td>省级子平面Ⅰ</td><td>省级子平面Ⅱ</td><td>地市级子平面</td></tr>
<tr><td>承载业务</td><td>生产控制类专线业务：保护、安稳、IP 电话、AG/IAD/PCM 等；
业务网/系统组网小颗粒通道：调度数据网、数据通信网接入层通道，网管网组网通道，调度交换、行政交换中继、视频会议系统 MCU 级联及终端远程接入通道</td><td>生产控制类专线业务：保护、安稳、IP 电话、AG/IAD/PCM 等；
业务网/系统组网小颗粒通道：调度数据网、数据通信网接入层通道，网管网组网通道，调度交换、行政交换中继、视频会议系统 MCU 级联及终端远程接入通道</td><td>生产控制类专线业务：保护、安稳、调度/配电自动化远程终端、配电自动化回传通道、调度台远传通道、IP 电话、AG/IAD/PCM 等；
业务网/系统组网小颗粒通道：调度数据网、数据通信网接入层通道，调度交换、行政交换中继、视频会议系统 MCU 级联及终端远程接入通道、无线专网远程通道等</td></tr>
</table>

续表

<table>
<tr><th>模型编号</th><th>平面</th><th>功能定位</th><th colspan="4">目标网架结构模型</th><th>备注</th></tr>
<tr><td rowspan="4">SN2－3</td><td rowspan="4">SDH</td><td rowspan="3">生产控制大区业务承载网、管理信息大区小颗粒业务承载网</td><td>部署范围</td><td>省/地市公司本部及第二汇聚点，省调及备调、省调直调厂站、省公司直属生产单位</td><td>省/地市公司本部及第二汇聚点，省调及备调、省调直调厂站、省公司直属生产单位</td><td>地市/县公司本部及第二汇聚点，地调及备调、县调、地/县调直调厂站、地/县公司直属生产单位</td><td rowspan="4">“十三五”典型模型</td></tr>
<tr><td>配置说明</td><td colspan="3">省公司本部及第二汇聚点、省调及备调、省调直调厂站双设备配置，分别接入省级Ⅰ、Ⅱ子平面；
地市公司本部及第二汇聚点、地调及备调、地/县调直调厂站配置3套设备，分别接入省级Ⅰ、Ⅱ子平面及地市级子平面；县公司本部及第二汇聚点单设备配置，接入地市级平面；地/县调直调厂站单设备配置，接入地市级平面；
省/地/县公司直属生产单位按需配置接入；
能源集控中心等外部客户根据并网点、跨区范围确定接入具体平面</td></tr>
<tr><td>演进方式</td><td colspan="3">老旧改造、带宽提升，网络架构随电网结构调整优化，节点数量随网源荷规模低速增长</td></tr>
<tr><td colspan="2">目标网架</td><td>SW－A－Ⅰ</td><td>SD－A－Ⅱ</td><td>DW－A</td></tr>
<tr><td>架构说明</td><td colspan="7">OTN与SDH为独立平面，承担不同种类业务；OTN单平面部署；SDH平面省、地独立部署，省级设置双子平面，地市级设置单平面，省、地两级调度站点（220kV变电站、电厂）、网络骨干节点（500kV、220kV变电站）设备冗余度较高</td></tr>
<tr><td>适用范围</td><td colspan="7">体量较小、增速低、可靠性保障要求高（保护及安稳业务多）的地区</td></tr>
</table>

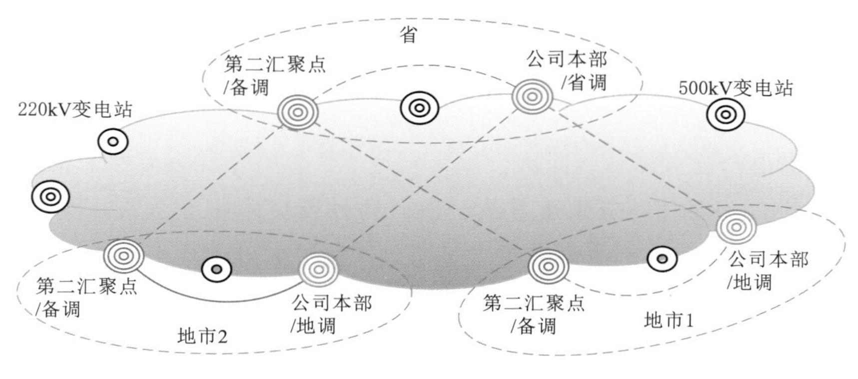

图7－11 OTN目标网架（SW－B）

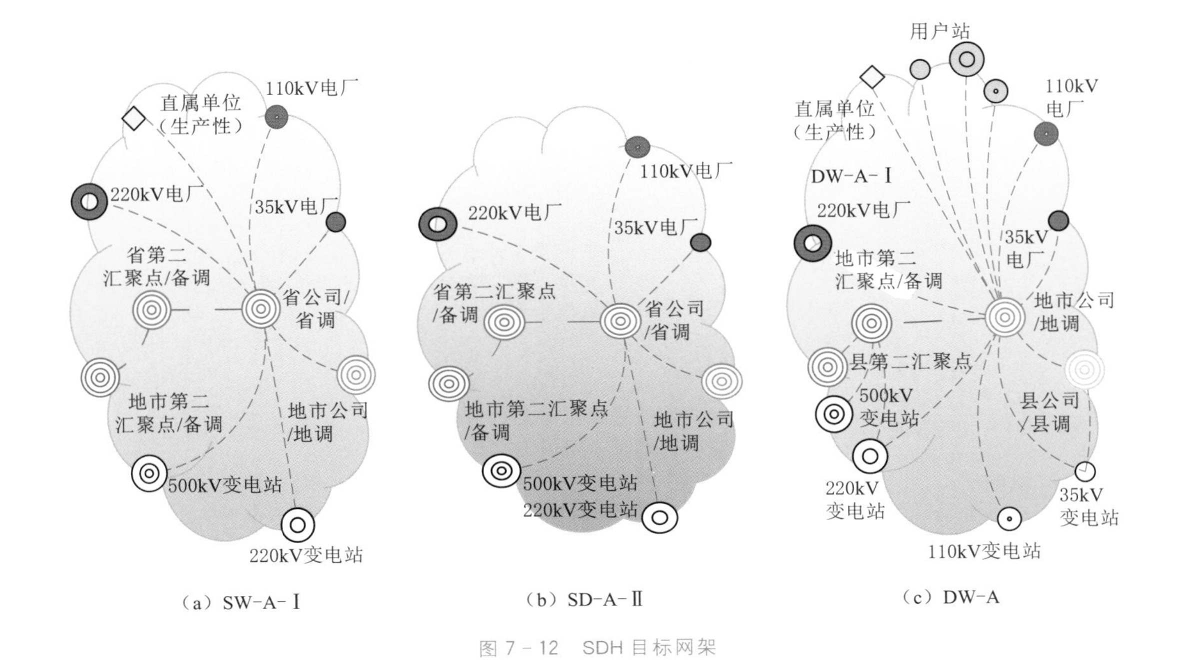

图 7－12　SDH 目标网架

7.3.7　SN2－4 模型：单 OTN＋四 SDH 平面

本模型为现状维持模型，OTN、SDH 网络功能定位较现状未发生本质变化。OTN 平面功能定位省地断面大颗粒业务承载网，演进以来就改造为主。SDH 平面功能定位仍为全业务承载网，省地独立建设，省级、地市级均为双平面主备保障，SDH 保有量大，适用于电网体量中等偏下、源网荷储占比分布无显著变化、跨地市业务不多、电力系统发展缓慢的省内网络构建。

OTN 省地一体化单平面部署，OTN 子平面节点单设备配置为主，OTN 主要保障的是业务中心“双上联”，地市级及以上业务中心、数据中心双设备配置；线路侧配置 $N\times10$G 或 $N\times100$G＋$M\times10$G。支路侧以 GE、10GE、2.5G、10G 为主，适当开放小颗粒接口，支持灵活调度、光层重路由保护，光电交叉混合组网或电交叉组网，光层容量根据节点全向光路断面带宽确定，电交叉容量根据上下业务和电中继业务带宽需求确定。推荐随现有 OTN 网络随运行状态改造演进。

SDH 平面保持省、地独立部署，部署省级Ⅰ、省级Ⅱ、地市级Ⅰ、地市级Ⅱ 4 张独立平行 SDH 子平面，分别承载省、地、县各级具体业务通道。同级子平面同一电压等级同一类型站点部署高度重合，路由丰富节点可选择不同光缆作为出站双路由，2 张子平面组织主、备通道应注意光缆路由独立。干线带宽容量以 2.5G、10G 为主。SN2－4 模型设计说明见表 7－8，OTN 目标网架如图 7－13 所示，SDH 目标网架如图 7－14 所示。

表 7-8　　**SN2-4 模型设计说明**

<table>
<tr><th>模型编号</th><th>平面</th><th>功能定位</th><th colspan="3">目标网架结构模型</th><th>备注</th></tr>
<tr><td rowspan="10">SN2-4</td><td rowspan="5">OTN</td><td rowspan="4">省地业务中心断面管理信息大区大颗粒业务承载网</td><td>演进方式</td><td colspan="2">初期整体基本建成，网络拓扑结无重大调整，部署节点数少量增长，主要扩建为设备板卡或波道提速，极少情况随一次网架结构重大变化优化调整，原厂采购，扩建及优化成本高</td><td rowspan="10">“十三五”典型模型</td></tr>
<tr><td>配置说明</td><td colspan="2">地市级及以上业务中心、数据中心双设备配置，其他网络节点单设备配置</td></tr>
<tr><td>部署范围</td><td colspan="2">业务中心：省/地市公司本部及第二汇聚点、调度机构、数据中心、省级业务主站大型综合办公区等；
个别区域/子网业务汇聚点：500kV 及 220kV 变电站、网架结构薄弱地区的枢纽 110kV 变电站等；
网络功能性节点：长距中继节点</td></tr>
<tr><td>承载业务</td><td colspan="2">省-地数据通信网、调度数据网大颗粒组网通道</td></tr>
<tr><td colspan="2">目标网架</td><td colspan="2">SW-B</td></tr>
<tr><td rowspan="5">SDH</td><td rowspan="4">生产控制大区业务承载网、管理信息大区小颗粒业务承载网</td><td>承载业务</td><td>生产控制类专线业务：保护、安稳、IP 电话、AG/IAD/PCM 等；
业务网/系统组网小颗粒通道：调度数据网、数据通信网接入层通道，网管网组网通道，调度交换、行政交换中继、视频会议系统 MCU 级联及终端远程接入通道</td><td>生产控制类专线业务：保护、安稳、调度/配电自动化远程终端、配电自动化回传通道、调度台远传通道、IP 电话、AG/IAD/PCM 等；
业务网/系统组网小颗粒通道：调度数据网、数据通信网接入层通道，调度交换、行政交换中继、视频会议系统 MCU 级联及终端远程接入通道、无线专网远程通道等</td></tr>
<tr><td>部署范围</td><td>省/地市公司本部及第二汇聚点，省调及备调、省调直调厂站、省公司直属生产单位</td><td>地市/县公司本部及第二汇聚点，地调及备调、县调、地/县调直调厂站、地/县公司直属生产单位</td></tr>
<tr><td>配置说明</td><td>生产控制类专线业务：保护、安稳、IP 电话、AG/IAD/PCM 等；
业务网/系统组网小颗粒通道：调度数据网、数据通信网接入层通道，网管网组网通道，调度交换、行政交换中继、视频会议系统 MCU 级联及终端远程接入通道</td><td>生产控制类专线业务：保护、安稳、调度/配电自动化远程终端、配电自动化回传通道、调度台远传通道、IP 电话、AG/IAD/PCM 等；
业务网/系统组网小颗粒通道：调度数据网、数据通信网接入层通道，调度交换、行政交换中继、视频会议系统 MCU 级联及终端远程接入通道、无线专网远程通道等</td></tr>
<tr><td>演进方式</td><td colspan="2">老旧改造、带宽提升，网络架构随电网结构调整优化，节点数量随网源荷规模持续低速增长</td></tr>
<tr><td colspan="2">目标网架</td><td>SW-A</td><td>DW-A</td></tr>
<tr><td>架构说明</td><td colspan="6">OTN 与 SDH 为独立平面，承担不同种类业务；OTN 单平面部署；SDH 平面省、地两级独立部署，每级网络设置双子平面，设备冗余度高</td></tr>
<tr><td>适用范围</td><td colspan="6">体量小、增速低、设备运行年限分散、可靠性保障要求高（政治保电、保护及安稳业务多）的地区</td></tr>
</table>

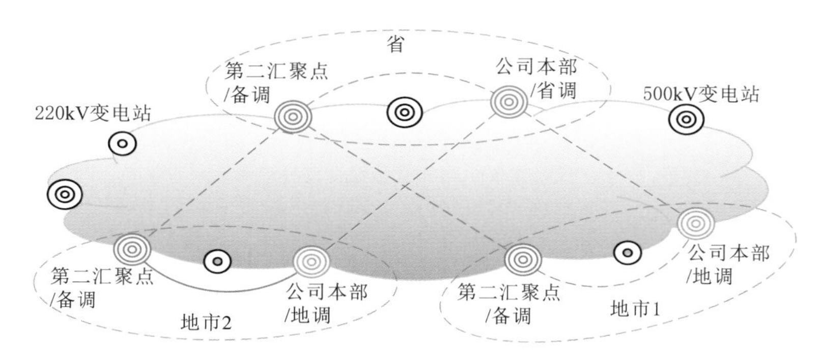

图 7-13　OTN 目标网架（SW-B）

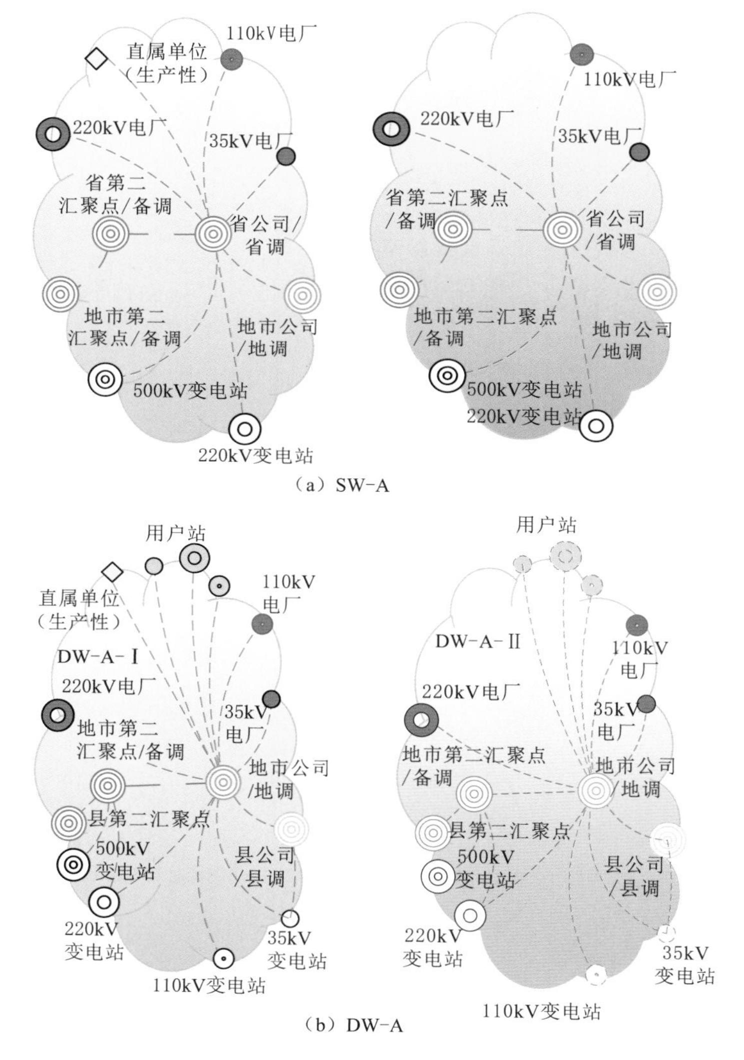

图 7-14　SDH 目标网架

7.4 电力 OTN 网络典型结构及演进方式

网络演进应综合分析网络现状、发展趋势、投资能力、管理方式，确定目标网架及建设时序，保障需求的同时实现投资效益最大化。从工程实施范围及设备选型角度，演进方式包括全网新建、局部新建、扩容改造三种方式，从网络结构及功能角度，包括省地分层部署及省地扁平部署两种类型，设计方案应经不同演进模式下不同网络结构方案经济技术对比分析后确定。

省地分层部署方式仅指网络功能，网络规划、建设及资源调度仍由省公司统一管理，适用于现有 OTN 网络健康水平较好、各地市需求存在明显差异、建设时序较分散的情况。多采用局部新建或扩容改造方式，大概率存在不同品牌设备互连情况，网络管理便捷性略差。OTN 省地分层部署网络架构如图 7 - 15 所示。

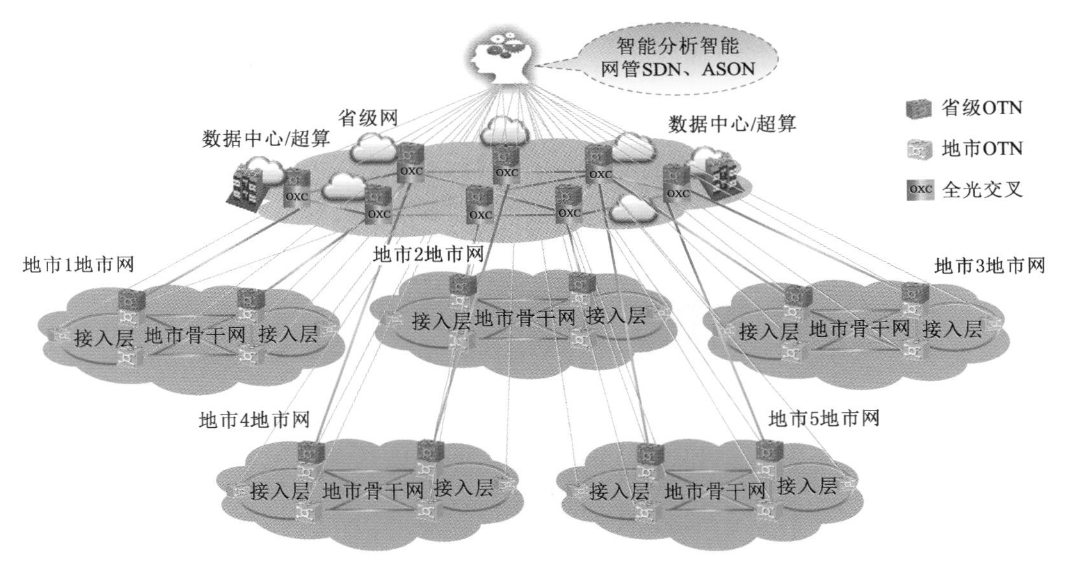

图 7 - 15　OTN 省地分层部署网络架构图

省地扁平部署方式省内一体化设计、建设、管理，设备共用程度高、基础资源消耗小，多种节点类型共存，整体投资小，网络管理便捷，多采用全网新建、扩容改造方式。适用于电力系统快速发展、现网健康水平较低、目标网架与现网差异过大等情况。新型电力系统 OTN 网络优选省地扁平组网方式。省地扁平组网网络架构如图 7 - 16 所示。

新型电力系统 OTN 网络采用网状网、环网结构，原则上不采用链状结构，数据中心、小型业务中心等特殊节点多条光缆路由同一方向时考虑光芯跳接组织环网，降低单一节点影响，保障网络连通率，网格不宜过大，适当引入光交叉，合理

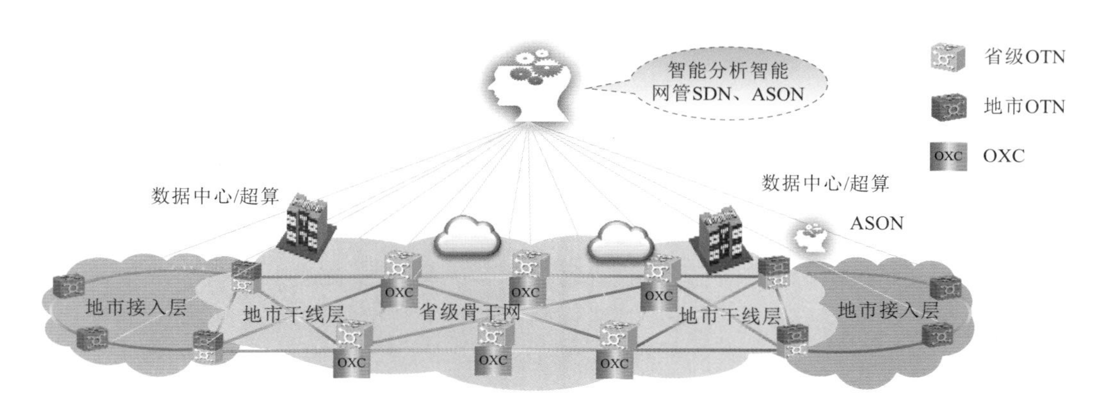

图7-16　省地扁平组网网络架构图

部署中继节点，网络整体可靠性水平不低于 $N-1$，局部考虑 $N-2$，省地间、地市间、子网间应具备2条及以上路由。全电压等级路径光缆优先保障OTN组网，同一光缆段在全网中原则上仅应用一次，降低上层透明组网可靠性管理难度，优选高电压等级路由、单跨段距离较短的OPGW光缆，光缆可靠性不足、路由资源丰富可通过OLP、OMSP保护提高网络生存能力。可加载SDN控制平面及RODAM组件，实现智能保护恢复。

7.5　电力传输网演进过程标志性任务

新型电力系统平台型省内传输网一体化部署、省集中管理、区域化操作，全网资源调配便捷、敏捷，全层级贯通、端到端管控，网络现状、发展速度、投资能力、业务需求等因素决定演进模式时序控制方式多样，多目标下多措并举，但在网络发展进程中网络架构状态或短期目标是相对清晰，标志性任务主要包括以下5项：

（1）地县一体化SDH网络：是电力传输网演进底线，原则上县域网络不得单独建网，以匹配运维力量分配，以降低省级集中管理难度，以提升资源跨域调配能力为原则进行建设。

（2）省内一体化SDH网络：是SDH技术在电力系统应用的总体方向，严格控制全网SDH保有量，提高设备共享共用率，降低基础资源消耗。

（3）省内一体化OTN网络：是新型电力系统传输网演进基础，OTN网络作为传输干线覆盖到子网边界，为业务网、SDH网络发展提供物理条件。

（4）基于OTN的平台型传输网：是新型电力系统传输网演进目标，依托OTN网络，SDH网络结构逻辑化，解网降速，支撑多元化业务网部署，具备跨域大带宽、多方向传输能力。

（5）SDH网络业务化——专线业务承载网：SDH技术退出电力传输网全业务承载网的标志，一定时段内承载工业互联网时延敏感、高可靠性生产业务。

传输网演进与光缆网、业务网、算力网建设息息相关，全面统筹、协同发展，才能全面提升新型电力系统通信网“运力”和“效力”。

第 8 章

电力传输网 OTN 网络设计

OTN 网络虽已在电力系统广泛部署，但架构设计、设备选型多依赖厂家软件模拟方案。网络规划、节点选择、波道配置、设备选型等缺乏系统性指导文件。本章提出了电力 OTN 网络设计方法。

8.1　OTN 网络设计流程图

OTN 网络整体设计分为承载业务确认、初估 OTN 拓扑、确定节点、站间距选择、网络分层分析、网络校验、OTN 设备选型 7 步，其设计流程如图 8－1 所示。

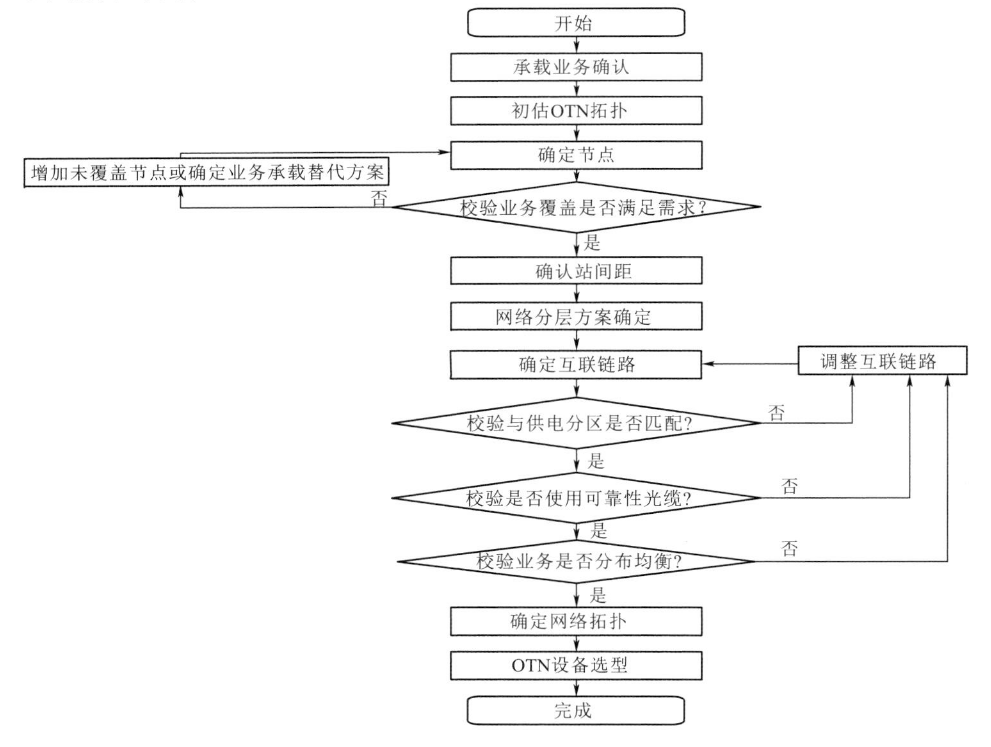

图 8－1　OTN 网络设计流程图

8.2 承载业务确认

电力传输网如同电网的神经系统，其健康稳定的运行对电网坚强性有着极其重要的作用。传输网络为业务导向的网络，其网络的整体架构与其承载业务相匹配。设计一个完善的光传输网络，首先需要确定网络所需承载的全部业务，并确定业务的起始点及业务流向。业务选择确认表示例见表8-1。

表8-1　业务选择确认表示例

所在地区	业务属性	起点	终点	路由属性	接口类型	实际带宽
地市公司1	业务1	地市公司1	变电站1	主用路由		
				复用波段保护		
		地市公司1	变电站2	主用路由		
				复用波段保护		
		⋮	⋮	主用路由		
				复用波段保护		
	业务2	地市公司1	省公司	主用路由		
				复用波段保护		
		县调1	地市公司1	主用路由		
				复用波段保护		
		⋮	⋮	主用路由		
				复用波段保护		

8.3 OTN拓扑图初估

随着业务的发展，省地、地县之间的业务将以2.5Gbit/s、10Gbit/s等大颗粒业务为主。OTN网络的拓扑规划建议结合供电分区、县域划分、光缆条件及电网体量构建子网，通过对子网的节点等效，简化光缆网络架构，确定传输网核心层构建基础光缆网架。

网络拓扑确定时，首先，参考电网供电区划分，不同供电区之间，电网一般有2～3条联络线，随联络线建设的光缆作为核心层构建的主要光缆，测算子网间带宽叠加效应相对简单清晰。其次，当电网供电分区较大，涉及节点过多，考虑传输干线的带宽容量，可以进一步划分子网，但子网之间，电网相对独立，光缆路由不宜超过 4 条，子网区域内业务量宜控制在 20～40G。根据带宽预测模型，确定各省地大致区段带宽，从而确定 OTN 整体覆盖范围。

8.4　节点定义及选择方案

8.4.1　节点选择建议

根据现有电力传输网的规模，一般新建的 OTN 网络按汇聚层和接入层考虑，地市下沉的业务需要与县市业务匹配的设备：

（1）满足业务的流向业务需求量，在大量业务上下节点部署设备。

（2）尽可能少的机房电源改造及空间需求，优选机房电源条件好的站点。

（3）满足数据中心间大带宽直达路由的要求。

（4）光/电中继的需求。

（5）集控中心等大业务汇聚节点。

（6）新能源汇集站等末端无省公司保护业务承载需求节点。

8.4.2　节点分类

8.4.2.1　骨干层

1. 业务中心节点（H1）

业务中心节点，传输网承载业务最主要的落地节点，包括各省公司、地市公司、备调、通信第二汇聚点等。

2. 省级业务汇聚节点（H2）

跨地市传输网中多个支/线路业务的交汇节点，设置在传输网多分支光路交汇节点、省公司大颗粒业务汇聚转发的节点。

3. 电中继节点（H3）

所连设备 50%以上为汇聚层设备，且在汇聚层传输网中无业务上下，仅对接收光信号再生处理后再次发送的节点。

4. 光中继节点（H4）

所连设备 50%以上为汇聚层设备，且在汇聚层传输网中无业务上下，仅对接收线路光信号进行光层放大的节点。

8.4.2.2　接入层

1. 地市业务汇聚节点（J1）

跨供电分区传输网中多个支/线路业务的交汇节点，设置在传输网多分支光路交汇节点、省公司调度数据网/数据通信网汇聚转发节点、县公司。

2. 网络及数据中心节点（J2）

业务流向相对简单，但业务容量需求较大的站点，如配电网中心、大型办公区、数据中心、集控站等。

3. 电中继站点（J3）

所连设备50%以上为接入层设备，且在传输网中无业务上下，仅对接收线路信号进行光再生处理后再次发送的节点。

4. 光中继节点（J4）

所连设备50%以上为接入层设备，且仅对接收线路光信号进行光层放大或再生处理后再次发送的节点。

补充说明：接入层节点与汇聚层节点功能重叠，按汇聚层配置。

8.5 站间距选择原则

OTN传输系统中，无电中继距离受衰减、OSNR、色散三个技术因素影响。由于相干技术的应用，100G系统的色散容限很大，可不考虑色散对100G光传输的影响；而10G系统或10G/100G混传系统可通过DCM/DCU色散补偿解决色散容限问题。

因此，在OTN系统无电中继传输主要考虑衰减和OSNR两项技术因素的影响。在系统设计时，站间光功率预算和站间OSNR预算需同时满足需求。OTN系统无电中继的最大传输距离由接收机最小可接收的信噪比（OSNR）所决定，系统对光信噪比的要求决定了跨段最长距离和最多跨段数。

各站间距离均匀控制在80km的情况下是OTN系统无电中继传输距离最远且最经济的方式。如果均匀跨段为80km，各主流品牌设备无电中继传输距离均可达3000km，约37个中继段。

受限于电力线的长度，电力系统OTN网络各跨段距离不等，部分区段距离大于80km。随着80km以上区段数量增加，无电中继段数量递减，当跨段距离达200km左右时，必须进行电中继。因此，在无电中继传输设计时，应遵循以下原则：

（1）单跨距离小于100km，衰减小于25dB，无电中继级数不大于5级。

（2）单跨距离100～120km，衰减25～31dB，无电中继级数不大于4级。

（3）单跨距离120～140km，衰减31～36dB，无电中继级数不大于3级。

（4）单跨距离140～170km，衰减36～42dB，无电中继级数不大于2级。

（5）单跨距离大于170km，衰减大于42dB，必须进行电中继。

OTN网络会由于每引入1个RODAM站型，减少2级业务穿通能力（按80km均匀跨段考虑），因此如增加RODAM区段，需考虑RODAM对网络跨段的影响。

8.6　网络分层方案

电网的业务分省级和地市两层，随着新型电力系统建设业务趋于复杂化、扁平化，省级和地市业务界限逐渐趋于模糊。但考虑网络整体运维、分级分权的管理需求，可根据各省业务承载需求将分层模式分为 4 种：①省地一体不分层；②省地逻辑分层；③100G、10G 物理分层和 10G 内部逻辑分层；④100G、10G 物理分层。

4 种分层模式在波道安排、纤芯占用和光路子系统配置等方面对比情况如图 8－2 所示。

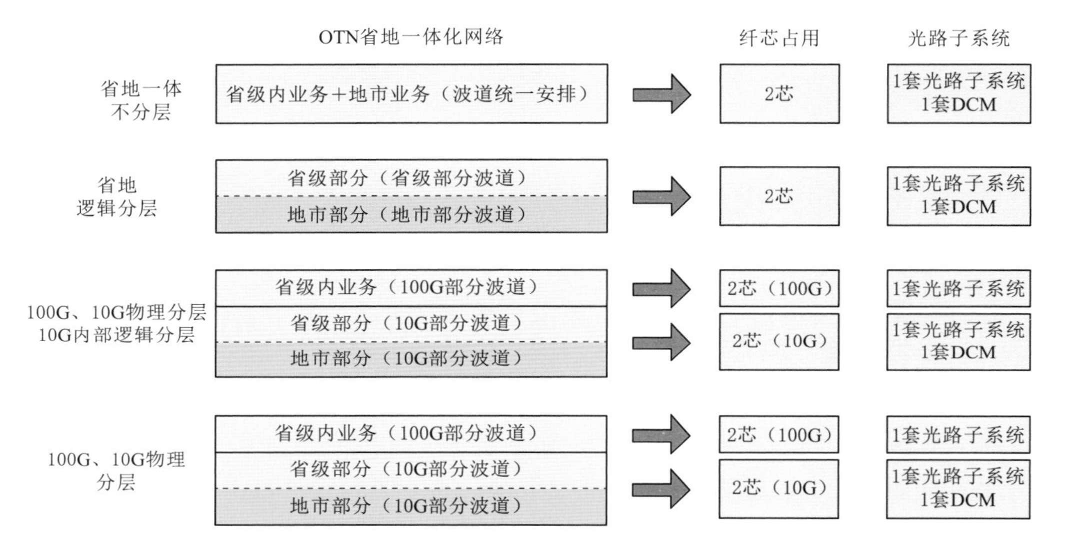

图 8－2　网络分层模式对比图

4 种分层模式优缺点对比见表 8－2。

表 8－2 针对 4 种不同分层模式进行对比分析，各公司综合考虑网络演进方案，综合考虑对调度能力、设备功耗、占用机房空间、消耗纤芯、设备冗余度、投资规模的需求，针对以上 4 种模式进行选择。

由于省地一体逻辑分层模式网络在实际落实中所需注意细节较多，且其技术要点涵盖其他分层模式要点，本书仅以此方案为例进行实施要点阐述。

OTN 平面遵循省地一体的规划建设原则，物理上网络按单子平面规划，逻辑上将网络分为一张跨区域骨干层和若干张地市接入层网络。

跨区域骨干层主要覆盖省公司、备调、地市公司，省际枢纽型节点和地市连接节点；地市骨干网络主要覆盖地市公司，第二汇聚点、业务汇聚型节点、区域增强型节点和组网节点；将地市连接节点和超长距跨段节点设为跨区域骨干层集中电中继节点，避免逐站电中继，减少线路层板卡数量，减少大型设备需求；跨区域骨干

表 8-2 4种分层模式优缺点对比

对比维度	省地一体逻辑分层		100G、10G物理分层，10G内部逻辑分层		100G、10G物理分层		省地一体不分层	
	优点	缺点	优点	缺点	优点	缺点	优点	缺点
网络结构	1. 分层管理； 2. 地市独立组网		1. 分层管理； 2. 地市独立组网		1. 分层管理； 2. 地市独立组网		1. 容易形成Mesh型网络； 2. 网络冗余度高	1. 网络拓扑复杂； 2. 各层设备多，不利于管理
波道	通过集中电中继，实现带宽聚合，减少波道占用	1. 10G/100G混传，存在干扰问题； 2. 需预留2波间隔波道，造成波道浪费。 注：如采用纯100G系统搭建省地平台，可克服以上缺点	1. 100G和10G自独立成环，无干扰； 2. 波道资源较丰富		1. 100G、省级10G、地市10G各自独立成环，无干扰； 2. 波道资源最丰富			1. 10G/100G混传，存在干扰问题； 2. 需预留2波间隔波道； 3. 多层网络叠加区段系统波道消耗大，易造成波道资源不足
纤芯	2芯			4芯		6芯	2芯	
设备配置	1. 电中继板卡少； 2. 设备平台小			100G环和10G环需分别配置独立光路子系统		每个独立环需配置独立光路子系统		1. 站站电中继，电中继板卡多； 2. 设备平台大
基础资源占用	1. 单站占用空间小； 2. 设备功耗较小			每方向配置2光框，占用屏柜资源较多		每方向配置3光框，占用屏柜资源最多		1. 电子框平台大； 2. 设备功耗大
运营维护	各逻辑层网络规模小，利于运营维护			1. 双光路开通工作量； 2. 光传输层运维工作量大		1. 3条光路开通工作量； 2. 光传输层运维工作量最大		1. 网络拓扑复杂； 2. 各层设备多，不利于管理
投资	小			较大		较大		较大

层只在集中电中继点节点进行电中继，在其他节点穿通，兼顾串通能力合理调整串通点的布局，最高串通不超过 5 级。地市接入层网络逐站电中继，满足电力业务颗粒度小、多样化的跨节点业务形式需求，可根据需要，预留直达地市公司及地市备调波长。

省地一体不分层网络可参照传统 OTN 网络设计，采用电中继部分设计。另外 2 种模式网络可参考省地一体逻辑分层网络中的跨区域骨干层网络设计。

8.7　网络校验

8.7.1　业务覆盖校验

根据初步确定拓扑，可参照表 8－3 核实现有业务是否均可利用该网络承载。如部分节点未覆盖，考虑是否可以利用周边节点，通过调整业务网络模式实现业务承载。如果不可以，增加网络节点，满足业务接入，并再次进行业务覆盖校验，直到全部业务满足承载，确定拓扑图。

表 8－3　　业务覆盖校验表示例

所在地区	序号	站点名称	站点属性	设备数量	理由	加权系数							业务调整方案
						总系数	跨区域节点及距离	业务重要性	区域补强	业务 1	业务 2	…	
跨省区域	1	省公司	省调	2	省调								
	2	变电站 1	500kV 变电站	1	业务核心＋跨区域节点								
	3	变电站 2	220kV 变电站	0	业务核心＋跨区域节点								由变电站 3 承载业务 1
	4	⋮	⋮	⋮	⋮								
地市 1	5	地市 1	第二汇聚点/地调	2	地调								
	6	备调	地调备调	1	地调备调								
	7	变电站 1	第二汇聚点	1	第二汇聚点								
	8	县调 1	县调	1	县调								
	9	⋮	⋮	⋮	⋮								

8.7.2 供电分区匹配度校验

拓扑图确定后，结合供电分区，校核各供电分区内节点，是否可以承载所在供电分区内的全部业务，是否存在部分节点重载或轻载现象。供电分区间的联络光缆是否都已使用，未使用部分是否需要增加节点。

8.7.3 承载光缆可靠性校验

此部分含两部分内容：

（1）排查OTN网络中使用的光缆，是否有重路由区段。如有，建议在条件允许的前提下，对光缆网络路由进行优化。如实在无法避免区段，不宜同时安排在一个环网内，并在图中重点标注，避免后期方式安排需进行全网底层光缆校验。

（2）排查所使用各区段光缆质量，尽量降低主环内使用低电压等级光缆或ADSS使用率。如实在无法调整，可结合现有光缆资源，组织替代的备用路由，并进行重点标注，保障业务的安全可靠承载。

8.7.4 业务均衡校验

利用业务覆盖校验后的网络，加载所需承载业务［含现有业务、可预测业务、现有业务的复用波道保护业务（如需）并预留部分可扩展业务余量］。明确承载业务的起始点，按照业务通道的规定，进行预方式安排。根据加载业务计算断面流量，对于部分重载区段（即带宽流量明显高于该部分网络分层平均带宽的区段），优化网络结构，考虑增加节点及电路，分担该部分带宽流量。对于部分轻载区段（即带宽流量明显低于该部分网络分层平均带宽的区段），综合考虑其未来需求及该区段其他承载手段（如SDH、PTN等承载可能），按需核减以上节点及链路。根据校验确定新的拓扑图。并根据之前步骤进行再校验，直至各区段均达到大体平衡为止，确认最终拓扑图。

8.8 OTN设备选型

根据以上方法确认的拓扑后确定OTN设备选型。具体步骤如下所述。

8.8.1 统计各层传输断面带宽

根据业务的起止，结合OTN网络拓扑，梳理各业务传输路由。考虑承载模式，带宽预留等因素，对每个断面上的所有业务进行统计求和，求得OTN网络各断面带宽，即可确定每一个传输断面所需波道数量。

8.8.2 确定波道数量

根据上述的传输断面图，确定每个节点在各个网络层次的波道数量。

8.8.3 确定光交叉板维度和电交叉容量

1. 光交叉板维度

按 OTN 拓扑结构选择光交叉板容量，参考目前各省电网公司 OTN 网络拓扑结构，很少有节点会超过 6 个方向，一般超过 6 个方向的节点会配置 2 套 OTN 设备；因此为便于后期运维以及便于准备备品备件，建议所有节点，包括核心/汇聚/接入层节点，如配置光交叉板，维度需保持一致，维度均按不小于 8 个维度考虑。

2. 电交叉容量

N 个光方向，1 个本地上下维度，同时有 M 个波长调度需求，波长速率为 V（10G～100G）。那么电交叉矩阵容量需求为：$(N+1)\times M\times V$，注意其中通过光交叉直接调度至其他站点的部分，不在交叉容量统计范围内。

根据 OTN 拓扑结构图，可以计算每一个节点本期所需的电交叉容量，参考目前电力通信 OTN 网络拓扑结构，主要核心/汇聚层节点都是小于 6 个方向，如果超过 6 个方向一般会配置 2 台 OTN 设备，汇聚/接入层节点小于 4 个方向，末端节点为 1 个方向。

8.8.4 设备匹配

1. 设备匹配原则

结合招标模式并考虑后期发展以及网络规划选择适合的设备类型。同时考虑到运维管理的方便有效性，建议所选 OTN 设备子框、线路板、支路板等型号尽量少，而且所有线路板、支路板、放大器板等能通用。

依据相关规程规范，OTN 设备电交叉矩阵板、系统控制板、电源板均按 1+1 配置。

某个节点每个方向光功率放大器、光前置放大器、拉曼及遥泵放大器、DCM 模块等根据每个方向的光缆实际长度及衰耗值确定。

合分波板数量等于出口方向数量，建议合分波板的波道数预留升级 80 波或更高波道数的条件。光监控单元数量等于出口方向数量。确定支线路分离 OUT 板数量。

所有节点 OTN 设备均按配置光交叉板考虑，线路板数量按每个节点需要上下业务波道数量和需要电中继波道数进行确定，但对于核心/汇聚/接入层节点，线路板总数应不少于 2 块。

支路板，应根据本站上下业务类型，配置多业务板（集成 100M、155M、622M、GE、2.5G 等类型光业务接口）、10G 业务板等。

在OTN设备采购时应在满足各类业务需要的基础上，减少线路板和业务板的种类，以简化网络配置和减少维护备品备件的数量。

设备匹配时应预留足够网络干线带宽以应对业务带宽未来的发展以及SDH/MSTP网故障/检修情况下临时迂回通道等需求。在SDH平面资源紧张时提供SDH/PDH接口。

所匹配设备应支持1+1保护；技术上具有先进性，支持大容量光交叉ROADM功能；通过升级，并支持基于SDN的智能光网络技术（SDON，Software Defined Optical Network，软件定义光网络）等智能化功能；可根据需求扩展相应模块。

2. 特殊节点匹配原则

第一类节点，一次出线多、光缆路由丰富，是地区汇聚节点的较优备选方案。但该类节点机房电源或机房空间等基础资源差，如选择该节点作为OTN汇聚节点，未来随着网络演进，该站点也将作为业务汇聚节点存在，其基础资源不足的问题将愈发突出。为解决组网与基础资源之间的矛盾，可选择该类站点作为光中继节点，业务在此站点转发但不落地，配置OXC设备。一方面可以实现解决光层方向灵活调度；另一方面有效降低设备功耗，利用站点现存基础资源完成设备安装，使项目实施具有可操作性。

第二类节点，多方向业务落地节点，需转发多方向汇聚业务，或处于多级网络共用区域，除部分解决光缆不足需求外，本地上下业务需求不大。可选择该类节点作为光交叉节点，部分点对点业务利用支线路合一板卡解决，不再配置电子框。

但以上两类节点仅选择光交叉设备可能存在以下问题：

由于OXC设备无法进行波长转换，来自不同方向的业务必须使用不同波长开通业务，在OXC站点形成波长叠加效应，多方向业务共用40波，导致在OXC站点系统波长数不足，形成带宽瓶颈。多方向调度，且对于单方向波道总数需求较大的节点，可考虑配置小型电子框+OXC设备的模式，根据需求选择部分波道串通、部分波道进行电中继的模式。既可以有效降低设备对基础资源的占用，又可以有效缓解OXC带来的带宽瓶颈的问题。对于带宽需求、调度方向多的调度节点，可选择该配置方案。

3. 配置清单计算示例

业务承载模式见表8-4。

表8-4　　业务承载模式表

序号	子框及板卡	品牌型号	数　量	备　注
1	光子框		N	N=光方向数
2	光交叉板		1	含光交叉合分波板
3	合波板		N	N=光方向数

续表

序号	子框及板卡	品牌型号	数　量	备　注
4	分波板		N	N = 光方向数
5	光功率放大器		$1\times N$	N = 光方向数，具体根据计算确定
6	光前置放大器		$1\times N$	N = 光方向数，具体根据计算确定
7	光监控单元		N	N = 光方向数
8	DCM 模块		N	N = 光方向数，站距超过 40km 应采用 DCM 补偿
9	拉曼及遥泵等放大器			一般站距超过 160km 需要配置，具体根据计算确定
10	电交叉子框		1	
11	电交叉矩阵板		1+1	
12	系统控制板卡		1+1	
13	电源板		1+1	
14	线路板		$M1+M2+\cdots+Mn$	$M1$ = 方向 1 的上下业务波道数量 + 需要电中继波道数
15	支路板			根据本站的上下业务配置
16	机架		1/2	$N\leqslant 2$，配置 1 个机架 $N\geqslant 3$，配置 2 个机架

第 9 章

电力传输网主流 OTN 产品

OTN 设备品类繁多，但各主流厂家均针对电力系统的特点，提供了适用于电力系统传输网建设的产品系列。本章将详细介绍主流厂家诺基亚贝尔、华为、中兴的主要产品线的光框、电框、板卡、RODAM 设备及应用场景，为设备选型提供丰富的数据信息资源库。

9.1 诺基亚贝尔电网各系列产品简介

9.1.1 现主推产品系列

9.1.1.1 光子框部分

1. 1830 PSS－8

1830 PSS－8 设备结构如图 9－1 所示，该设备是 1830 PSS 系列中的一款中小容量光、电混合交叉设备，支持多种光传送网应用场景。其主要功能亮点见表 9－1，该设备设计紧凑、功耗低、具有多层分组功能。

（1）适用场景：适用于地、县调一体化接入层部署。1830 PSS－8 支持按需增配的功能，能给客户带来更佳的经济效益。

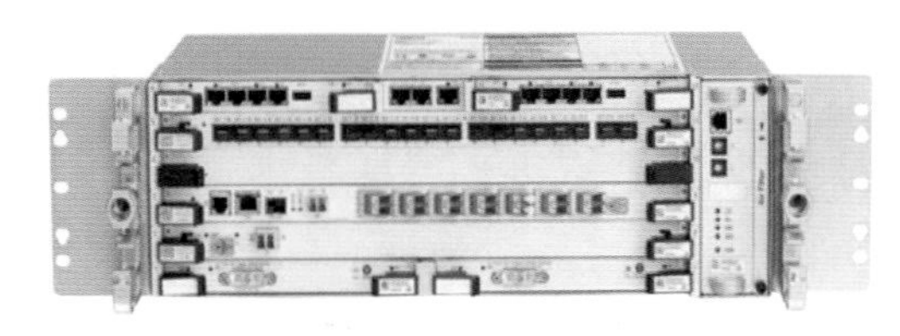

图 9－1　1830 PSS－8 设备结构图

（2）是否支持 SDN 智能调度：具备支持 ASON 和 SDN 的能力，可插入 RODAM 板卡，能够实现光层和电层业务的快速开通和快速恢复，同时实现网络资源的自动优化。

（3）是否支持智慧光纤：独有的智慧光管系统，可实现任意波长、任意站点的在线 OSNR（光信噪比）性能监测，支持快速开局、快速故障定位，免除昂贵仪表投资，降低维护成本。

（4）是否支持 OTDR 功能：集成 OTDR（光时域反射仪）功能，支持通过监控板进行在线 OTDR 检测光纤参数，快速定位光纤故障点，定位光纤劣化点。

（5）小结：基于新一代波分技术，1830 PSS-8 能够帮助客户构建灵活、可扩展、高效的网络，帮助客户更快地提供无线、视屏、数据中心互联、云计算等服务。

表 9-1　　1830 PSS-8 主要功能亮点

1830 PSS-8 设备关键指标	功能亮点
机框	1. 3RU 子架，8 个半高业务槽位； 2. 800Gbit/s 分布交叉能力； 3. 5Gbit/s、10Gbit/s、40Gbit/s、100Gbit/s、200Gbit/s 能力
接口	1. 88 DWDM；8×10Gbit/s CWDM 2. 8 维基于 WSS 的 T&ROADM 3. FOADM、ROADM 和 TOADM
业务	1. 以太网，OTN，数据中心和 SONET/SDH 业务板卡； 2. 通用的客户接口
组网	1. FOADM、ROADM 和 TOADM； 2. 点对点，环网，网状网； 3. 透传/汇聚业务； 4. 针对视频业务的光层 Drop & Continue 功能
功耗	1. 冗余的－48V DC，110/220V AC； 2. 整机额定功率不高于 700W

2. 1830 PSS-16

1830 PSS-16 设备结构如图 9-2 所示，该设备是 1830 PSS 系列中的一款中容量光电、混合交叉设备，支持多种光传送网应用场景。其主要功能亮点见表 9-2，该设备设计紧凑、功耗低、具有多层分组功能。

（1）适用场景：适用于地县调一体化接入层光电合一部署，核心层、汇聚层光子框部署。1830 PSS-16 适用于多层次、多业务类型的光传送网络。

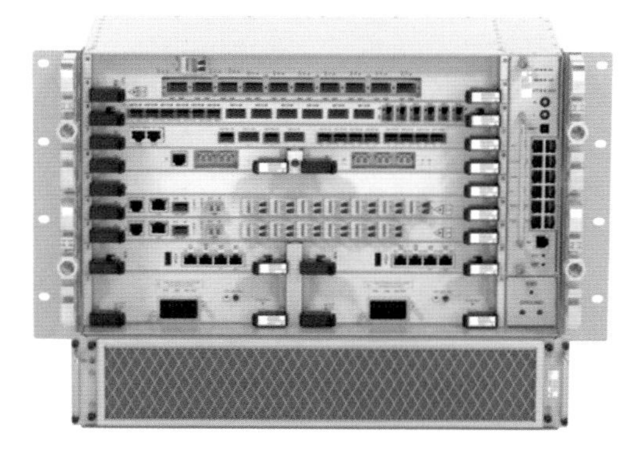

图 9-2　1830 PSS-16 设备结构图

（2）是否支持 SDN 智能调度：具备支持 ASON 和 SDN 的能力，能够实现光层和电层业务的快速开通和快速恢复，同时实现网络资源的自动优化。

（3）是否支持智慧光纤：独有的智慧光管系统，可实现任意波长、任意站点的在线 OSNR（光信噪比）性能监测，支持快速开局、快速故障定位，免除昂贵仪表投资，降低维护成本。

表 9-2 1830 PSS-16 主要功能亮点

设备关键指标	功能亮点
机框	1. 8 RU/9RU 子架，16 个半高业务槽位； 2. 1600Gbit/s 分布交叉能力； 3. 2.5Gbit/s、10Gbit/s、40Gbit/s、100Gbit/s、200Gbit/s 能力
接口	1. 88 DWDM，8×10Gbit/s CWDM； 2. 多维基于 WSS 的 T&ROADM； 3. FOADM、ROADM 和 TOADM
业务	1. 以太网、OTN、数据中心和 SONET/SDH 业务板卡； 2. 通用的客户接口
组网	1. FOADM、ROADM 和 TOADM； 2. 点对点、环网、网状网； 3. 透传/汇聚业务； 4. 针对视频业务的光层 Drop & Continue 功能
功耗	1. 冗余的－48V DC 电源滤波器； 2. 集成冗余或外置的 AC 电源滤波器

（4）是否支持 OTDR 功能：集成 OTDR（光时域反射仪）功能，支持通过监控板进行在线 OTDR 检测光纤参数，快速定位光纤故障点，定位光纤劣化点

（5）小结：基于新一代的波分技术，1830 PSS-16 能够帮助客户构建一张灵活、可扩展、高效的网络，能够帮助客户更快地提供无线、视屏、数据中心互联、云计算等服务。

9.1.1.2 电子框部分

1. 1830 PSS-8X

1830 PSS-8X 设备结构如图 9-3 所示，该设备是 1830 PSS 系列中面向汇聚层、中容量 OTN 电交叉或光电混合 OTN 交叉节点，其主要功能亮点见表 9-3，该设备能够实现 100G、200G 波长的传输、灵活调度和业务上下。

图 9-3 1830 PSS-8X 设备结构图

（1）适用场景：适用于地县调一体化汇聚层并且对交叉容量、业务接入要求不太高的节点部署，主要提供业务接入端口和波道端口。

（2）是否支持 SDN 智能调度：PSS-8X 具备支持 ASON 和 SDN 的能力，能

够实现光层和电层业务的快速开通和快速恢复，同时实现网络资源的自动优化。

表9-3 1830 PSS-8X主要功能亮点

设备关键指标	功能亮点
机框	1. 6Tbit/s集中式交叉容量，8个业务槽位； 2. 450mm×443mm×300mm（高×宽×深）； 3. 4子框/机架； 4. 中心矩阵（2∶1冗余保护）
接口	1. 8×200Gbit/s slots； 2. 线路速率：100～200Gbit/s； 3. 客户接口：sub-10G(FE，1GbE，STM1/4/16，FC-x，AnyRate)，10G(10GE，STM-64/OC-192，FCx，OTU2，OTU2e)，100G（OTU4，100GE)
组网	1. 多层OTN/以太网&波长路由； 2. ODUk汇聚及业务保护
可靠性	1. 全冗余业务、控制、电源和时钟； 2. 电信级性能

（3）是否支持智慧光纤：独有的智慧光管系统，可实现任意波长、任意站点的在线OSNR（光信噪比）性能监测，支持快速开局、快速故障定位，免除昂贵仪表投资，降低维护成本。

（4）是否支持OTDR功能：纯电交叉设备，光层的管理放在光子框中。

（5）小结：下一代光网络解决方案。作为业务优化的灵活平台，它通过高度可扩展的多功能组合提供先进的CWDM/DWDM传输能力。能够使客户在一个经济、灵活的智能光层上提供语音、视频和数据服务的同时，尽量减少建设成本。

图9-4 1830 PSS-24X设备结构图

2. 1830 PSS-24X

1830 PSS-24X设备结构如图9-4所示，该设备是1830 PSS-32系列中面向核心层大容量OTN电交叉或光电混合OTN交叉节点，其主要功能亮点见表9-4。该设备能够实现100G、200G、400G甚至600G波长的传输、灵活调度和业务上下，具备支持ASON和SDN的能力，能够实现光层和电层业务的快速开通和快速恢复，同时实现网络资源的自动优化。

（1）适用场景：适用于核心层并且对业务疏导能力要求较高的节点部署。例如，区域级/省级核心层、城域核心层等。

表 9-4　　1830 PSS-24X 主要功能亮点

设备关键指标	功 能 亮 点
子架	9.6Tbit/s、24Tbit/s 集中式交叉容量，24 个槽位
接口	1. 10Gbit/s、100Gbit/s、200Gbit/s、400Gbit/s DWDM； 2. 10GE，100GE； 3. 线路 OTH ODU*k* 从 OTU2 到 OTU4
业务	以太网、OTN、数据中心 和 SONET/SDH 板卡
组网	OTN 和 SDH/SONET 交叉通用交叉提供充分的灵活性和可扩展性无阻塞 ODU*k*，SDH/SONET 交叉和保护无带宽限制按需扩展跨越光层和电层的多域网络（MRN）ASON-GMPLS 控制平面
电源要求	−48V DC/−60V DC

（2）是否支持 SDN 智能调度：PSS-24X 具备支持 ASON 和 SDN 的能力，能够实现光层和电层业务的快速开通和快速恢复，同时实现网络资源的自动优化。

（3）是否支持智慧光纤：独有的智慧光管系统，可实现任意波长、任意站点的在线 OSNR（光信噪比）性能监测，支持快速开局、快速故障定位，免除昂贵仪表投资，降低维护成本。

（4）是否支持 OTDR 功能：纯电交叉设备，光层的管理放在光子框中。

（5）小结：下一代零接触透明传输光网络解决方案。作为业务优化的灵活平台，它通过高度可扩展的多功能组合提供先进的 CWDM/DWDM 传输能力。它支持局间核心传输和波长业务，比如 SONET/SDH、GE/10 GE/40GE/100GE 和存储域或 IDC 互连业务。该设备能够使运营商在一个经济、灵活的智能光层上提供语音、视频和数据服务的同时，尽量减少成本，从而提高运营商的收入机会。

3. 1830 PSS-12X

1830 PSS-12X 设备结构如图 9-5 所示，该设备是 1830 PSS 系列中，面向汇聚层、核心层中容量 OTN 电交叉或光电混合 OTN 交叉节点，其功能亮点见表 9-5。该设备能够实现 100G、200G 波长的传输、灵活调度和业务上下。

图 9-5　1830 PSS-12X 设备结构图

（1）适用场景：适用于地县调一体化汇聚层或者核心层并且对交叉容量、业务接入要求较高的节点部署。例如，省市公司、业务汇聚点等。

表 9-5　　1830 PSS-12X 主要功能亮点

设备关键指标	功　能　亮　点
子架	1. 4.8Tbit/s 集中式交叉容量； 2. 950mm×500mm×300mm（$H \times W \times D$），2 子架/机架； 3. 集中交叉矩阵； 4. 可选：4.8T OTN； 5. 2∶1 冗余保护
接口	1. Slots：24@400Gbit/s and/or 12@800Gbit/s 2. 线路侧： 100～600Gbit/s OTU，OTUCn 3. 客户侧（板卡与 PSS-8x 通用）： sub-10G（1GbE，SDH/SONET，OTU1） 10G（10GbE，STM64/OC192，OTU2/2e） 100G（100GbE，OTU4），40G（40GbE，OTU3） B100G（FlexE，FlexO，200GbE，400GbE）
组网	1. ODUk 交叉 & 业务保护； 2. L1，L0，MRN Control Plane
定时同步	5G 就绪同步以太网，IEEE 1588v2（PTP）
可靠性	1. 全冗余业务、控制、电源和时钟； 2. 电信级性能

（2）是否支持 SDN 智能调度：PSS-12X 具备支持 ASON 和 SDN 的能力，能够实现光层和电层业务的快速开通和快速恢复，同时实现网络资源的自动优化。

（3）是否支持智慧光纤：独有的智慧光管系统，可实现任意波长、任意站点的在线 OSNR（光信噪比）性能监测，支持快速开局、快速故障定位，免除昂贵仪表投资，降低维护成本。

（4）是否支持 OTDR 功能：纯电交叉设备，光层的管理放在光子框中。

（5）小结：下一代光网络解决方案。作为业务优化的灵活平台，它通过高度可扩展的多功能组合提供先进的 CWDM/DWDM 传输能力。能够使客户在一个经济、灵活的智能光层上提供语音、视频和数据服务的同时，尽量减少成本。

9.1.2　现网其他类产品

9.1.2.1　光子框部分

1830 PSS-32 设备结构如图 9-6 所示，该设备是 1830 PSS 系列中的一款大容量、多槽位设备，支持多种光传送网应用场景的设备，其主要功能亮点见表 9-6。

（1）适用场景：适用于地县调一体化接入层光电合一部署，核心层、汇聚层等多光方向节点光子框部署。1830 PSS-32 适用于多层次、多业务类型的光传送网络。

（2）是否支持 SDN 智能调度：具备支持 ASON 和 SDN 的能力，能够实现光层和电层业务的快速开通和快速恢复，同时实现网络资源的自动优化。

（3）是否支持智慧光纤：独有的智慧光管系统，可实现任意波长、任意站点的在线OSNR（光信噪比）性能监测，支持快速开局、快速故障定位，免除昂贵仪表投资，降低维护成本。

（4）是否支持OTDR功能：集成OTDR（光时域反射仪）功能，支持通过监控板进行在线OTDR检测光纤参数，快速定位光纤故障点，定位光纤劣化点。

（5）小结：基于新一代的波分技术，1830 PSS－32能够帮助客户构建一张灵活、可扩展、高效的网络，能够帮助客户更快地提供无线、视屏、数据中心互联、云计算等服务。

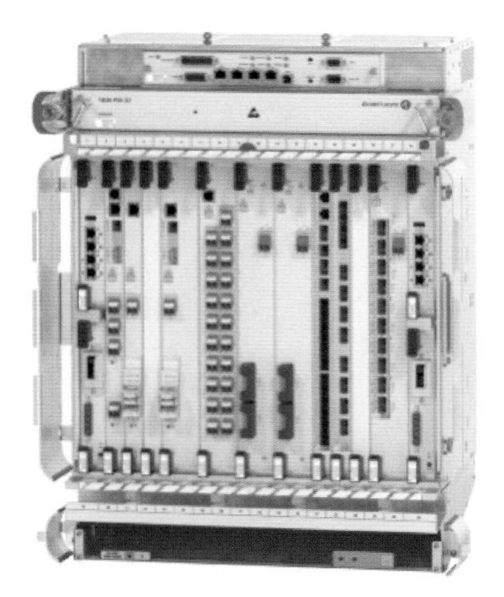

图9－6 1830 PSS－32设备结构图

表9－6 1830 PSS－32主要功能亮点

设备关键指标	功能亮点
机框	1. 14 RU子架，32个半高业务槽位； 2. 2.5Gbit/s、10Gbit/s、40Gbit/s、100Gbit/s、200Gbit/s、400Gbit/s、500Gbit/s能力
接口	1. 88 DWDM，8 10G CWDM； 2. 多维基于WSS的T&ROADM； 3. FOADM，ROADM和TOADM
业务	1. 以太网、OTN、数据中心和SONET/SDH业务板卡； 2. 通用的客户接口
组网	1. FOADM、ROADM、TOADM、CDC－F、C－F ROADM； 2. 点对点、环网、网状网； 3. 透传/汇聚业务； 4. 针对视频业务的光层Drop & Continue功能
电源	冗余的－48V DC电源滤波器

9.1.2.2 电子框部分

1. 1830 PSS－32 Ⅰ

1830 PSS－32 Ⅰ设备结构图如图9－7所示，该设备是1830 PSS系列中面向汇聚层、核心层中容量OTN电交叉或光电混合OTN交叉节点．其主要功能亮点见表9－7，该设备能够实现100G波长的传输、灵活调度和业务上下。

（1）适用场景：适用于地县调一体化汇聚层或者核心层并且对交叉容量、业务接入有一定要求的节点部署，常作为波道和业务接入的电子框使用。

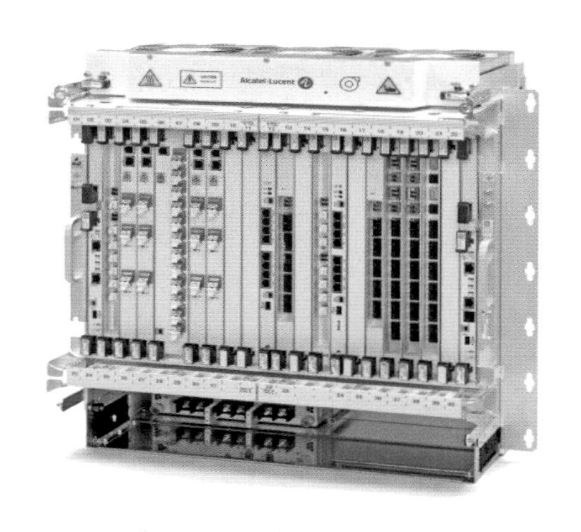

图9-7　1830 PSS-32Ⅰ设备结构图

（2）是否支持SDN智能调度：1830 PSS-32Ⅰ具备支持ASON和SDN的能力，能够实现光层和电层业务的快速开通和快速恢复，同时实现网络资源的自动优化。

（3）是否支持智慧光纤：独有的智慧光管系统，可实现任意波长、任意站点的在线OSNR（光信噪比）性能监测，支持快速开局、快速故障定位，免除昂贵仪表投资，降低维护成本。

（4）是否支持OTDR功能：集成OTDR（光时域反射仪）功能，支持通过监控板进行在线OTDR检测光纤参数，快速定位光纤故障点，定位光纤劣化点。

表9-7　　1830 PSS-32Ⅰ主要功能亮点

设备关键指标	功　能　亮　点
机框	960Gbit/s或1.9Tbit/s集中式交叉容量，32个半槽位
接口	1. 10Gbit/s、40Gbit/s、100Gbit/s DWDM； 2. GE，10GE，100GE plus FC 1G/4G/8G/10G； 3. 线路OTH ODU*k*从OTU2到OTU4，以及SDH从STM-1到STM-256； 4. 扩展保护SDH/SONET到OTH转换
业务	以太网，OTN，数据中心 和SONET/SDH板卡
组网	1. OTN和SDH/SONET交叉； 2. 通用交叉提供充分的灵活性和可扩展性； 3. 无阻塞ODU*k*，SDH/SONET交叉和保护； 4. 无带宽限制； 5. 按需扩展； 6. 跨越光层和电层的多域网络（MRN）ASON-GMPLS控制平面
功耗	-48V DC/-60V DC；功耗小于2W/(Gbit/s)

（5）小结：下一代光网络解决方案。作为业务优化的灵活平台，它通过高度可扩展的多功能组合提供先进的CWDM/DWDM传输能力。能够使客户在一个经济、灵活的智能光层上提供语音、视频和数据服务的同时，尽量减少建设成本。

2. 1830 PSS-32Ⅱ

1830 PSS-32Ⅱ设备结构如图9-8所示，该设备是1830 PSS系列中，面向汇聚层、核心层中容量OTN电交叉或光电混合OTN交叉节点，其功能亮点见表9-8。该设备能够实现100G波长的传输、灵活调度和业务上下，具备丰富的槽位和电交叉容量资源，满足多业务的接入和调度要求。

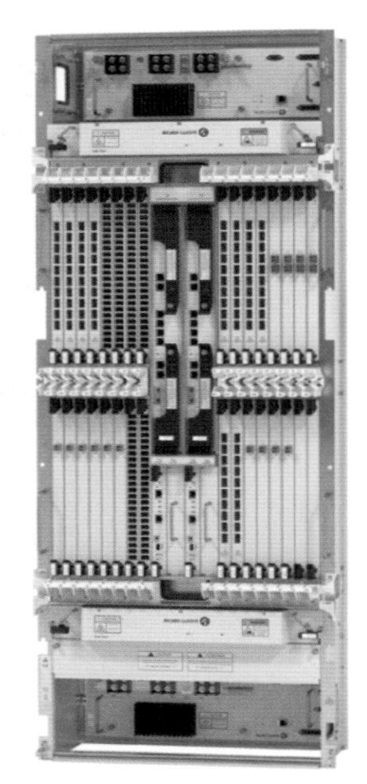

图 9－8 1830 PSS－32Ⅱ设备结构图

（1）适用场景：适用于地县调一体化核心层并且对交叉容量、业务接入要求较高的节点部署。例如，省市公司、业务汇聚点等。

（2）是否支持 SDN 智能调度：1830 PSS－32Ⅱ具备支持 ASON 和 SDN 的能力，能够实现光层和电层业务的快速开通和快速恢复，同时实现网络资源的自动优化。

（3）是否支持智慧光纤：独有的智慧光管系统，可实现任意波长、任意站点的在线 OSNR（光信噪比）性能监测，支持快速开局、快速故障定位，免除昂贵仪表投资，降低维护成本。

（4）是否支持 OTDR 功能：集成 OTDR（光时域反射仪）功能，支持通过监控板进行在线 OTDR 检测光纤参数，快速定位光纤故障点，定位光纤劣化点。

（5）小结：下一代光网络解决方案。作为业务优化的灵活平台，它通过高度可扩展的多功能组合提供先进的 CWDM/DWDM 传输能力。能够使客户在一个经济、灵活的智能光层上提供语音、视频和数据服务的同时，尽量减少成本。

表 9－8　1830 PSS－32Ⅱ主要功能亮点

设备关键指标	功 能 亮 点
机框	1.9Tbit/s 或 3.8Tbit/s 集中式交叉容量，64 个半槽位
接口	1. 10Gbit/s、40Gbit/s、100Gbit/s DWDM； 2. GE，10GE，100GE plus FC 1G/4G/8G/10G； 3. 线路 OTH ODU*k* 从 OTU2 到 OTU4，以及 SDH 从 STM－1 到 STM－256； 4. 扩展保护 SDH/SONET 到 OTH 转换
业务	以太网，OTN，数据中心和 SONET/SDH 板卡
组网	1. OTN 和 SDH/SONET 交叉； 2. 通用交叉提供充分的灵活性和可扩展性： （1）无阻塞 ODU*k*，SDH/SONET 交叉和保护； （2）无带宽限制； （3）按需扩展。 3. 跨越光层和电层的多域网络（MRN）ASON－GMPLS 控制平面
功耗	－48V DC/－60V DC；功耗小于 2W/(Gbit/s)

9.1.3 各设备同级比选

1. 光子框

光子框对比表见表 9－9。

表 9-9　光子框对比表

参数		1830 PSS-8	1830 PSS-16	1830 PSS-32
图片				
高（H）×宽（W）×深（D）mm		133.0×438.9×325.0	355×439×280	622×439×280
高度/业务槽位数		3U/8	8U/16	14U/32
是否支持光交叉及光交叉能力		支持、8 维基于 WSS 的 T&ROADM	支持、8 维基于 WSS 的 T&ROADM	支持、8 维基于 WSS 的 T&ROADM
业务板				
1. 线路侧 100G，支路侧 10G 业务板	线路侧 100G 端口数量	1	1	1
	支路侧 10G 端口数量	10	10	10
2. 线路侧 10G，支路侧 10G 业务板	线路侧 10G 端口数量	4	4	4
	支路侧 10G 端口数量	4	4	4

续表

参数		1830 PSS-8	1830 PSS-16	1830 PSS-32
3. 线路侧10G，支路侧2.5G及以下业务板	线路侧10G端口数量	1	1	1
	支路侧2.5G及以下端口数量	10	10	10
光放板				
1	BA	输出功率17dB、21dB、23dB	输出功率17dB、21dB、23dB	输出功率17dB、21dB、23dB
2	PA	输出功率17dB、21dB、23dB	输出功率17dB、21dB、23dB	输出功率17dB、21dB、23dB
3	RFA	增益25dB，噪声指数－4dB	增益25dB，噪声指数－4dB	增益25dB，噪声指数－4dB
出线方式	尾纤	LC	LC	LC
	any混合业务	LC&RJ45	LC&RJ45	LC&RJ45
子框扩展		支持	支持	支持
“1+1”备份		主控、电源	主控、电源	主控、电源
最大电流/A		20	30	50
最大功耗/W		700	1000	1000
电源接入特点		AC220V 1+1或者DC-48V，30A，“1+1”	DC-48V，30A，“1+1”	DC-48V，63A，“1+1”

2. 电子框

电子框对比见表9-10。

表9-10 电子框对比表

参　数	1830 PSS-8X	1830 PSS-12X	1830 PSS-24X	1830 PSS-32 I	1830 PSS-32 II
图片					
高×宽×深	450mm×443mm×300mm	950mm×500mm×300mm	950mm×500mm×600mm	650mm×500mm×280mm	1600mm×500mm×280mm
高度/业务槽位数	10U/8	21U/24	21U/24	15U/16个全高的业务槽位或32个半高的业务槽位	36U/32个全高的业务槽位或64个半高的业务槽位
背板带宽及数量	200Gbit/s　8槽位	400Gbit/s　24槽位	400Gbit/s　24槽位	100Gbit/s　16槽位	100Gbit/s　32槽位
OTN交叉容量	1.6T	4.8T/9.6Tbps	9.6T/24T	1.92T	3.84T

续表

参　数		1830 PSS - 8X	1830 PSS - 12X	1830 PSS - 24X	1830 PSS - 32 I	1830 PSS - 32 II
线路板单槽位最大接口波数量	100G	2	2/4	4/8	1	1
	单板占用槽位数量	1	1	1	1	1
	10G	20	20	20	10	10
支路板单槽位最大接口数量	2.5G 及以下	20	20	20	24	24
	10G	20	20	20	10	10
	混合业务	20	20	20	24	24
线路保护方式		线路“1+1”	线路“1+1”	线路“1+1”	线路“1+1”	线路“1+1”
支路保护方式		板内“1+1”	板内“1+1”	板内“1+1”	板内“1+1”	板内“1+1”
出线方式	尾纤	LC	LC	LC	LC	LC
	混合业务	LC&RJ45	LC&RJ45	LC&RJ45	LC&RJ45	LC&RJ45
子框扩展		支持	支持	支持	支持	支持
“1+1”备份		主控、交叉、电源	主控、交叉、电源	主控、交叉、电源	主控、交叉、电源	主控、交叉、电源
最大电流/A		50	100	100	70	100
最大功耗/W		2400	6000	14400	3000	4000
电源接入特点		DC - 48V 50A×2	DC - 48V 40A×6	DC - 48V 50A ×6、32A×12	DC - 48V 70A×2	DC - 48V 100A×2

3. 线路侧板卡

线路侧板卡对比见表9－11。

表9－11　线路侧板卡对比表

序号	板卡名称	型号	基本描述	占用槽位数量	适用于子框型号
1	8UC1T－8－PORT 100G/200G UPLINK线路板	8UC1T	8个物理端口，支持8个100G线路侧端口或4个200G线路端口	1	1830 PSS－24X
2	20UC200 20×10G T－SFP UPLINK线路板	20UC200	20个物理端口，支持20个10G线路侧端口	1	1830 PSS－24X
3	4UC400CS 4×100G UPLINK CFP线路板	4UC400	4个物理端口，支持4个100G线路侧端口	1	1830 PSS－24X
4	2UC400 2×100G、200G UPLINK CFP线路板	2UC400	2个物理端口，支持2个100G线路侧端口或2个200G线路端口	1	1830 PSS－24X
5	2×100G/1×200G COHERENT Uplink线路板	2UX200	2个物理端口，支持2个100G线路侧端口或者1个200G线路侧端口	1	1830 PSS－8X 1830 PSS－12X
6	1×100G Uplink CFP线路板	1U×100	1个物理端口，支持1个100G线路侧端口	1	1830 PSS－8X 1830 PSS－12X
7	20×10G Any支线路通用板	20A×200	20个物理端口，支持20个10G线路侧端口或者支路侧端口	1	1830 PSS－8X 1830 PSS－12X
8	100G UPLINK, FLEX COHERENT线路板	130SCUPH	1个物理端口，支持1个100G线路侧端口	1	1830 PSS－32 I 1830 PSS－32 II
9	10×10G UNIVERSAL多业务支线路通用板增强型板	10ANE10G	10个物理端口，支持10个10G线路侧端口或者支路侧端口	1	1830 PSS－32 I 1830 PSS－32 II

4. 支路侧板卡

支路侧板卡对比见表9－12。

表9－12　支路侧板卡对比表

序号	板卡名称	型号	基本描述	占用槽位数量	适用于子框型号
1	10AN400 10/40/100G ANYRATE支路板	10AN400	10个物理端口，支持4个100G支路侧端口，支持10G/40G/100G混合接入	1	1830 PSS－24X

续表

序号	板卡名称	型号	基本描述	占用槽位数量	适用于子框型号
2	30AN300 30×10G UNIVERSAL 多业务支线路通用板（AFEC）	30AN300	30 个物理端口，支持 30 个 10G 支路侧端口	1	1830 PSS－24X
3	20AN80 20×10G/SUB10G MULTIRATE 支路板	20AN80	20 个物理端口，支持 16 个 2.5G 及以下速率支路侧端口加上四个 10G 速率端口	1	1830 PSS－24X
4	20×10G Any 支线路通用板	20A×200	20 个物理端口，支持 20 个 10G 线路侧端口或者支路侧端口	1	1830 PSS－8X 1830 PSS－12X
5	20×10G/Sub－10G 多速率支路板	20M×80	20 个物理端口，支持 16 个 2.5G 及以下支路侧端口或者 4 个 10G 支路侧端口	1	1830 PSS－8X 1830 PSS－12X
6	10×10G UNIVERSAL 多业务支线路通用板增强型板	10ANE10G	10 个物理端口，支持 10 个 10G 线路侧端口或者支路侧端口	1	1830 PSS－32 I 1830 PSS－32 II
7	24ANM ENH 24 口多速率通用板宽温型	24ANM ENH	24 个物理端口，支持 24 个 2.5G 及以下速率支路侧端口	1	1830 PSS－32 I 1830 PSS－32 II

5. ROADM 板卡

ROADM 板卡对比见表 9－13。

表 9－13　　ROADM 板卡对比表

序号	设备类型	说　明	每个方向需配置板卡型号	该型号板卡的数量	共占槽位数	功率
1	OXC	1. 采用 32 维灵活光栅 WSS 组建，每个线路方向一块 WSS 板卡。最多支持 16 个光方向的自动光功率均衡； 2. 线路和支路通过若干组 4 维 Flex－OXC 光纤连接盒互联； 3. 本地维度每组采用 8 光放阵列进行内部增益放大，也支持 OT 通过无源器件直连，即特殊的 C－F ROADM 组网； 4. 业务对接采用组播交换卡，每 16 个业务需要配置一块	PSS－32 增强型主子架，每框 16 个槽位	每站 1 套	NA	118
			PSS－32 增强型从子架，每框 16 个槽位	按需	NA	115
			IRDM32 集成性 32 维 WSS 板卡	每方向 1 块	1	46
			MSH4－FSB 4 维 Flex-OXC 光纤连接盒	每 4 个方向配置 1 个	无源器件，单独安装	NA
			AAR2X8A 8 光放阵列	每个 AD 按每 4 个方向的上下路配置 1 块	1	36
			MCS8－16 组播交换卡	每 16 个落地业务配置 1 块	1	21

续表

序号	设备类型	说　明	每个方向需配置板卡型号	该型号板卡的数量	共占槽位数	功率
2	CDC－F－ROADM	1. 采用 20 维灵活光栅 WSS 组建，每个线路方向一块 WSS 板卡。最多支持 12 个光方向的自动光功率均衡； 2. 线路和支路通过若干组 4 维 Flex－OXC 光纤连接盒互联； 3. 本地维度每组采用 8 光放阵列进行内部增益放大，也支持 OT 通过无源器件直连，即特殊的 C－F ROADM 组网； 4. 业务对接采用组播交换卡，每 16 个业务需要配置一块	PSS－32 增强型主子架，每框 16 个槽位	每站 1 套	NA	118
			PSS－32 增强型从子架，每框 16 个槽位	按需	NA	115
			IRDM20 集成性 20 维 WSS 板卡	1	1	50
			MSH4－FSB 4 维 Flex－OXC 光纤连接盒	每 4 个方向配置 1 个	无源器件，单独安装	NA
			AAR2X8A 8 光放阵列	每个 AD 按每 4 个方向的上下路配置 1 块	1	36
			MCS8－16 组播交换卡	每 16 个落地业务配置 1 块	1	21
3	CD－F－ROADM	1. 采用 9 维灵活光栅 WSS 组建，每个线路方向一块 WSS 板卡。最多支持 8 个光方向的自动光功率均衡； 2. 线路和支路通过光纤直联； 3. 本地维度每组采用 2 块 9 维灵活光栅 WSS 对接直连，也支持线路方向直挂合分波器，即特殊的 C－F ROADM 组网； 4. 业务对接采用无源分光耦合器，每 30 个业务需要配置一块	PSS－32 增强型主子架，每框 16 个槽位	每站 1 套	NA	118
			PSS－32 增强型从子架，每框 16 个槽位	按需	NA	115
			IR9 9 维集成型 WSS 板卡	每方向 1 块	1	53
			IR9 9 维集成型 WSS 板卡	每个 AD 需要 2 块	1	53
			PSC1－6 无源分光耦合器 1－6	每 30 个落地业务配置 1 块	无源器件，单独安装	NA
4	C－F－ROADM	1. 采用 9 维灵活光栅 WSS 组建，每个线路方向一块 WSS 板卡。最多支持 8 个光方向的自动光功率均衡； 2. 线路方向直挂无源分光耦合器，每 30 个业务需要配置一块	PSS－32 增强型主子架，每框 16 个槽位	每站 1 套	NA	118
			PSS－32 增强型从子架，每框 16 个槽位	按需	NA	115
			IR9 9 维集成型 WSS 板卡	每方向 1 块	1	53
			PSC1－6 无源分光耦合器 1－6	按方向每 30 个落地业务配置 1 块	无源器件，单独安装	NA
			PSS－32 增强型主子架，每框 16 个槽位	每站 1 套	NA	118

续表

序号	设备类型	说 明	每个方向需配置板卡型号	该型号板卡的数量	共占槽位数	功率
5	ROADM	1. 采用 9 维灵活光栅 WSS 组建，每个线路方向一块 WSS 板卡。最多支持 8 个光方向的自动光功率均衡； 2. 线路方向直挂无源合分波器和梳状滤波器，每方向需要配置一块	PSS－32 增强型从子架，每框 16 个槽位	按需	NA	115
			IR9 9 维集成型 WSS 板卡	每方向 1 块	1	53
			ITLB 80/88 波梳状滤波器	按方向配置 1 块	无源器件，单独安装	NA
			SFD44 44 波合波分波器（偶数波）	按方向配置 1 块	无源器件，单独安装	NA
			SFD44B 44 波合波分波器（奇数波）	按方向配置 1 块	无源器件，单独安装	NA
			PSS－32 增强型主子架，每框 16 个槽位	每站 1 套	NA	118

9.2 华为电网各系列产品简介

9.2.1 现主推电网各系列简介

9.2.1.1 光子框部分

1. Optix OSN 9800 M12

Optix OSN 9800 M12 设备结构如图 9－9 所示，采用光电一体化设计，具有丰富的光、电板卡，共平台、灵活组合使用。其主要功能亮点见表 9－14，Ponder 集成度业界最高，100～600G 全覆盖，高性能，可编程，大小颗粒业务灵活接入。

图 9－9 OSN 9800 M12 设备结构图

（1）适用场景：适用于地县调一体化接入层部署，支持与 OSN 9800/8800/6800/1800 混合组网，实现业务无缝对接，从而构建新一代的从骨干、汇聚到接入的端到端 OTN/WDM 传送解决方案。

（2）是否支持 SDN 智能调度：具备支持 ASON 和 SDN 的能力，可插入 RODAM 板卡，能够实现光层和电层业务的快速开通和快速恢复，同时实现网络资源的自动优化。

表 9-14　　OSN 9800 M12 主要功能亮点

设备关键指标	功　能　亮　点
机框	1. 13 个槽位； 2. 10Gbit/s、100Gbit/s、200Gbit/s、400Gbit/s、600Gbit/s、800Gbit/s 能力
接口	1. eSFP、SFP＋、TSFP＋、CFP、CSFP、CFP2、QSFP28、SFP28、QSFP＋、QSFP-DD； 2. 多维基于 WSS 的 T&ROADM； 3. FOADM、ROADM 和 TOADM
业务	SDH/SONET、以太网、SAN、OTN、视频
组网	1. FOADM、ROADM、TOADM、CDC-F、C-F ROADM； 2. 点对点、环网、网状网； 3. 透传/汇聚业务； 4. 光层 ASON
电源	－48V DC/－60V DC

(3) 是否支持智慧光纤：独有的智慧光管系统，可实现任意波长、任意站点的在线 OSNR（光信噪比）性能监测，支持快速开局、快速故障定位，免除昂贵仪表投资，降低维护成本。

(4) 是否支持 OTDR 功能：集成 OTDR（光时域反射仪）功能，支持通过监控板进行在线 OTDR 检测光纤参数，快速定位光纤故障点，定位光纤劣化点。

(5) 小结：OptiX OSN 9800 M12 系列采用光电一体化设计，具有丰富的光、电板卡，共平台、灵活组合使用；Ponder 集成度业界最高，10～800G 全覆盖，高性能，可编程，大小颗粒业务灵活接入，能够帮助客户更快地提供无线、视屏、数据中心互联、云计算等服务。

2. OSN 1800 Ⅱ TP

OSN 1800 Ⅱ TP 设备结构如图 9-10 所示，支持各种业务类型接入、配置灵活、易安装，支持从低速率业务到大带宽业务可全部封装到 OTN 帧格式中进行统一传送，用户可以根据需要选择使用。其主要功能亮点详见表 9-15。

(1) 适用场景：适用于地县调一体化接入层光层部署，核心层、汇聚层等多光方向节点光子框部署。OSN 1800 Ⅱ TP 适用于多层次、多业务类型的光传送网络。

图 9-10　OSN 1800 Ⅱ TP 设备结构图

(2) 是否支持 SDN 智能调度：具备支持 ASON 和 SDN 的能力，可插入 ROADM 板卡，能够实现光层和电层业务的快速开通和快速恢复，同时实现网络资源的自动优化。

表 9－15　　OSN 1800 Ⅱ TP 主要功能亮点

设备关键指标	功　能　亮　点
机框	1. 直流机盒：6 或 7；交流机盒：4 或 5； 2. 2.5Gbit/s、10Gbit/s、100Gbit/s、200Gbit/s 能力
接口	1. 光模块：SFP/eSFP、XFP、SFP＋、QSFP＋、QSFP28、CFP、CFP2； 2. 电模块：GE SFP； 3. 多维基于 WSS 的 ROADM； 4. FOADM，ROADM
业务	1. SDH/SONET 业务、OTN 业务、以太网业务、CPRI 业务； 2. SAN 业务、视频及其他业务
组网	1. FOADM、ROADM、TOADM、CDC－F、C－F ROADM； 2. 点对点、环网、网状网； 3. 透传/汇聚业务
电源	冗余的 －48V DC/－60V DC

（3）是否支持智慧光纤：独有的智慧光管系统，可实现任意波长、任意站点的在线 OSNR（光信噪比）性能监测，支持快速开局、快速故障定位，免除昂贵仪表投资，降低维护成本。

（4）是否支持 OTDR 功能：集成 OTDR（光时域反射仪）功能，支持通过监控板进行在线 OTDR 检测光纤参数，快速定位光纤故障点，定位光纤劣化点。

基于新一代的波分技术，OSN 1800 能够帮助客户构建一张灵活、可扩展、高效的网络，应用于城域边缘节点，与城域和骨干波分网络设备组建完整的 OTN 端到端网络，统一管理。

9.2.1.2　电子框部分

1. OSN 9800 M24

OSN 9800 M24 设备结构如图 9－11 所示，其功能亮点见表 9－16。OSN 9800 M24 是基于新的软硬件平台开发的新一代超大容量、高集成、光电一体 OTN/WDM 产品，适用于骨干、城域等各网络层次。

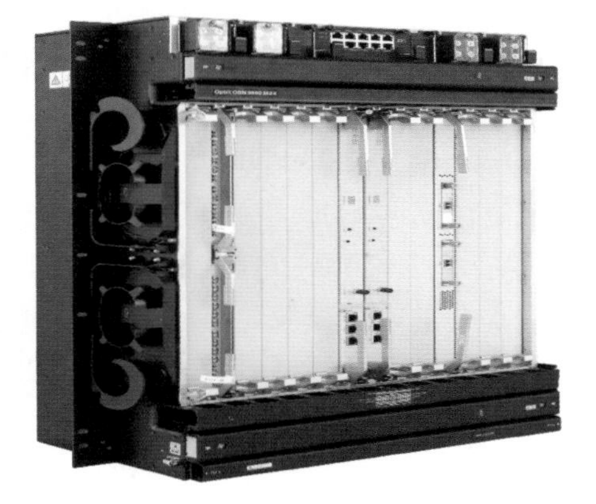

图 9－11　OSN 9800 M24 设备结构图

（1）适用场景：适用于地县调一体化，采用光电一体化设计，具有丰富的光、电板卡，共平台、灵活组合使用；Ponder 集成度业界最高，2.5～800G 全覆盖，高性能，可编程，大小颗粒业务灵活接入。

表 9－16　　OSN 9800 M24 主要功能亮点

设备关键指标	功能亮点
机框	1. 1∶1 模式 －4.8Tbit/s ODUk； －4.8Tbit/s OSUflex； －4.8Tbit/s 分组业务； －1.92Tbit/s VC－4； －80Gbit/s VC－3/VC－12； －12 个大槽位或 24 个小槽位。 2. 1∶3 模式 －10Tbit/s ODUk； －10Tbit/s OSUflex； －4Tbit/s 分组业务； －1.6Tbit/s VC－4； －80Gbit/s VC－3/VC－12； －10 个大槽位或 20 个小槽位。 3. M24 子架支持槽位拆分，一个 11U 槽位可以拆分成 2 个 5.5U 槽位使用
接口	2.5Gbit/s、10Gbit/s、25Gbit/s 、100Gbit/s、200Gbit/s、400Gbit/s、600Gbit/s、800Gbit/s； eSFP、SFP＋、TSFP＋、CFP、CSFP、CFP2、QSFP28、SFP28、TSFP28、QSFP＋、QSFP－DD
业务	SDH/SONET、以太网、SAN、OTN、视频
组网	OTN 和 SDH/SONET 交叉； SNCP、线性复用段保护、环形复用段保护、TPS 电层 ASON、光层 ASON
功耗	－48V DC/－60V DC

（2）是否支持 SDN 智能调度：具备支持 ASON 和 SDN 的能力，可插入 ROADM 板卡，能够实现光层和电层业务的快速开通和快速恢复，同时实现网络资源的自动优化。

（3）是否支持智慧光纤：独有的智慧光管系统，可实现任意波长、任意站点的在线 OSNR（光信噪比）性能监测，支持快速开局、快速故障定位，免除昂贵仪表投资，降低维护成本。

（4）是否支持 OTDR 功能：集成 OTDR（光时域反射仪）功能，支持通过监控板进行在线 OTDR 检测光纤参数，快速定位光纤故障点，定位光纤劣化点。

（5）小结：全新一代“M”系列子架，具备超大容量、光电融合、体积小巧等特点。适用于宽带视频、移动回传、政企专线、DCI 互联等综合承载的应用场景，提供从骨干、汇聚到接入的端到端最佳传送解决方案。

2. OSN 1800 Ⅱ Pro

OSN 1800 Ⅱ Pro 设备结构如图 9－12 所示，是基于新的软硬件平台开发的多业务接入统一承载，更多业务连接，更高的带宽效率，更低的时延。其主要功能亮点见表 9－17，业务类型覆盖 PCM/PDH/SDH/OTN，满足行业丰富业务需求。

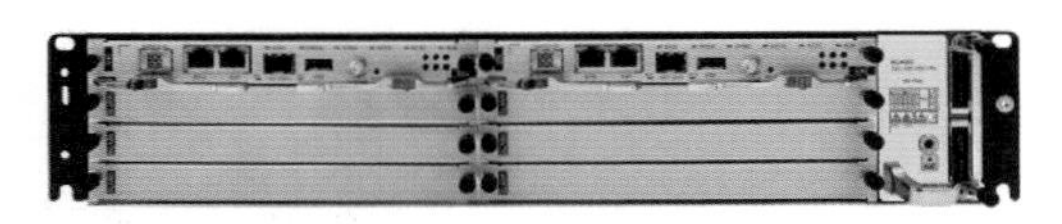
图 9－12 OSN 1800 Ⅱ Pro 设备结构图

（1）适用场景：适用于地县调一体化，基于 MS－OTN 架构，支持 SDH、分组和 OTN 业务的高集成度光电融合平台，并支持向下一代传送技术 Liquid OTN 平滑演进，为能源行业提供高效的传输解决方案。

表 9－17 OSN 1800 Ⅱ Pro 主要功能亮点

设备关键指标	功 能 亮 点
机框	1. 直流机盒：6； 2. 交流机盒：4； 3. 5Gbit/s、10Gbit/s、25Gbit/s、100Gbit/s、200Gbit/s 能力
接口	1. 光模块：SFP/eSFP、XFP、SFP＋、QSFP＋、TXFP、CFP、CFP2、QSFP28； 2. 电模块：GE SFP； 3. 多维基于 WSS 的 T&ROADM； 4. FOADM、ROADM 和 TOADM
业务	SDH/SONET、以太网、SAN、OTN、视频
组网	1. FOADM、ROADM、TOADM、CDC－F、C－F ROADM； 2. 点对点、环网、网状网； 3. 透传/汇聚业务
电源	冗余的－48V DC/－60V DC

（2）是否支持 SDN 智能调度：具备支持 ASON 和 SDN 的能力，可插入 RODAM 板卡，能够实现光层和电层业务的快速开通和快速恢复，同时实现网络资源的自动优化。

（3）是否支持智慧光纤：独有的智慧光管系统，可实现任意波长、任意站点的在线 OSNR（光信噪比）性能监测，支持快速开局、快速故障定位，免除昂贵仪表投资，降低维护成本。

（4）是否支持 OTDR 功能：集成 OTDR（光时域反射仪）功能，支持通过监控板进行在线 OTDR 检测光纤参数，快速定位光纤故障点，定位光纤劣化点。

（5）智能运维：性能实时可视、大数据分析网络亚健康，实现被动运维向主动运维转变。OD/FD 实现光层可视化，在线实时监控。

（6）小结：新一代 OSN1800 系列子架，多业务接入统一承载，更多业务连接，更高的带宽效率，更低的时延。100M～100G 超宽业务接入，业务类型覆盖 PDH/SDH/OTN，满足行业丰富业务需求。

3. OSN 1800Ⅴ

OSN 1800Ⅴ设备结构如图 9－13 所示，多业务光传送平台是新一代分组增强型多业务光传送平台，较高的集成度填补了城域设备形态的需求。其主要功能亮点见表

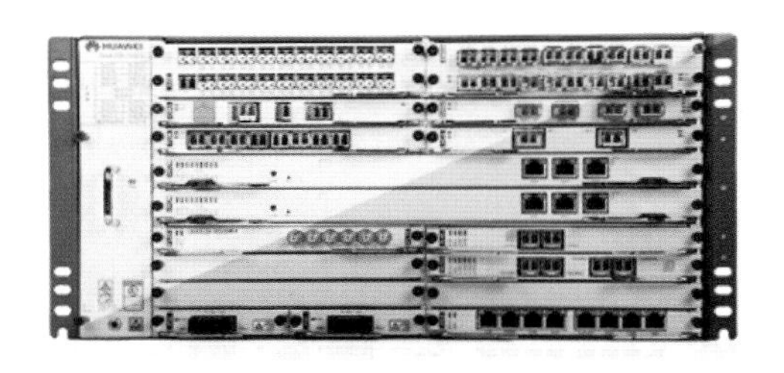

图 9-13　OSN 1800Ⅴ　设备结构图

9-18，基于新的软硬件平台开发的多业务接入统一承载，更多业务连接，更高的带宽效率，更低的时延。业务类型覆盖 PKT/SDH/OTN，满足行业丰富业务需求。

（1）适用场景：适用于地县调一体化，基于 MS-OTN 架构，支持 OTN/PKT/SDH 统一交换功能，以太网、TDM、专线等 2～100G 全业务接入，并集成 MPLS-TP 功能，为能源行业提供高效的传输解决方案。

表 9-18　　OSN 1800Ⅴ主要功能亮点

设备关键指标	功　能　亮　点
机框	1．直流机盒：15； 2．交流机盒：12； 3．2.5Gbit/s、10Gbit/s、50Gbit/s、100Gbit/s、200Gbit/s 能力
接口	1．光模块：SFP/eSFP、XFP、SFP＋、QSFP＋、TXFP、CFP、CFP2、QSFP28； 2．电模块：GE SFP、FE SFP、STM-1 SFP
业务	SDH/SONET 业务、PDH 业务、OTN 业务、以太网业务、PCM 业务、CPRI 业务、OBSAI 业务、SAN 业务、视频及其他
组网	1. OTN 和 SDH/SONET 交叉； 2. SNCP、线性复用段保护、环形复用段保护； 3．电层 ASON（仅 Z 系列交叉支持）
功耗	－48V DC/－60V DC

（2）是否支持 SDN 智能调度：具备支持 ASON 和 SDN 的能力，可插入 ROADM 板卡，能够实现光层和电层业务的快速开通和快速恢复，同时实现网络资源的自动优化。

（3）是否支持智慧光纤：独有的智慧光管系统，可实现任意波长、任意站点的在线 OSNR（光信噪比）性能监测，支持快速开局、快速故障定位，免除昂贵仪表投资，降低维护成本。

（4）是否支持 OTDR 功能：集成 OTDR（光时域反射仪）功能，支持通过监控板进行在线 OTDR 检测光纤参数，快速定位光纤故障点，定位光纤劣化点。

（5）智能运维：性能实时可视、大数据分析网络亚健康，实现被动运维向主动运维转变。OD/FD 实现光层可视化，在线实时监控。

（6）小结：新一代分组增强型多业务光传送平台 OSN 1800 系列子架，多业务接入统一承载，更多业务连接，更高的带宽效率，更低的时延。1.5M～100G 超宽

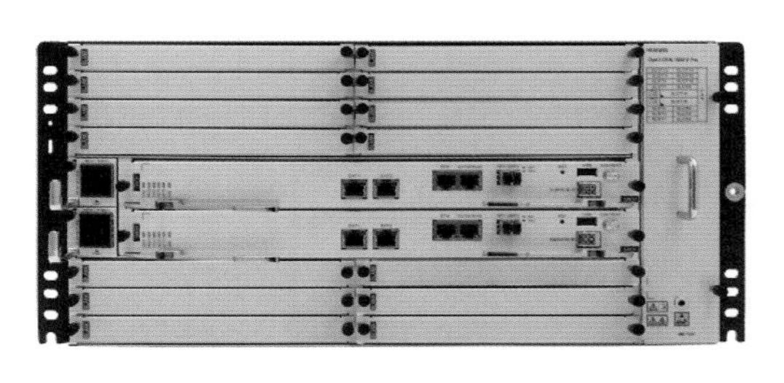

图 9-14 OSN 1800Ⅴ Pro 设备结构图

业务接入，业务类型覆盖 PKT/SDH/OTN，满足行业丰富业务需求。

4. OSN 1800Ⅴ Pro

OSN 1800Ⅴ Pro 设备结构如图 9-14 所示，其主要功能亮点见表 9-19。OSN 1800Ⅴ Pro 是基于新的软硬件平台开发的多业务接入统一承载，更多业务连接，更高的带宽效率，更低的时延。业务类型覆盖 PCM/PDH/SDH/OTN，满足行业丰富业务需求。

（1）适用场景：适用于地县调一体化，基于 MS-OTN 架构，支持 PCM、SDH、分组和 OTN 业务的 4-in-1 高集成度光电融合平台，并支持向下一代传送技术 Liquid OTN 平滑演进，为能源行业提供高效的传输解决方案。

表 9-19　　　　OSN 1800V Pro 主要功能亮点

设备关键指标	功　能　亮　点
机框	1. 直流机盒：14； 2. 交流机盒：12； 3. 2.5Gbit/s、10Gbit/s、、50Gbit/s 100Gbit/s、200Gbit/s 能力
接口	1. 光模块：SFP/eSFP、XFP、SFP＋、QSFP＋、TXFP、CFP、CFP2、QSFP28； 2. 电模块：GE SFP、FE SFP、STM-1 SFP
业务	SDH/SONET 业务、PDH 业务、OTN 业务、以太网业务、PCM 业务、CPRI 业务、OBSAI 业务、SAN 业务、视频及其他
组网	1. OTN 和 SDH/SONET 交叉； 2. SNCP、线性复用段保护、环形复用段保护； 3. 电层 ASON（仅 Z 系列交叉支持）
功耗	－48V DC/－60V DC

（2）是否支持 SDN 智能调度：具备支持 ASON 和 SDN 的能力，可插入 ROADM 板卡，能够实现光层和电层业务的快速开通和快速恢复，同时实现网络资源的自动优化。

（3）是否支持智慧光纤：独有的智慧光管系统，可实现任意波长、任意站点的在线 OSNR（光信噪比）性能监测，支持快速开局、快速故障定位，免除昂贵仪表投资，降低维护成本。

（4）是否支持 OTDR 功能：集成 OTDR（光时域反射仪）功能，支持通过监控板进行在线 OTDR 检测光纤参数，快速定位光纤故障点，定位光纤劣化点。

（5）智能运维：性能实时可视、大数据分析网络亚健康，实现被动运维向主动运维转变。OD/FD 实现光层可视化，在线实时监控。

（6）小结：新一代 OSN 1800 系列子架，多业务接入统一承载，更多业务连接，更高的带宽效率，更低的时延。1.5M～100G 超宽业务接入，业务类型覆盖 PCM/PDH/SDH/OTN，满足行业丰富业务需求。

9.2.2　现网其他类产品

9.2.2.1　光子框部分（Optix OSN 9800 UPS）

OSN 9800 UPS 设备结构如图 9－15 所示，通用型平台子架作为光子架主要配合 OSN 9800 U64/U32/U16/M24/M12 等电子架使用，其主要功能亮点详见表 9－20，为客户构建端到端 OTN/WDM 骨干传送解决方案，实现多业务、大容量、全透明的传输。

图 9－15　OSN 9800 UPS 设备结构图

（1）适用场景：适用于地县调一体化接入层部署，支持与 OSN 9800/8800/6800/1800 混合组网，实现业务无缝对接，从而构建骨干、汇聚到接入的端到端 OTN/WDM 传送解决方案。

表 9－20　OSN 9800 UPS 主要功能亮点

设关键指标	功　能　亮　点
机框	1. 直流供电：16； 2. 交流供电：15； 3. 2.5Gbit/s、10Gbit/s、40Gbit/s、100Gbit/s、200Gbit/s 、400Gbit/s
接口	1. eSFP、SFP＋＋、CFP、CFP2、QSFP28、QSFP＋、XFP； 2. 多维基于 WSS 的 T&ROADM； 3. FOADM、ROADM 和 TOADM
业务	SDH/SONET、以太网、SAN、OTN、视频及其他业务
组网	1. 点对点、环网、网状网； 2. 透传/汇聚业务； 3. 针对视频业务的光层 Drop & Continue 功能
电源	冗余的 －48V DC/－60V DC

（2）是否支持 SDN 智能调度：具备支持 ASON 和 SDN 的能力，可插入 ROADM 板卡，能够实现光层和电层业务的快速开通和快速恢复，同时实现网络资源的自动优化。

（3）是否支持智慧光纤：独有的智慧光管系统，可实现任意波长、任意站点的在线 OSNR（光信噪比）性能监测，支持快速开局、快速故障定位，免除昂贵仪表投资，降低维护成本。

（4）是否支持 OTDR 功能：集成 OTDR（光时域反射仪）功能，支持通过监控板进行在线 OTDR 检测光纤参数，快速定位光纤故障点，定位光纤劣化点。

（5）小结：OptiX OSN 9800 UPS 系列采用光层设计，适配多种电层使用，能够帮助客户更快地提供光层调度。

9.2.2.2　电子框部分（OSN 9800 U32E）

OSN 9800 U32E 设备结构如图 9－16 所示，其主要功能亮点见表 9－21，子架是面向 100G 及超 100G 的新一代大容量、智能化、具有分组功能的 OTN 产品，适用于超级干线、骨干、城域等各网络层次。

（1）适用场景：适用于地县调一体化汇聚层或者核心层并且对交叉容量、业务接入有一定要求的节点部署，常作为波道和业务接入的电子框使用。

（2）是否支持智慧光纤：独有的智慧光管系统，可实现任意波长、任意站点的在线 OSNR（光信噪比）性能监测，支持快速开局、快速故障定位，免除昂贵仪表投资，降低维护成本。

图 9－16　OSN 9800 U32E 设备结构图

表 9－21　OSN 9800 U32E 主要功能亮点

设关键指标	功　能　亮　点
机框	1. 32 槽位； 2. 2.5Gbit/s、10Gbit/s、100Gbit/s、200Gbit/s、400Gbit/s、600Gbit/s、800Gbit/s 能力
接口	1. 光模块：eSFP、SFP＋、QSFP＋、CFP、CFP2、QSFP28、SFP28、TSFP28、QSFP－DD； 2. 电模块：GE SFP
业务	SDH/SONET 业务、OTN 业务、以太网业务、SAN 业务、视频
组网	1. OTN 和 SDH/SONET 交叉； 2. SNCP、线性复用段保护、环形复用段保护； 3. 电层 ASON
功耗	－48V DC/－60V DC

（3）是否支持 OTDR 功能：集成 OTDR（光时域反射仪）功能，支持通过监控板进行在线 OTDR 检测光纤参数，快速定位光纤故障点，定位光纤劣化点。

（4）小结：作为业务优化的灵活平台，它通过高度可扩展的多功能组合提供先进的 CWDM 传输能力。同时支持集成组网，更高效，更便捷。

9.2.3　各设备同级比选表

（1）光子框对比见表 9－22。

（2）电子框对比见表 9－23。

表 9-22　光子框对比表

型号参数		Optix OSN 9800 UPS	Optix OSN 9800M12	OptiX OSN 1800 Ⅱ TP	备注
图片					
高(H)×宽(W)×深(D)/mm		397×442×295	347.2×422×295	88.1×442×220	
高度/业务槽位数		9U/16	8U/13	2U/6	
是否支持光交叉及光交叉能力		支持1～20维ROADM	支持1～20维ROADM	支持1～9维ROADM	
业务板					
1. 线路侧100G，支路侧10G业务板	线路侧100G端口数量	10	1	1	
	支路侧10G端口数量	10	20	12	
2. 线路侧10G，支路侧10G业务板	线路侧10G端口数量	1	6	2	
	支路侧10G端口数量	1	6	2	

续表

型 号 参 数		Optix OSN 9800 UPS	Optix OSN 9800M12	OptiX OSN 1800 Ⅱ TP	备注
3. 线路侧 10G，支路侧 2.5G 及以下业务板	线路侧 10G 端口数量	1	2	1	
	支路侧 2.5G 及以下端口数量	8	10	8	
光放板 1	BA	输出功率 14dB、18dB、22dB、25dB	输出功率 14dB、18dB、22dB、25dB	输出功率 14dB、18dB、22dB、25dB	
光放板 2	PA	输出功率 14dB、18dB、22dB、25dB	输出功率 14dB、18dB、22dB、25dB	输出功率 14dB、18dB、22dB、25dB	
光放板 3	RFA	增益 5dB、10dB、12dB、15dB、18dB	增益 5dB、10dB、12dB、15dB、18dB	增益 5dB、10dB、12dB、15dB、18dB	
出线方式	尾纤	LC	LC	LC	
	any 混合业务	LC&RJ45	LC&RJ45	LC&RJ45	
子框扩展		支持	支持	支持	
“1+1” 备份		主控、电源	主控、电源	主控、电源	
最大电流/A		50	60	32	
最大功耗/W		2400	2400	800	
电源接入特点		AC220V 1+1 或者 DC -48V，50A 1+1	DC -48V 或 DC -60V，60A 1+1	DC -48V 32A 1+1	
特点特色		2 方向以上	2 方向以上	2 方向以上	

表 9-23 电子框对比表

型号参数		Optix OSN 1800 Ⅴ	OptiX OSN 1800 Ⅴ Pro	OptiX OSN 1800 Ⅱ Pro	Optix OSN 9800M24	Optix OSN 9800U32E
图片						
高(H)×宽(W)×深(D)/mm		221×442×220	221.5×442×220	88.1×442×220	747.2×442×295	1900×498×295
高度/业务槽位数		5U/14	5U/14	2U/6	17U/24	42U/32
背板带宽槽位数		200Gbit/s	200Gbit/s	200Gbit/s	200Gbit/s	1Tbit/s
OTN 交叉容量		0.7T	2.8T	0.7T	4.8T	32T
线路板单槽位最大接口波数量	100G	1	1	1	4	4
	单板占用槽位数量	2	2	2	2	1
	10G	4	4	4	20	20
	单板占用槽位数量	1	1	1	2	1
支路板单槽位最大接口数量	2.5G 及以下	10	10	10	12	30
	10G	4	4	4	10	30
	any 混合业务	10	10	10	12	30

续表

型号参数		Optix OSN 1800 Ⅴ	OptiX OSN 1800 Ⅴ Pro	OptiX OSN 1800 Ⅱ Pro	Optix OSN 9800M24	Optix OSN 9800U32E
线路保护方式		线路“1+1”	线路“1+1”	线路“1+1”	线路“1+1”	线路“1+1”
支路保护方式		板内“1+1”	板内“1+1”	板内“1+1”	板内“1+1”	板内“1+1”
出线方式	尾纤	LC	LC	LC	LC	LC
	any 混合业务	LC&RJ45	LC&RJ45	LC&RJ45	LC&RJ45	LC&RJ45
子框扩展		支持	支持	支持	支持	支持
“1+1”备份		主控、交叉、电源	主控、交叉、电源	主控、交叉、电源	主控、交叉、电源	主控、交叉、电源
最大电流/A		32	32	32	63	63
最大功耗/W		1500	2400	1200	6000	14000
电源接入特点		DC-48V，32A，“1+1”	DC-48V，32A，“1+1”	DC-48V，32A，“1+1”	DC-48V，63A，“2+2”	DC-48V，63A，“5+5”
适合节点类型		汇聚/接入	汇聚/接入	接入	汇聚/核心	汇聚/核心
主要特色		MS-OTN设备，支持OTN、分组、TDM业务，支持统一交换架构，应用在城域接入层和城域汇聚层	MS-OTN设备，支持OTN、TDM业务，支持统一交换架构，应用在城域接入层和城域汇聚层	MS-OTN设备，支持OTN、分组、TDM业务，支持统一交换架构，应用在城域接入层	全新一代“M”系列子架，具备超大容量、光电融合、体积小巧等特点。适用于宽带视频、移动回传、政企专线、DCI互联等综合承载的应用场景，提供从骨干、汇聚到接入的端到端最佳传送解决方案	OSN9800U32增强子架是面向100G及超100G的新一代大容量、智能化、具有分组功能的OTN产品，适用于超级干线、骨干等各网络层次
是否支持100G板卡		是	是	是	是	是
是否支持100G防雷击板卡		否	否	否	否	否

（3）线路侧板卡对比见表 9－24。

表 9－24　线路侧板卡对比表

序号	板卡名称	型号	基本描述	占用槽位数	适用于子框型号
1	4 路 100G 混合线路业务处理板	N404	4 个物理端口，支持 4 个 100G 线路侧端口	1/2/2	9800U32/9800M24
2	2 路 100G 混合线路业务处理板	N402	2 个物理端口，支持 2 个 100G 线路侧端口	1/2/2	9800U32/9800M24
3	20 路 10G 任意业务处理板	N220	20 个物理端口，支持 20 个 10G 线路侧端口	1/2/2	9800U32/9800M24
4	10 路 10G 任意业务处理板	N210	10 个物理端口，支持 10 个 10G 线路侧端口	1/2/2	9800U32/9800M24
5	6 路 10G 任意业务处理板	N206	6 个物理端口，支持 6 个 10G 线路侧端口	1/2/2	9800U32/9800M24
6	4 路 10G 线路业务处理板	NQ2	4 个物理端口，支持 4 个 10G 线路侧端口	1	1800Ⅴ/1800ⅤPro/1800ⅡPro

（4）支路侧板卡对比见表 9－25。

表 9－25　支路侧板卡对比表

序号	板卡名称	型号	基本描述	占用槽位数	适用于子框型号
1	4 路 100G 支路业务处理板	T404	4 个物理端口，支持 4 个 100G 业务侧端口	1/2/2	9800U32/9800M24
2	2 路 100G 支路业务处理板	T402	2 个物理端口，支持 2 个 100G 业务侧端口	1/2/2	9800U32/9800M24
3	20 路 10G 支路业务处理板	T210	20 个物理端口，支持 20 个 10G 业务侧端口	1/2/2	9800U32/9800M24
4	12 路 10G 支路业务处理板	T212	12 个物理端口，支持 12 个 10G 业务侧端口	1/2/2	9800U32/9800M24
5	6 路 10G 支路业务处理板	T206	6 个物理端口，支持 6 个 10G 业务侧端口	1/2/2	9800U32/9800M24
6	10 路任意速率业务支路处理板	TTA	10 个物理端口，支持 4 个 10G 业务侧端口或 10 个 2.5G 业务侧端口	1	1800Ⅴ/1800ⅤPro/1800ⅡPro

（5）ROADM 板卡对比见表 9－26。

表 9－26 ROADM 板卡对比表

序号	设备类型	说明	每个方向需配置板卡型号	该型号板卡的数量	共占槽位数	典型功耗/W	最大功耗/W
1	OXC	单子架支持最大 32 个光方向波长调度	OSN 9800 P32（每站点）	1			
			ON32（光线路板，每维度）	1	1	70	110
			ON32P（支持线路侧 OLP 保护的光线路板，每维度）	1	1	72	112
2	CDC－ROADM	1. 每个线路方向一个 WSS 板卡； 2. CDC 维度通过 2 块 ADC0824 最多可以连接 8 个线路方向，每块板接入 24 波波长无阻塞 100G OTU； 3. 还可通过增加本地维度实现 CD－ROADM 业务上下； 4. 光放单独考虑	M12（每维度）	1	0		
			DWSS20（线路维度）	1	2	38	49
			ADC0824（CDC 维度）	2	6	46	110
			DWSS20（本地维度）	2	2	38	49
			TMD20（本地维度）	3	6	38	49
			光放（本地维度）	按需	按需		
3	CD－ROADM	1. 每个线路方向一个 WSS 板卡，本地业务也使用一个 WSS 板卡实现方向无关； 2. 本地业务所在方向通过 WSS 板卡实现 colorless； 3. 如果本地方向上下波数较多，可以增加本地维度； 4. 光放单独考虑	M12（每维度）	1	0		
			G3WSMD9（本地维度）	1	2	31	37
			DWSS20（本地维度）	1	2	38	49
			TMD20（本地维度）	3	6	38	49
			光放（本地维度）	按需	按需		
4	D－ROADM	1. 每个线路方向一个 WSS 板卡，本地业务也使用一个 WSS 板卡实现方向无关； 2. 本地业务所在方向需要分合波板； 3. 如果本地方向上下波数较多，可以增加本地维度； 4. 光放单独考虑	M12（每维度）	1	0		
			G3WSMD9（本地维度）	1	2	31	37
			M48V（本地维度）	1	2	29	32
			D48（本地维度）	1	2	26	30
			光放（本地维度）	按需	按需		
5	ROADM	1. 每个线路方向一个 WSS 板卡（不含本地方向）； 2. 本地业务去往方向增加分合波板； 3. 如果本地业务去往多个方向，所在方向均增加分合波板； 4. 光放单独考虑	M12（每维度）	1	0		
			G3WSMD9（线路维度/本地维度）	1	2	31	37
			M48V（本地维度）	1	2	29	32
			D48（本地维度）	1	2	26	30
			光放（本地维度）	按需	按需		

9.3 中兴电网各系列产品简介

9.3.1 现主推产品系列

9.3.1.1 光子框部分

1. ZXMP M721 DX62

中兴 ZXMP M721 DX62 设备结构如图 9-17 所示，子架高度为 2U，DX62 直流供电子架可以提供 8 个业务槽位（不含主控板），DX62 交流供电子架可以提供 6 个业务槽位（不含主控板）。该设备主要功能亮点见表 9-27，该设备是 ZXMP M721 DX 系列中的一款小容量设备，支持多种光传送网应用场景。该设备设计紧凑、功耗低，从而有效节约了机房面积和电源功耗，显著降低运行和维护费用。具有多层分组功能。

图 9-17 ZXMP M721 DX62 设备结构图

表 9-27 ZXMP M721 DX62 主要功能亮点

设备关键参数	功 能 亮 点
机框	1. 2U 子架； 2. 160Gbit/s 分布交叉能力； 3. 2.5Gbit/s、10Gbit/s、40Gbit/s、100Gbit/s、200Gbit/s 能力
接口	1. 80 DWDM；18×10G CWDM； 2. 9 维基于 WSS 的 T&ROADM； 3. FOADM、ROADM 和 TOADM
业务	1. 以太网、OTN、数据中心和 SONET/SDH 业务板卡； 2. 通用的客户接口
组网	1. FOADM、ROADM 和 TOADM； 2. 点对点、环网、网状网； 3. 透传/汇聚业务； 4. 针对视频业务的光层 Drop & Continue 功能
功耗	1. 冗余的 -48V DC，110/220V AC； 2. 整机额定功率不高于 700W

（1）适用场景：适用于地县调一体化接入层部署和无电层调度站点部署，给客户带来更佳的经济效益。

（2）是否支持 SDN 智能调度：具备支持 ASON 和 SDN 的能力，可插入 ROADM 板卡。支持先进的带宽管理技术，图形化带宽资源呈现和配置系统，开通和维护更容易。配合 SDN 控制平面，智能分配带宽资源，并提供实时带宽告警。

（3）是否支持智慧光纤：独有的智慧光管系统，可实现任意波长、任意站点的在线 OSNR（光信噪比）性能监测，支持快速开局、快速故障定位，免除昂贵仪表投资，降低维护成本。

（4）是否支持 OTDR 功能：支持集成 OTDR（光时域反射仪）功能，支持通过 OTDR 板卡支持通过监控板进行在线 OTDR 检测光纤参数，快速定位光纤故障点，定位光纤劣化点。

（5）小结：适用于地县级接入场景。

2. ZXONE 9700 NX41

ZXONE 9700 NX41 设备结构如图 9-18 所示，子架高度为 10U，其主要功能特点详见表 9-28，该设备为系列中的一款中型容量设备，支持多种光传送网应用场景。

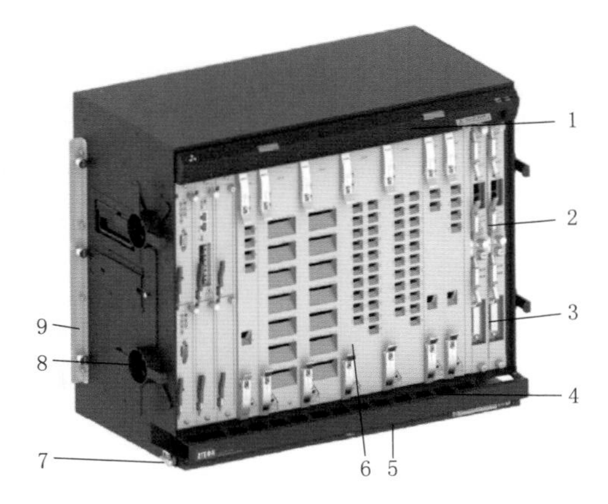

图 9-18 ZXONE 9700 NX41 设备结构图
1—风扇单元；2—通信控制板；3—电源板；4—走纤区；5—防尘单位；6—业务板；7—接地端子；8—盘纤盘；9—安装支耳

表 9-28 ZXONE 9700 NX41 主要功能亮点

设备关键参数	功 能 亮 点
机框	1. 10U 子架，8 个半高业务槽位； 2. 800Git/s 分布交叉能力； 3. 2.5Gbit/s、10Gbit/s、40Gbit/s、100Gbit/s、200Gbit/s 能力
接口	1. 80 DWDM；18×10G CWDM； 2. 8 维基于 WSS 的 T&ROADM； 3. FOADM、ROADM 和 TOADM
业务	1. 以太网、OTN、数据中心和 SONET/SDH 业务板卡； 2. 通用的客户接口
组网	1. FOADM、ROADM 和 TOADM； 2. 点对点、环网、网状网； 3. 透传/汇聚业务； 4. 针对视频业务的光层 Drop & Continue 功能
功耗	1. 冗余的 −48V DC，110/220V AC； 2. 整机额定功率不高于 700W

（1）适用场景：适用于地县调一体化接入层部署和无电层调度站点部署，给客户带来更佳的经济效益。

（2）是否支持智慧光纤：独有的智慧光管系统，可实现任意波长、任意站点的在线 OSNR（光信噪比）性能监测，支持快速开局、快速故障定位，免除昂贵仪表投资，降低维护成本。

（3）是否支持 OTDR 功能：支持 OTDR（光时域反射仪）功能，支持通过 OTDR 板卡进行在线 OTDR 检测光纤参数，快速定位光纤故障点，定位光纤劣化点。

（4）小结：ZXONE 9700 NX41 传输子架采用多 19 英寸和 21 英寸设计，能够使用不同的屏柜，子框支持各类型光层板卡，支持 10G、40G、100G 多型号支线路合一板卡。

9.3.1.2　电子框部分

ZXONE 9700 产品电交叉子架包括 S3/S2/S1，分别介绍如下：

（1）ZXONE 9700 S3 设备结构如图 9－19 所示，交叉子架为单面三层子架，满足 ETSI 机架的安装要求。子架共 36 个 200G/400G 业务槽位，8 个交叉板（PSK）槽位，2 个子架控制板/时钟板（CCPK/NCPK）槽位，10 个电源板（PWRK）槽位。风扇板 FCPL 一共 6 块，分别位于子架的顶部和底部，负责对业务板区域进行送风散热。400G 背板 S3 子架另有 1 块风扇板 FCPM 位于交叉板的侧面，负责对交叉板区域进行送风散热。

（2）ZXONE 9700 S2 设备结构如图 9－20 所示，交叉子架符合 21 英寸机架的安装要求。提供 23 个 400G 业务槽位，子架中部配置 6 块 PSK 信元交叉板，17/18 槽位配置 CCPK（支持 OTN 业务板）/NCPK（支持 PTN 和 OTN 业务板）主控时钟板（1＋1 保护），子架顶部和底部各配置 1 个一体化风扇单元 FCPN（ECC 配置的 S2 交叉子架已经默认包含风扇板，无需单独配置），配置 6 块 PWRL 电源板（3 主 3 备）。

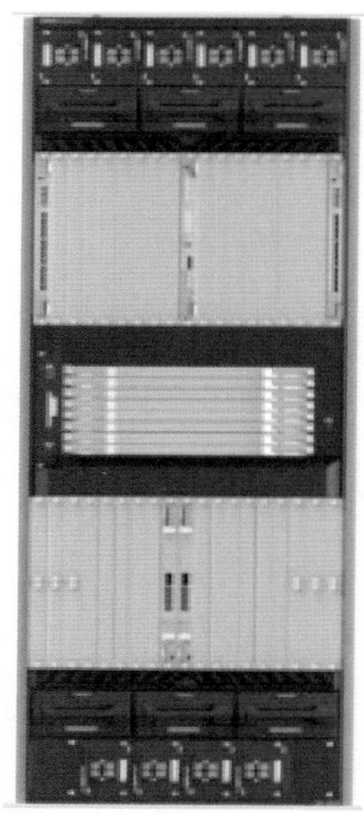

图 9－19　ZXONE 9700 S3 设备结构图

图 9－20　ZXONE 9700 S2 设备结构图

(3) ZXONE 9700 S1 设备结构如图 9－21 所示，交叉子架为单面单层子架，符合 21 英寸机架的机架的安装要求。子架共 11 个 400G 业务槽位，3 个交叉板（PSK）槽位，2 个子架控制板/时钟板（CCPK/NCPK）槽位，2 个电源板（PWRL）槽位。另外子架可以混插光层单板和电层单板，主控板（NCPK）单板配置在 1 槽位和 2 槽位。

9.3.2　现网其他类产品

9.3.2.1　光子框部分

1. ZXONE 8700 DX41

ZXONE 8700 DX41 设备结构如图 9－22 所示，传输子架为 10U 高子架。其主要功能亮点见表 9－29，满足 ETSI 机架的安装要求。子架共 28 个业务槽位，2 个子架控制板（CCP）槽位，2 个电源板（PWE）槽位。

图 9－21　ZXONE 9700 S1 设备结构图

图 9－22　ZXONE 8700 DX41 设备结构图

表 9－29　ZXONE 8700 DX41 主要功能亮点

设备关键参数	功　能　亮　点
机框	1. 10U 子架，28 个小板槽位（14 个大板槽位）； 2. 2.5Gbit/s、10Gbit/s、40Gbit/s、100Gbit/s 能力
接口	1. 80 DWDM；18×10G CWDM； 2. 多维基于 WSS 的 T&ROADM； 3. FOADM、ROADM 和 TOADM

续表

设备关键参数	功　能　亮　点
业务	1. 以太网、OTN、数据中心和 SONET/SDH 业务板卡； 2. 通用的客户接口
组网	1. FOADM、ROADM、TOADM、CDC－F、C－F ROADM； 2. 点对点、环网、网状网； 3. 透传/汇聚业务； 4. 针对视频业务的光层 Drop & Continue 功能
电源	冗余的－48V DC 电源滤波器

（1）适用场景：适用于地县调一体化接入层光电合一部署，核心层、汇聚层等多光方向节点光子框部署。ZXONE 8700 DX41 适用于多层次、多业务类型的光传送网络。

（2）是否支持 SDN 智能调度：支持智能调度功能。

（3）是否支持智慧光纤：支持智能光纤系统。

（4）是否支持 OTDR 功能：支持 OTDR 功能。

（5）小结：基于新一代的波分技术，ZXONE 8700 DX41 能够帮助客户构建一张灵活、可扩展、高效的网络，能够帮助客户更快地提供无线、视屏、数据中心互联、云计算等服务。

9.3.2.2　电子框部分

1. ZXONE 8700 CX21

ZXONE 8700 CX21 设备结构如图 9－23 所示，系列产品是面向 100G 的新一代大容量 OTN 波分交叉设备。其主要功能亮点见表 9－30。

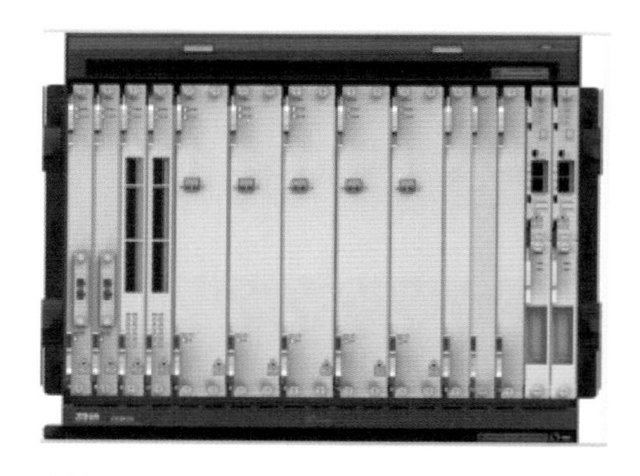

图 9－23　ZXONE 8700 CX21 主要设备结构图

表 9－30　**ZXONE 8700 CX21** 系列主要功能亮点

设备关键参数	功　能　亮　点
机框	1. 4Tbit/s 集中式交叉容量，14 个 100G 业务槽位，3 个交叉槽位
接口	1. 10Gbit/s、40Gbit/s、100Gbit/s DWDM； 2. GE、10GE、100GE plus FC 1G/4G/8G/10G； 3. 线路 OTH ODU*k* 从 OTU2 到 OTU4，以及 SDH 从 STM－1 到 STM－256； 4. 扩展保护 SDH/SONET 到 OTH 转换
业务	以太网、OTN、数据中心和 SONET/SDH 板卡

续表

设备关键参数	功 能 亮 点
组网	1. OTN 和 SDH/SONET 交叉； 2. 通用交叉提供充分的灵活性和可扩展性； 3. 无阻塞 ODUk，SDH/SONET 交叉和保护； 4. 无带宽限制； 5. 按需扩展； 6. 跨越光层和电层的多域网络（MRN）ASON－GMPLS 控制平面
功耗	－48V DC/－60V DC；功耗小于 2W/Gbit/s

（1）适用场景：ZXONE 8700 CX21 设备交叉容量为 1.4T，可充分满足 100G 高速 OTN 传输网络核心节点的交叉调度需求；主要应用于骨干核心节点，能够满足 80×100G OTN 骨干网络大容量、全业务颗粒、多方向的交叉调度需求。

（2）是否支持智能调度：支持智能调度功能。

（3）是否支持智慧光纤：支持智慧光纤功能。

（4）是否支持 OTDR 功能：支持 OTDR 功能。

（5）小结：ZXONE 8700 CX21 设备支持 ODU0/1/2/2e/3/4/flex 全颗粒大容量交叉调度。可以组建完整的 OTN 端到端网络，可为用户提供高带宽、大容量的智能 OTN 解决方案。

2. ZXONE 8700 CX31

ZXONE 8700 CX31 设备结构如图 9－24 所示，是面向 100G 的新一代大容量 OTN 波分交叉设备，其主要功能亮点见表 9－31。

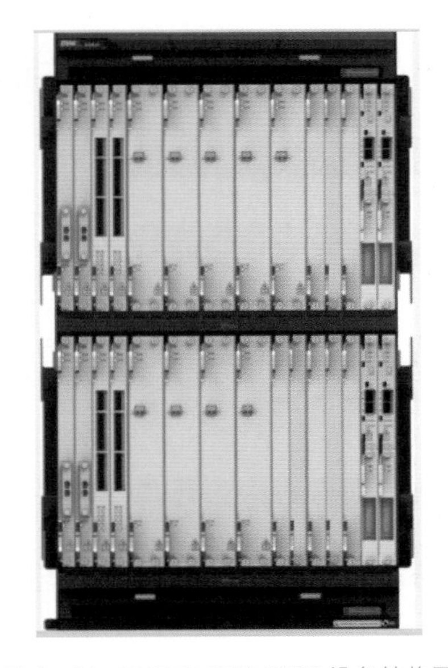

图 9－24 ZXONE 8700 CX31 设备结构图

表 9－31 **ZXONE 8700 CX31 系列主要功能亮点**

设备关键参数	功 能 亮 点
机框	2.8Tbit/s 集中式交叉容量，28 个 100G 业务槽位，6 个交叉槽位
接口	1. 10Gbit/s、40Gbit/s、100Gbit/s DWDM； 2. GE、10GE、100GE plus FC 1G/4G/8G/10G； 3. 线路 OTH ODUk 从 OTU2 到 OTU4，以及 SDH 从 STM－1 到 STM－256； 4. 扩展保护 SDH/SONET 到 OTH 转换

续表

设备关键参数	功　能　亮　点
业务	以太网、OTN、数据中心和SONET/SDH板卡
组网	1. OTN和SDH/SONET交叉； 2. 通用交叉提供充分的灵活性和可扩展性； 3. 无阻塞ODU*k*，SDH/SONET交叉和保护； 4. 无带宽限制； 5. 按需扩展； 6. 跨越光层和电层的多域网络（MRN）ASON-GMPLS控制平面
功耗	−48V DC/−60V DC；功耗小于2W/Gbit/s

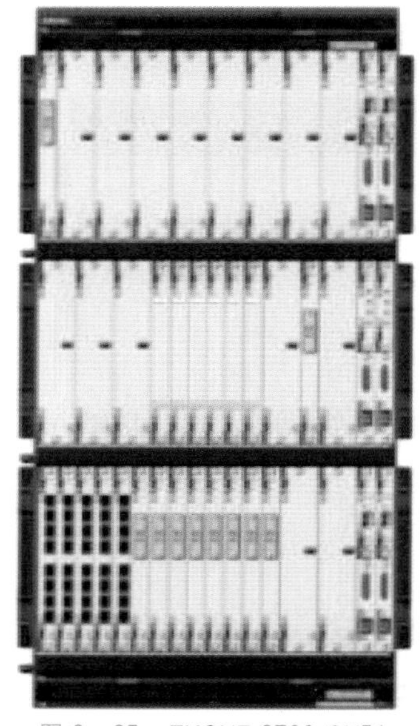

图9-25　ZXONE 8700 CX51设备结构图

（1）适用场景：ZXONE 8700 CX31设备交叉容量为2.8T，可充分满足100G高速OTN传输网络核心节点的交叉调度需求；主要应用于骨干核心节点，能够满足80×100G OTN骨干网络大容量、全业务颗粒、多方向的交叉调度需求。

（2）是否支持智能调度：支持智能调度功能。

（3）是否支持智慧光纤：支持智慧光纤功能。

（4）是否支持OTDR功能：支持OTDR功能。

（5）小结：ZXONE 8700 CX31设备支持ODU0/1/2/2e/3/4/flex全颗粒大容量交叉调度。可以组建完整的OTN端到端网络，可为用户提供高带宽、大容量的智能OTN解决方案。

3. ZXONE 8700 CX51

ZXONE 8700 CX51设备结构如图9-25所示，是面向100G的新一代大容量OTN波分交叉设备。其主要功能亮点见表9-32。

表9-32　　ZXONE 8700 CX51主要功能亮点

设备关键参数	功　能　亮　点
机框	3.2Tbit/s集中式交叉容量，32个100G业务槽位，6个交叉槽位
接口	1. 10Gbit/s、40Gbit/s、100Gbit/s DWDM； 2. GE、10GE、100GE plus FC 1/4/8/10Gbit/s； 3. 线路OTH ODU*k*从OTU2到OTU4，以及SDH从STM-1到STM-256； 4. 扩展保护SDH/SONET到OTH转换
业务	以太网、OTN、数据中心和SONET/SDH板卡

续表

设备关键参数	功　能　亮　点
组网	1. OTN 和 SDH/SONET 交叉； 2. 通用交叉提供充分的灵活性和可扩展性； 3. 无阻塞 ODU*k*、SDH/SONET 交叉和保护； 4. 无带宽限制； 5. 按需扩展； 6. 跨越光层和电层的多域网络（MRN）ASON－GMPLS 控制平面
功耗	－48V DC/－60V DC；功耗小于 2W/(Gbit/s)

(1) 适用场景：ZXONE 8700 CX51 交叉容量为 3.2T，可充分满足 100G 高速 OTN 传输网络核心节点的交叉调度需求；主要应用于骨干核心节点，能够满足 80×100G OTN 骨干网络大容量、全业务颗粒、多方向的交叉调度需求。

(2) 是否支持智能调度：支持智能调度功能。

(3) 是否支持智慧光纤：支持智慧光纤功能。

(4) 是否支持 OTDR 功能：支持 OTDR 功能。

(5) 小结：ZXONE 8700 CX51 设备支持 ODU0/1/2/2e/3/4/flex 全颗粒大容量交叉调度。可以组建完整的 OTN 端到端网络，可为用户提供高带宽、大容量的智能 OTN 解决方案。

4. ZXONE 8700 CX71

ZXONE 8700 CX71 设备结构如图 9－26 所示，是面向 100G 的新一代大容量 OTN 波分交叉设备。其主要功能亮点见表 9－33。

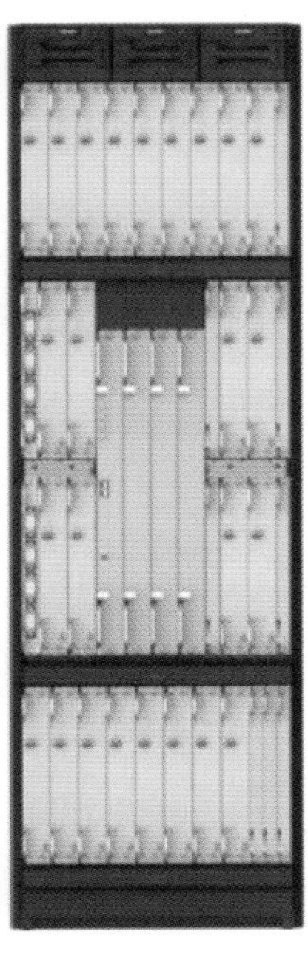

图 9－26　ZXONE 8700 CX71 设备结构图

表 9－33　**ZXONE 8700 CX71** 系列主要功能亮点

设备关键参数	功　能　亮　点
机框	9.4Tbit/s 集中式交叉容量，94 个 100G 业务槽位，6 个交叉槽位
接口	1. 10Gbit/s、40Gbit/s、100Gbit/s DWDM； 2. GE、10GE、100GE plus FC 1G/4G/8G/10G； 3. 线路 OTH ODU*k* 从 OTU2 到 OTU4，以及 SDH 从 STM－1 到 STM－256； 4. 扩展保护 SDH/SONET 到 OTH 转换

续表

设备关键参数	功　能　亮　点
业务	以太网、OTN、数据中心和 SONET/SDH 板卡
组网	1. OTN 和 SDH/SONET 交叉； 2. 通用交叉提供充分的灵活性和可扩展性； 3. 无阻塞 ODUk，SDH/SONET 交叉和保护； 4. 无带宽限制； 5. 按需扩展； 6. 跨越光层和电层的多域网络（MRN）ASON - GMPLS 控制平面
功耗	－48V DC/－60V DC；功耗小于 2W/(Gbit/s)

（1）适用场景：ZXONE 8700 CX71 交叉容量 9.4T，可充分满足 100G 高速 OTN 传输网络核心节点的交叉调度需求；主要应用于骨干核心节点，能够满足 80×100G OTN 骨干网络大容量、全业务颗粒、多方向的交叉调度需求。

（2）是否支持智能调度：支持智能调度功能。

（3）是否支持智慧光纤：支持智慧光纤功能。

（4）是否支持 OTDR 功能：支持 OTDR 功能。

（5）小结：ZXONE 8700 CX71 设备支持 ODU0/1/2/2e/3/4/flex 全颗粒大容量交叉调度。可以组建完整的 OTN 端到端网络，可为用户提供高带宽、大容量的智能 OTN 解决方案。

9.3.3　各设备同级比选表

（1）光子框对比见表 9 - 34。

表 9 - 34　　光子框对比表

型　号　参　数	ZXMP M721 DX62	NX41
图片		
高(H)×宽(W)×深(D)/mm	89×442×238	447×535×275
高度/业务槽位数	2U/8 或 6	10U/28
是否支持光交叉及光交叉能力	支持、9 维基于 WSS 的 T&ROADM	支持、9 维基于 WSS 的 T&ROADM

续表

型号参数		ZXMP M721 DX62	NX41
业务板			
1. 线路侧 100G，支路侧 10G 业务板	线路侧 100G 端口数量	1	1
	支路侧 10G 端口数量	10	10
2. 线路侧 10G，支路侧 10G 业务板	线路侧 10G 端口数量	2	2
	支路侧 10G 端口数量	2	2
3. 线路侧 10G，支路侧 2.5G 及以下业务板	线路侧 10G 端口数量	2	2
	支路侧 2.5G 及以下端口数量	8	8
光放板			
1	BA	输出功率 17dBm、20dBm	输出功率 17dBm、20dBm、24dBm、26dBm
2	PA	增益 17dB、22dB、27dB	增益 18dB、22dB、25dB、31dB
3	RFA	无	增益 5dB，增益 10dB
出线方式	尾纤	LC	LC
	any 混合业务	LC&RJ45	LC&RJ45
子框扩展			
“1+1”备份		主控、电源	主控、电源
最大电流		7A	50A
最大功耗		500W	1071W
电源接入特点		DC-48V，7A 1+1	DC-48V，50A 1+1
特点特色		2-4 个方向	4 方向及以上

（2）电子框对比见表 9-35。

（3）线路侧板卡对比见表 9-36。

（4）支路侧板卡对比见表 9-37。

（5）ROADM 配置对比见表 9-38。

表9-35 电子框对比表

型号参数		ZXMP M721 CX66A	ZXONE 9700 S1	ZXONE 9700 S2	ZXONE 9700 S3	ZXONE 9700 S6	ZXONE 8700 CX21	ZXONE 8700 CX31	ZXONE 8700 CX51	ZXONE 8700 CX71
图片										
高(H)×宽(W)×深(D)/mm		264×442×240	530.6×482.6×286.8	1108.4×533×287.1	1822×533×314.6	1822×533×639	447×535×275	897×535×275	1347×535×275	1797×533×547
高度/业务槽位数		6U/15	12U/11	25U/23	40U/36	40U/72	10U/14	20U/28	30U/32	40U/94
背板带宽/槽位数		100Gbit/s 14槽位	400Gbit/s 11槽位	400Gbit/s 23槽位	400Gbit/s 36槽位	400Gbit/s 72槽位	100Gbit/s 14槽位	100Gbit/s 28槽位	100Gbit/s 32槽位	100Gbit/s 94槽位
OTN交叉容量		1T	4.4T	9.2T	14.4T	28.8T	1.4T	2.8T	3.2T	9.4T
线路板单槽位最大接口波数量	100G	1	4	4	4	4	1	1	1	1
	单板占用槽位数量	1	1	1	1	1	1	1	1	1
	10G	4	12	12	12	12	8	8	8	8

续表

型号参数		ZXMP M721 CX66A	ZXONE 9700 S1	ZXONE 9700 S2	ZXONE 9700 S3	ZXONE 9700 S6	ZXONE 8700 CX21	ZXONE 8700 CX31	ZXONE 8700 CX51	ZXONE 8700 CX71
支路板单槽位最大接口数量	2.5G 及以下	8	16	16	16	16	16	16	16	16
	10G	4	20	20	20	20	8	8	8	8
	其他混合业务	8	16	16	16	16	16	16	16	16
线路保护方式		通道“1+1”，复用段“1+1”	通道“1+1”，复用段“1+1”	通道“1+1”，复用段“1+1”	通道“1+1”，复用段“1+1”	通道“1+1”，复用段“1+1”	通道“1+1”，复用段“1+1”	通道“1+1”，复用段“1+1”	通道“1+1”，复用段“1+1”	通道“1+1”，复用段“1+1”
支路保护方式		ODUK“1+1”	ODUK“1+1”	ODUK“1+1”	ODUK“1+1”	ODUK“1+1”	ODUK“1+1”	ODUK“1+1”	ODUK“1+1”	ODUK“1+1”
出线方式	尾纤	LC	LC	LC	LC	LC	LC	LC	LC	LC
	其他混合业务	LC&RJ45	LC&RJ45	LC&RJ45	LC&RJ45	LC&RJ45	LC&RJ45	LC&RJ45	LC&RJ45	LC&RJ45
子框扩展		支持	支持	支持	支持	支持	支持	支持	支持	支持
“1+1”或 M+N 备份		主控，交叉，电源	主控，交叉，电源	主控，交叉，电源	主控，交叉，电源	主控，交叉，电源	主控，交叉，电源	主控，交叉，电源	主控，交叉，电源	主控，交叉，电源
最大电流/A		30	60	100	150	300	40	70	100	30
最大功耗/W		1500	2500	5000	7500	15000	1600	3500	5100	15000
电源接入特点		DC-48V 32A，“1+1”	DC-48V 63A，“1+1”	DC-48V 63A×3，“1+1”	DC-48V 63A×5，“1+1”	DC-48V，63A×9，“1+1”	DC-48V 50A，“1+1”	DC-48V，50A×3，“1+1”	DC-48V，50A×3，“1+1”	DC-48V，50A×8，“1+1”
特点特色		末端节点	接入节点/汇聚节点	汇聚节点/核心节点		不推荐	扩容末接入层	扩容汇聚层	扩容核心层	不推荐

表9-36　线路侧板卡对比表

序号	板卡名称	型号	基本描述	占用槽位数	适用于子框型号
1	单路100G线路板Q型（N-CFP2（D，100G））	N3M1L4Qx1（N-CFP2（D，100G））	通信配件，OTN设备板卡，OTU4，1口	1	M721 CX66A
2	Ⅴ型1×100G线路板（N-CFP，S）	N5L4Kx1（N-CFP，S）	通信配件，OTN设备板卡，OTU4，1口	1	9700 S1 S2 S3 S6
3	Ⅴ型100G线路板（SD）	N5L4Lx1（SD）	通信配件，OTN设备板卡，OTU4，1口	1	9700 S1 S2 S3 S6
4	Ⅳ型100G线路板	N4LS4（No CFP）	通信配件，OTN设备板卡，OTU4，2口	1	8700 CX21 CX31 CX51 CX71
5	Ⅴ型2×100G线路板（N-CFP，S）	N5L4Kx2（N-CFP，S）	通信配件，OTN设备板卡，OTU4，2口	1	9700 S1 S2 S3 S6
6	Ⅴ型双路固定模块100G线路板（SD，S）	N5L4Lx2（SD，S）	通信配件，OTN设备板卡，OTU4，3口	1	9700 S1 S2 S3 S6
7	Ⅴ型4×100G线路板（N-DCFP2）	N5L4Kx4（N-DCFP2）	通信配件，OTN设备板卡，OTU4，4口	1	9700 S1 S2 S3 S6
8	4路10G线路板Q型（N-DWDM XFP）	N3M1L2Qx4（N-DWDM XFP）	通信配件，OTN设备板卡，OTU2，4口	1	M721 CX66A
9	Ⅳ型4路10G线路侧接口板	N4M3LQ2（Line，Fbb3&Fbc3，N-XFP，ESC）	通信配件，OTN设备板卡，OTU2，4口	1	8700 CX21 CX31 CX51 CX71
10	Ⅴ型4×10G线路板（N-XFP）	N5L2Kx4（N-XFP）	通信配件，OTN设备板卡，OTU2，4口	1	9700 S1 S2 S3 S6
11	Ⅳ型8路10G线路侧接口板	N4M3LO2（Line，Fbb3&Fbc3，N-XFP，ESC）	通信配件，OTN设备板卡，OTU2，8口	1	8700 CX21 CX31 CX51 CX71
12	Ⅴ型8×10G线路板（N-XFP）	N5L2Kx8（N-XFP）	通信配件，OTN设备板卡，OTU2，8口	1	9700 S1 S2 S3 S6
13	Ⅴ型12×10G线路板（N-XFP）	N5L2Kx12（N-XFP）	通信配件，OTN设备板卡，OTU2，12口	1	9700 S1 S2 S3 S6

表 9-37 支路侧板卡对比表

序号	板卡名称	型号	基本描述	占用槽位数	适用于子框型号
1	Ⅳ型 100G 客户板（No，CFP）	N4M5CS4（No CFP）	通信配件，OTN 设备板卡，100G 业务板卡，1 口	1	8700 CX21 CX31 CX51 CX71
2	Ⅴ型 1×100G 客户板（N-CFP，S）	N5C4Kx1（N-CFP）	通信配件，OTN 设备板卡，100G 业务板卡，1 口	1	8700 CX21 CX31 CX51 CX71
3	Ⅴ型 2×100G 客户板（N-CFP，S）	N5C4Kx2（N-CFP）	通信配件，OTN 设备板卡，100G 业务板卡，2 口	1	9700 S1 S2 S3 S6
4	Ⅴ型 4×100G 客户板（N-CFP2，S）	N5C4Lx4（N-CFP2）	通信配件，OTN 设备板卡，100G 业务板卡，2 口	1	9700 S1 S2 S3 S6
5	4 路 10G 客户板 Q 型（N-XFP）	N3M1C2Qx4（N-XFP）	通信配件，OTN 设备板卡，10G/10GE 业务板卡，4 口	1	M721 CX66A
6	Ⅳ型 4 路 10G 客户侧接口板	N4M3CQ2（Client，N-XFP，10G Any，FC800）	通信配件，OTN 设备板卡，10G/10GE 业务板卡，4 口	1	8700 CX21 CX31 CX51 CX71
7	Ⅴ型 4×10G 客户板（N-XFP）	N5C2Kx4（N-XFP）	通信配件，OTN 设备板卡，10G/10GE 业务板卡，4 口	1	9700 S1 S2 S3 S6
8	Ⅳ型 8 路 10G 客户侧接口板	N4M3CO2（Client，N-XFP，10G Any，FC800）	通信配件，OTN 设备板卡，10G/10GE 业务板卡，8 口	1	8700 CX21 CX31 CX51 CX71
9	Ⅴ型 8×10G 客户板（N-XFP）	N5C2Kx8（N-XFP）	通信配件，OTN 设备板卡，10G/10GE 业务板卡，8 口	1	9700 S1 S2 S3 S6
10	Ⅴ型 10×10G 客户板（N-XFP）	N5C2Kx10（N-XFP）	通信配件，OTN 设备板卡，10G/10GE 业务板卡，10 口	1	9700 S1 S2 S3 S6
11	Ⅴ型 12×10G 客户板（N-XFP）	N5C2Kx12（N-XFP）	通信配件，OTN 设备板卡，10G/10GE 业务板卡，12 口	1	9700 S1 S2 S3 S6
12	Ⅴ型 20×10G 客户板（N-SFP+）	N5C2Kx20（N-SFP+）	通信配件，OTN 设备板卡，10G/10GE 业务板卡，20 口	1	9700 S1 S2 S3 S6
13	Ⅳ型 16 路多业务客户侧接入单板	N4M3CH1（Client，N-SFP，M）	通信配件，OTN 设备板卡，2.5G 及以下业务板卡，16 口	1	8700 CX21 CX31 CX51 CX71
14	Ⅴ型 16×子速率客户板（N-SFP）	N5C1Kx16（N-SFP）	通信配件，OTN 设备板卡，2.5G 及以下业务板卡，16 口	1	9700 S1 S2 S3 S6

表9-38 ROADM配置对比表

序号	设备类型	厂家对应板卡型号	可使用设备	所占槽位数	功率	备注
1	OXC	OXA32	OX42	1	60	必配
		OXL32	OX42	1	42	配置比较多的是只带WSS的OXL32(W,CE,N,N)，其他是否带OSC、OTDR等根据项目定
		OXCL32(M)/OXCL32S(S)	OX42	1	0	必配
		OXM32	OX42	1	15	必配
		OXT32/OXT32S	OX42	1	0	必配
		CCPO	OX42	1	33	必配
2	CDC-ROADM	WSUBA9P9D	ZXONE 9700	2(全高)	23	
		WSUBT20D	ZXONE 9700	2(全高)	28	
		MSU(B)	ZXONE 9700	3(全高)	48.5	受控配置
		OMU16	ZXONE 9700	1(全高)	12.7	
		PDUB16	ZXONE 9700	1(全高)	12.7	
3	CD-ROADM	WSUBA9P9D	ZXONE 9700	2(全高)	23	
		WSUBT20D	ZXONE 9700	2(全高)	28	
		OMU16	ZXONE 9700	1(全高)	12.7	
		PDUB16	ZXONE 9700	1(全高)	12.7	
4	D-ROADM	WSUBA9P9D	ZXONE 9700	2(全高)	23	
		WSUBT20D	ZXONE 9700	2(全高)	28	
		OMU40(C)	ZXONE 9700	2(全高)	13.2	
		OMU40(C+)	ZXONE 9700	2(全高)	13.2	
		ODU40(C)	ZXONE 9700	2(全高)	13.2	
		ODU40(C+)	ZXONE 9700	2(全高)	13.2	
5	ROADM	无该类产品				

第 10 章

电力 OTN 网络设计范例

本章选择 SN1－1 模型，以某地市为例，按“省地一体，逻辑分层”原则的分层结构为例，说明如何利用第 8 章 OTN 网络架构设计方法进行电力 OTN 网络设计，并依据国网公司采购模型进行设备匹配及采购编码选择。本章提供电力 OTN 网络全过程设计示例，可供学习参考。

10.1 承载业务确认

根据第 8 章电力 OTN 专网架构设计方案填写示例模型网络业务需求表（表 10－1），梳理网络区域内所有业务流向及其带宽，对区域内未来新业务带宽需求及

表 10－1　示例业务需求表

所在地区	业务属性	起点	终点	路由属性	接口类型	实际带宽
地市公司 1	数据通信网省公司骨干网	地市公司 1	省公司 1	主用路由	GE	1000M
				复用波段保护	GE	1000M
		地市公司 1	省公司 2	主用路由	GE	1000M
				复用波段保护	GE	1000M
		⋮	⋮	主用路由		
				复用波段保护		
	数据通信网地市接入网	地市公司 1	J 点	主用路由	10GE	10G
				复用波段保护	10GE	10G
		N 点	地市公司 1	主用路由	GE	1000M
				复用波段保护	GE	1000M
		⋮	⋮	主用路由		
				复用波段保护		
		⋮	⋮	⋮	⋮	

其流向进行预测，确保涵盖所有拟采用 OTN 网络承载的业务。

10.2　网络初步估算

采用电力传输网带宽预测方法来预测某省带宽需求，确定建设 OTN 必要性，初步选择各子网布点。

10.3　OTN 拓扑及分层确定

依据第 8 章内容，确定节点、确定链路、进行网络分层分析确定分层方案，经过覆盖校验、业务校验、光缆校验及供电分区匹配校验后，确定最终拓扑图。拓扑图确认过程，可根据实际业务、节点及链路需求调整网络拓扑，具体网络构建本书不再进行详细描述。

10.4　OTN 设备选型

10.4.1　典型范例网络定位

10.4.1.1　示例选择说明

综合来看，省地逻辑分层的网络分层结构较为复杂，且网络设计方案涵盖三种不同分层方式，本示例以省地逻辑分层模式举例，其余三种可参照执行。本示例网络在逻辑上将网络分为一张省级骨干层网络和若干地市接入层网络，分别计算业务带宽需求并安排波道，将省级骨干网与地市接入网进行流量叠加得到本示例网络（图 10-1）。

10.4.1.2　省级骨干层站点选择

省级逻辑骨干层网络承担数据通信网、调度数据网核心层及汇聚层业务至省公司及省公司第二汇聚点传输通道，站点选择应考虑以下方面：

（1）业务承载需求。根据业务流向及带宽需求，国网公司省公司业务流量大的站点主要集中在数据网核心汇聚节点，带宽需求将达到 100M 或 1000M 级别。此类带宽需求量大，且流向相对集中，需通过 OTN 骨干层网络进行承载，涉及站点包括：省公司本部、省调备调、省公司通信第二汇聚点及地市公司本部、地调备调、地市公司通信第二汇聚点、业务核心节点等。

（2）跨区域业务传送需求。为保证业务在核心汇聚节点间传输，根据组网需要，需设置跨区域业务传输节点，如图 10-1 中的 C、D、E、F、G、U 节点及地

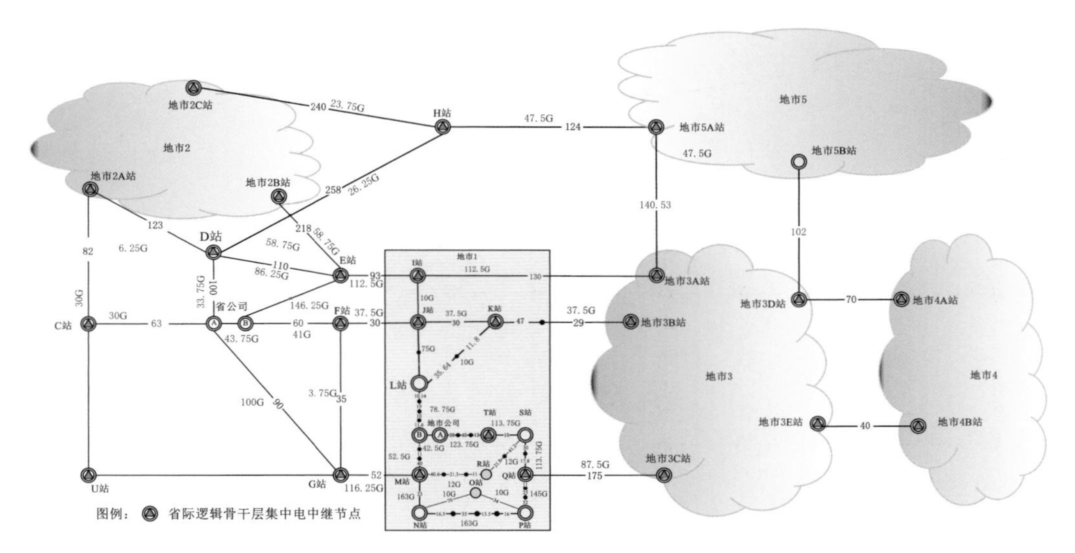

图 10－1　本次示例 OTN 网络图

市连接点如：图 10－1 中的地市 1 中 I、J、M、K、Q 站点，地市 2 中 A、B、C 站点，地市 3 中 A、B、C、D、E 站点，地市 4 中 A、B 站点，地市 5 中 A、B 站点。

（3）远距离传输和非站站电中继需求。省级骨干层网络承载业务多为远距离传输，为避免逐站电中继，减少线路侧板卡数量，控制设备平台规模，需选择部分节点作为省级骨干层网络的集中电中继站点。集中电中继节点的选择需考虑 OTN 系统串通能力。本示例选择在地市连接节点、跨区域连接点和超长距跨段节点进行集中电中继，可减少省级骨干层集中电中继节点数量。

（4）光缆架构限制。本示例省公司、省备调、地市公司均为省级骨干层业务中心站点，这些站点均位于城市城区，出城光缆路由及纤芯资源受限，设计时需依托现有光缆架构选择合适节点出城，实现光缆资源最优利用。

依据以上各项需求及考虑因素，对示例网络进行省级骨干层网络提取，可确定省级骨干层网络拓扑（图 10－2）。

10.4.1.3　地市接入层站点选择

地市接入层网络根据业务需求，应具备独立成网的能力，且每个地市接入层网络需具备至少 2 条链路与其他区域互联，具备至少 2 条通道至省公司及省公司第二汇聚节点。地市接入层业务有既有大颗粒业务，又存在多样化小颗粒度业务，其网络设计则需考虑以下方面：

（1）业务承载需求。地市接入层网络主要用于承载地市数据通信网、调度数据网及部分专线业务。这三类业务在地市内具有汇聚性，根据业务流向及带宽需求，大颗粒业务主要集中在地市业务汇聚节点，涉及站点包括：各地市公司；地市公司第二汇聚点、地市公司汇聚点；需部署 OTN 设备承载汇聚型大颗粒业务。

各地市区域内存在不少业务流向相对简单，但业务容量需求较大的站点，如配

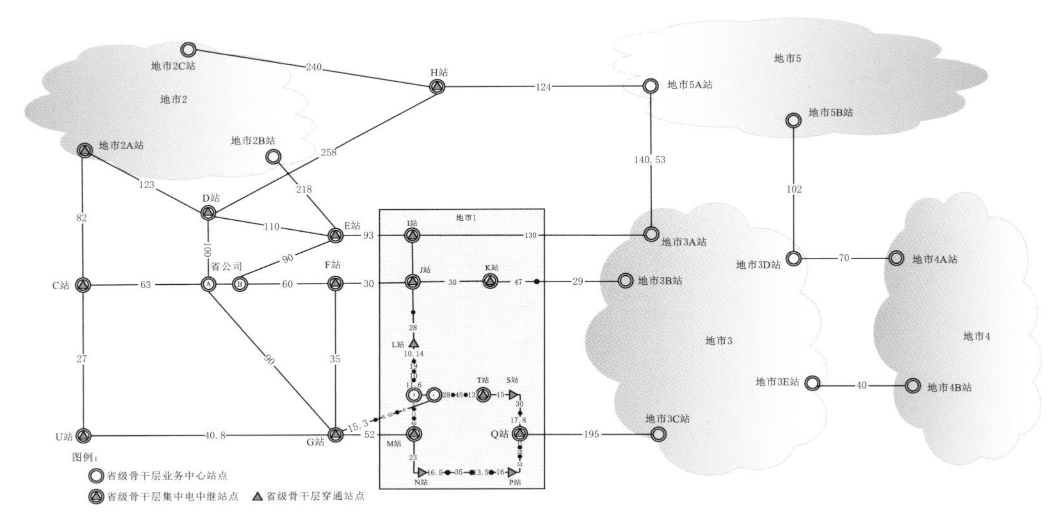

图 10-2　省级逻辑骨干层

电网中心、大型办公区、数据中心、集控站等，此类节点为地市内网络和数据中心节点，需部署 OTN 设备承载大容量业务。

部分地市区域内的风电汇集站具有接入点多，带宽需求大，业务流向单一等特点，需考虑采用 OTN 设备对接入业务进行汇聚、传输。

（2）组网及远距离传输需求。为了确保各地市 OTN 具备独立成网的能力，需在部分站点部署 OTN 设备，构建坚强地市 OTN 接入层网络。

地市内部分区段传输距离较远，且不具备部署电层设备进行电中继的条件，需在该区段中间部署线放设备，实现 OTN 的远距离传输。

（3）一次分区供电和光缆架构限制。新型电力系统中省（地）级电网内部分区供电，地市公司属地区域内结合电网主网架供电分区、配电网供电网格，进一步归集供电区、网格间联络光缆。在地市接入层网络设计时，需根据一次供电分区，以光缆为导向，结合各分区内业务承载需求，在各供电分区内均衡部署 OTN 设备，在保证网络安全可靠性的前提下，适当减少跨区域链路，逐渐将网络向供电分区内组网方式演进，网络向区域化，小型化发展。

依据以上各项需求及考虑因素，对本示例地市接入层骨干层网络进行设计，某地市接入层网络拓扑如图 10-3 所示。

10.4.1.4　省地一体 OTN 网络

根据省级骨干层和地市接入层网络站点的选择，依据第 7 章内容，对网络进行业务覆盖校验、供电分区匹配度校验、承载光缆可靠性校验、业务均衡校验，即可得最终的 OTN 网络拓扑，如图 10-4 所示。

拓扑图确认过程可根据各地对各业务、节点及链路的需求调整自己的网络拓扑，由于此部分个性化因素较多，故不对此部分举例。

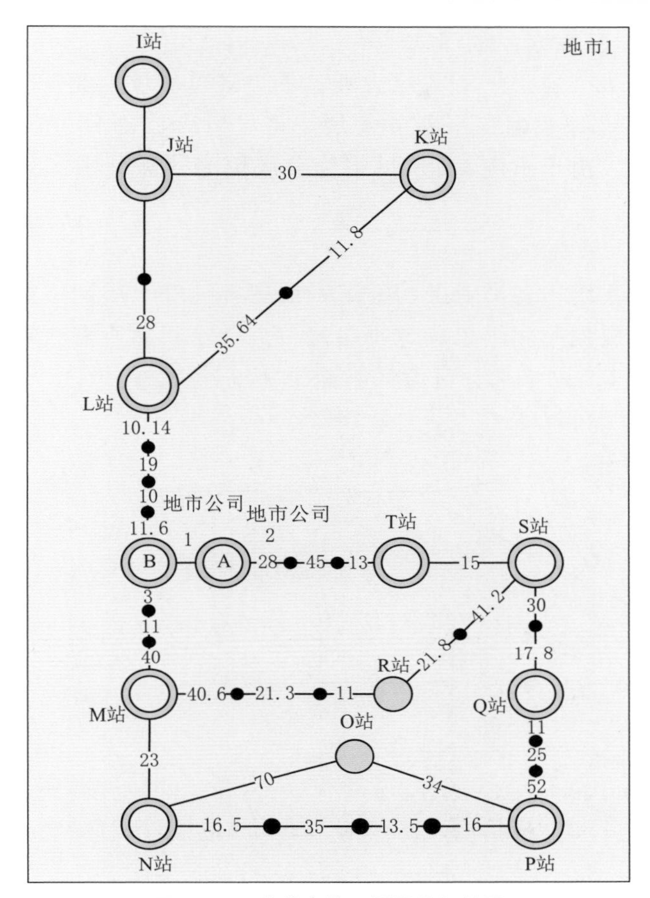

图 10-3　某地市接入层网络拓扑图

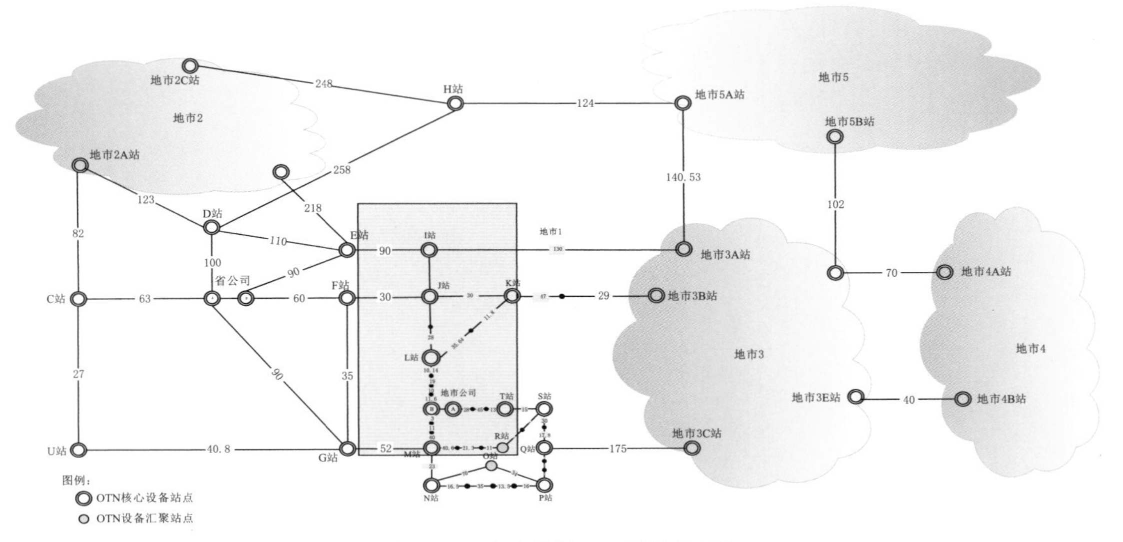

图 10-4　本次示例 OTN 网络拓扑图

10.4.1.5　统计各层传输断面带宽

根据业务需求表（表10-1），结合业务的方式可靠性、业务的要求，对同一断面业务进行归集。统筹考虑未来业务发展，将可以合波部分可安排在同一波道输出，节约波道资源。由于示例OTN网络为分层网络，需分别统计跨省业务和地市内业务的带宽。

1. 省级骨干层断面带宽

根据新型电力系统中各类业务的需求，梳理省级骨干层网络业务，并对同一断面业务进行归集，根据归集结果确定每层每一个传输断面所需波道。图10-5为本示例省级骨干层OTN网络部分区段的断面带宽统计图。

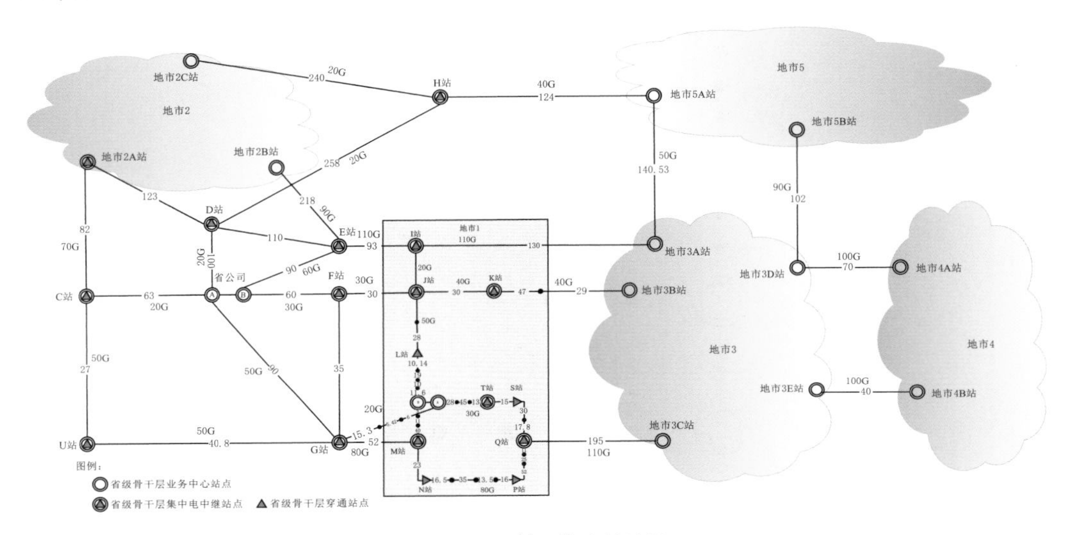

图10-5　断面带宽统计图

根据图10-5确定各分层断面带宽统计（节选部分断面）见表10-2。

表10-2　　省级分层断面带宽统计表

序　号	断　面　名　称	带宽/G	备　注
1	省公司A-C站	20	
2	省公司A-D站	20	
3	省公司A-G站	50	
4	省公司B-E站	60	
5	省公司B-F站	30	
6	C站-U站	50	
7	C站-地市2A站	70	
8	D站-地市2H站	20	

续表

序 号	断 面 名 称	带宽/G	备 注
9	E站-I站	110	
10	E站-地市2 B站	90	
11	F站-J站	30	
12	G站-U站	50	
13	G站-M站	80	
14	G站-地市1局B	20	
15	H站-地市2 C站	20	
16	H站-地市5 A站	40	
17	I站-地市3 B站	110	
18	I站-J站	20	
19	J站-K站	40	
20	J站-地市1局B	50	
21	K站-地市3 B站	40	
22	M站-Q站	80	
23	地市1局A-T站	30	
24	T站-Q站	30	
25	Q站-地市3 C站	110	
26	地市3 E站-地市4 B站	100	
27	地市3 D站-地市4 A站	100	
28	地市3 A站—地市5 A站	50	
29	地市3 D站-地市5 B站	90	

根据业务加载及断面预测结果可知，省级带宽考虑远期预留，带宽约为150G，考虑板卡冗余及10G波道安全可靠性需求。省级带宽按照其中省级骨干层开通2波100G加10波10G波长（其中10G为主用波道，100G为复用波段保护波道），2块板卡是考虑待100G技术抗雷击技术成熟，利用2块100G板卡分担承载业务。地市部分，本期带宽核心带宽预测在20～100G之间，考虑未来增长与业务分担，及现有主流设备板卡类型，骨干层按20×10G波配置。

2. 地市接入层带宽

根据确定的断面带宽，对每个节点进行线路侧波道统计。

（1）省级部分节点。省级逻辑骨干层各节点波道统计表，见表10-3。

表10-3　　省级逻辑骨干层各节点波道统计表

序号	业务方向	省公司A		省公司B		C站		D站		E站	
		10G	100G	10G	100G	10G	100G	10G	100G	10G	100G
1	省公司A			10	2	10	2	10	2		
2	省公司B	10	2							10	2
3	C站	10	2								
4	D站	10	2							10	2
5	E站			10	2			10	2		
6	F站			10	2						
7	G站	10	2								
8	H站							10	2		
9	M站										
10	I站									10	2
11	J站										
12	K站										
13	地市1A										
14	地市1B										
15	Q站										
16	T站										
17	地市2-A站					10	2	10	2		
18	地市2-C站									10	2
19	地市2-B站										
20	地市3-A站										
21	地市3-B站										
22	地市3-C站										
23	地市5-A站										
24	波长数合计	40	8	30	6	20	4	40	8	40	8

续表

序号	业务方向	F站		G站		H站		I站		J站	
		10G	100G	10G	100G	10G	100G	10G	100G	10G	100G
1	省公司A			10	2						
2	省公司B	10	2								
3	C站										
4	D站					10	2				
5	E站							10	2		
6	F站			10	2					10	2
7	G站	10	2								
8	H站										
9	M站			10	2						
10	I站									10	2
11	J站	10	2					10	2		
12	K站									10	2
13	地市1A										
14	地市1B									10	2
15	Q站										
16	T站										
17	地市2-A站										
18	地市2-C站										
19	地市2-B站					10	2				
20	地市3-A站							10	2		
21	地市3-B站										
22	地市3-C站										
23	地市5-A站					10	2				
24	波长数合计	30	6	30	6	30	6	30	6	40	8

续表

序号	业务方向	K 站		地市 1A		地市 1B		M 站		Q 站		T 站	
		10G	100G	10G	100G	10G	100G	10G	100G	10G	100G	10G	100G
1	省公司 A												
2	省公司 B												
3	C 站												
4	D 站												
5	E 站												
6	F 站												
7	G 站							10	2				
8	H 站												
9	M 站					10	2			10	2		
10	I 站												
11	J 站	10	2			10	2						
12	K 站												
13	地市 1A					10	2					10	2
14	地市 1B			10	2			10	2				
15	Q 站							10	2			10	2
16	T 站			10	2					10	2		
17	地市 2 - A 站												
18	地市 2 - C 站												
19	地市 2 - B 站												
20	地市 3 - A 站												
21	地市 3 - B 站	10	2										
22	地市 3 - C 站									10	2		
23	地市 5 - A 站												
24	波长数合计	20	4	20	4	30	6	30	6	30	6	20	4

（2）地市节点波长数。地市逻辑骨干层各节点波道统计见表 10－4。

表 10－4　　地市逻辑骨干层各节点波道统计表

序号	业务方向	地市1A	地市1B	I站	J站	K站	L站	M站	N站	O站	P站	Q站	R站	S站	T站
		10G	10G	10G	10G	10G	10G	10G	10G	10G	10G	10G	10G	10G	10G
1	地市 1A		20												20
1	地市 1B	20					20	20							
2	I 站				20										
3	J 站			20		20	20								
4	K 站				20		20								
5	L 站		20		20	20									
6	M 站		20						20				20		
7	N 站							20		20	20				
8	O 站								20		20				
9	T 站	20													
10	S 站											20			20
11	R 站							20					20	20	
12	Q 站										20			20	
13	P 站								20	20		20		20	
21	波长数合计	40	60	20	60	40	60	60	60	40	60	40	40	60	40

（3）各节点波长数。结合表 10－3、表 10－4，省地一体 OTN 网络各节点波道统计见表 10－5。

表 10－5　　省地一体 OTN 网络各节点波道统计表

序号	站点名称	省级逻辑骨干层		地市逻辑骨干层	备注
		10G	100G	10G	
1	省公司 A	40	8		
2	省公司 B	30	6		
3	C 站	20	4		
4	D 站	40	8		
5	E 站	40	8		
6	F 站	30	6		
7	G 站	30	6		
8	H 站	30	6		
9	I 站	30	6	20	
10	J 站	40	8	60	
11	K 站	20	4	40	
12	地市 1A	20	4	40	

续表

序号	站点名称	省级逻辑骨干层		地市逻辑骨干层	备注
		10G	100G	10G	
13	地市1B	30	6	60	
14	M站	30	6	60	
15	Q站	30	6	40	
16	T站	20	4	40	
17	L站			60	
18	N站			60	
19	O站			40	
20	P站			60	
21	R站			40	
22	S站			60	

10.4.2　各节点设备板卡配置

某省公司OTN网络根据各节点开通波长数和主流品牌特性选择线路侧板卡。目前各主流品牌设备100G线路板有1口、2口和4口板可选，10G线路板卡有4口、8口、10口和20口可选，本期100G线路板选择2光口板卡，10G线路板选择10光口板卡。

根据各站点所处网络层次，业务需求，以及可靠性要求，配置客户侧板卡及模块。省公司各类业务在此汇聚，上下波长多，考虑到主流品牌设备槽位数量，省公司每套设备配置20口10G业务板卡2块、10口10G业务板卡2块、2.5Gbit/s及以下速率业务板卡2块。其他节点每套设备配置10口10G业务板卡2块、10路2.5Gbit/s及以下速率业务板卡2块。

根据以上配置原则可得各站点线路侧、客户侧板卡数量，详见表10－6。

表10－6　　线路侧、客户侧板卡数汇总

序号	站点名称	线路侧板卡		客户侧板卡数		合计
		10G波道数	100G波道数	10G业务板	2.5G及以下业务板	
1	省公司A	4	8	4	2	18
2	省公司B	3	6	4	2	15
3	C站	2	4	2	2	10
4	D站	4	8	2	2	16
5	E站	4	8	2	2	16
6	F站	3	6	2	2	13
7	G站	3	6	2	2	13
8	H站	3	6	2	2	13

续表

序号	站点名称	线路侧板卡		客户侧板卡数		合计
		10G 波道数	100G 波道数	10G 业务板	2.5G 及以下业务板	
9	I 站	5	6	2	2	15
10	J 站	10	8	2	2	22
11	K 站	6	4	2	2	14
12	地市 1A	6	4	2	2	14
13	地市 1B	9	6	2	2	19
14	M 站	9	6	2	2	19
15	Q 站	7	6	2	2	17
16	T 站	6	4	2	2	14
17	L 站	6		2	2	10
18	N 站	6		2	2	10
19	O 站	4		2	2	8
20	P 站	6		2	2	10
21	R 站	4		2	2	8
22	S 站	6		2	2	10

特殊节点的匹配要求如下：

（1）图中 C 点参照之前配置原则，需要配置 1 套大于 1.6T 电交叉的设备和 3 套光层设备。考虑到 C 站点作为多区域业务共用节点，无本地可预见上下业务，仅需对不同方向的业务进行光层调度。因此，在 C 站仅配置 OXC 设备。

（2）图中 J 站点参照之前配置原则，需要配置 1 套 4.8T 电交叉设备和 4 套光层设备。主流品牌设备本期额定负载电流将达 100A 以上，同时需占用 3 面屏柜空间。J 站点作为跨区域业务传输节点，需实现多方向大颗粒业务调度。本示例假定该站点基础资源不足，现有电源负荷大及机房条件不佳，改造难度大。在该站点配置 OXC 设备，减少光层设备占用空间，降低功耗。

根据配置原则，跨区域骨干层每个方向配置开通 2×100G＋10×10G 波长，地市接入层每个方向配置开通 20×10G 波长，J 站点为跨区域骨干层和地市接入层共同网络节点，根据以上原则，如果不考虑波长聚合，仅在 J 节点配置 OXC 设备的情况下，J—F 方向需开通 36 波，J—I、J—K、J—L 等 3 个方向均需开通 76 波。J 站点 3 个方向会因波长叠加出现大于系统 40 波，导致系统波长不够用，形成波长数瓶颈。因此示例工程中，J 站点在配置 OXC 设备的基础上，引入小型电子框，实现波长聚合和波长转换，解决 OXC 系统波长数不足问题。J 站点配置小型电子框＋OXC 设备后，新增负载电流将下降 50%以上，其屏柜空间需求小于 1 面屏柜，效果显著。

10.4.3　设备选型匹配

根据各站点业务板卡数量，兼顾电交叉容量需求和未来扩容需求，省级逻辑骨干层配置设备电层交叉容量小于4.8T，应不小于20槽位；地市逻辑骨干层配置设备电层交叉容量小于1.6T，应不小于10槽位；省级逻辑骨干层与地市逻辑骨干层重合站点设备按就高原则配置。针对诸如J站点，即是省级逻辑骨干层节点，也是地市逻辑骨干层节点，业务方向多，导致业务板卡数量特别多的站点，考虑到主流品牌设备槽位数受限，以及各站点不配置大型设备，选择配置20口高密度板以减少槽位需求。主流品牌设备匹配网络层次见表10-7。

表10-7　主流品牌设备匹配网络层次表

序号	品牌	设备型号	交叉容量	槽位数	适合网络层次
1	华为	OSN 9800 M24	4.8T	24	省级、地市骨干层
2		OptiXtrans E6616	2.8T	16	地市骨干层、地市接入层
3		OSN 9800 P32C/ P32	—		多方向光层调度节点
4	中兴	ZXONE 9700 S2	9.2T	23	省级、地市骨干层
5		ZXONE 9700 S1	4.4T	11	地市骨干层、地市接入层
6		OX42	—	32	多方向光层调度节点
7	诺基亚贝尔	1830 PSS-12X	4.8T	24	省级、地市骨干层
8		1830 PSS-8X	1.6T	8	地市骨干层、地市接入层
9		PSS16 \ PSS32	—	32/14	多方向光层调度节点

10.4.4　节点定义及设备型号匹配

根据前文所述电力OTN专网架构设计方案，对本期节点所处网络层次，以及与主流品牌设备型号进行匹配，具体见表10-8。

表10-8　主流品牌设备型号匹配网络层次表

地区	站点名称	站点属性	理由	设备选型		
				华为	中兴	诺基亚贝尔
省级区域	省公司A/B	业务中心节点（H1）	省调	9800 M24	9700 S2	1830PSS-12X
	C站	组网节点	组网节点+跨区域节点	OSN 9800 P32C(OXC)	OX42(OXC)	PSS16(OXC)
	D站	省公司业务汇聚节点（H2）	业务核心+跨区域节点	9800 M24	9700 S2	1830PSS-12X
	E站	省公司业务汇聚节点（H2）	业务核心+跨区域节点	9800 M24	9700 S2	1830PSS-12X
	F站	电中继节点（H3）	跨区域节点	9800 M24	9700 S2	1830PSS-12X
	G站	电中继节点（H3）	跨区域节点	9800 M24	9700 S2	1830PSS-12X
	H站	电中继节点（H3）	超长距节点	9800 M24	9700 S2	1830PSS-12X

续表

地区	站点名称	站点属性	理由	设备选型		
				华为	中兴	诺基亚贝尔
地市1	地市1A/B站	省公司业务汇聚节点（H2）	地调	9800 M24	9700 S2	1830PSS-12X
	I站	组网节点	电中继+组网节点	9800 M24	9700 S2	1830PSS-12X
	J站	组网节点	组网节点+跨区域节点	E6616+OXC	9700 S1+OXC	1830 PSS-8X+OXC
	K站	电中继节点（H3）	电中继+地市业务汇聚节点	9800 M24	9700 S2	1830PSS-12X
	M站	电中继节点（H3）	业务汇聚节点+跨区域节点	9800 M24	9700 S2	1830PSS-12X
	Q站	电中继节点（H3）	跨区域节点	9800 M24	9700 S2	1830PSS-12X
	T站	省公司业务汇聚节点（H2）	第二汇聚点	9800 M24	9700 S2	1830PSS-12X
	L站	地市业务汇聚节点(J1)+区域增强型节点	业务汇聚+区域补强	E6616	9700 S1	1830 PSS-8X
	N站	地市业务汇聚节点（J1）	业务汇聚节点	E6616	9700 S1	1830 PSS-8X
	O站	地调备调	地调备调	E6616	9700 S1	1830 PSS-8X
	S站	地市业务汇聚节点（J1）	业务汇聚节点	E6616	9700 S1	1830 PSS-8X
	R站	区域增强型节点	区域补强节点	E6616	9700 S1	1830 PSS-8X
	P站	地市业务汇聚节点（J1）	业务汇聚节点	E6616	9700 S1	1830 PSS-8X

10.4.5 光层设备匹配

考虑OTN光层系统可靠性和易维护性，本期为每个光方向配置独立光子框，光子框主控板、电源板，监控板冗余配置，合、分波板支持40波接入。

目前主流品牌内置光路子系统仅支持200km以内的光路开通，大于200km的线路采用外置光路子系统。

根据主流品牌自有光路子系统开通能力，将内置光路子系统（200km以内）方案分为0～150km和150～200km两档，其中0～150km区段光路子系统方案为BA+PA+DCM，150～200km区段光路子系统方案为BA+DRA+PA+DCM，各品牌可根据自有光路子系统特性选择合适参数的光路子系统。

本期E站—地市2B站218km，H站—地市2C站240km，D—H站258km，地市2内某区段200km，各品牌内置光路子系统无法满足光路开通需求，需采用外置光路子系统，外置光路子系统解决方案见表10-9和表10-10。

表10-9　外置光路子系统解决方案1

编号	段落	传输速率	配置方式	光口类型	光缆类型	线路长度/km	光缆衰耗系数/(dB/km)	线路损耗/dB	活接头损耗/dB	衰耗冗余量/dB	极限衰耗/dB	推荐配置	支持衰耗/dB	额外富裕度/dB
1	地市2内某区段	35×10G 2×100G	1+0	OTN	G652	200	0.22	44	1	5	50	VMUX+OA2226+RFA4814+OA2520+DCF120+OA2520	51	1
2	E站-地市2B站	35×10G 2×100G	1+0	OTN	G652	218	0.22	47.96	1	5	53.96	VMUX+DCF40+OA2220+CoRFA4814+RFA4814+OA2520+DCF100+OA2520+DCF40	55	1.04
3	D站-H站	35×10G 2×100G	1+0	OTN	G652	258	0.20	51.6	1	5	57.6	10G OEO+VMUX+DCF40+OA2220+CoRFA12+RFA30+OA2520+DCF100+OA2520+DCF80	60	2.4
4	H站-地市2C站	35×10G 2×100G	1+0	OTN	G652	240	0.22	52.8	1	5	58.8	10G OEO+VMUX+DCF40+OA2220+CoRFA12+RFA30+OA2520+DCF100+OA2520+DCF60	60	1.2

表10-10　外置光路子系统解决方案2

编号	段落	传输速率	配置方式	光口类型	光缆类型	线路长度/km	光缆衰耗系数/(dB/km)	线路损耗/dB	活接头损耗/dB	衰耗冗余量/dB	极限衰耗/dB	推荐配置	支持衰耗/dB	额外富裕度/dB
1	地市2内某区段	35×10G 2×100G	1+0	OTN	G652	200	0.22	44	1	5	50	100G OTNFEC+10G OTNFEC+OTNBA27+OTNDRA20+OTNOPA（双级）+DCM140	60	10
2	E站-地市2B站	35×10G 2×100G	1+0	OTN	G652	218	0.22	47.96	1	5	53.96	100G OTNFEC+10G OTNFEC+OTNBA27+OTNDRA+OTNOPA（双级）+DCM160	60	6
3	D站-H站	35×10G 2×100G	1+0	OTN	G652	258	0.21	54.18	1	5	57.6	100G OTNFEC+10GOTNFEC+OTNBA27+OTNFDRA+OTNSDRA+OTNDRA+OTNOPA（双级）+DCM200	65	4.82
4	H站-地市2C站	35×10G 2×100G	1+0	OTN	G652	240	0.22	52.8	1	5	58.8	100G OTNFEC+10G OTNFEC+OTNBA27+OTNFDRA+OTNDRA+OTNOPA（双级）+DCM180	63	4.2

10.4.6 节点配置

根据光层设备的匹配结果，本期各节点配置见表 10－11。

10.4.7 各节点波道安排建议

省级 100G 波使用 195.9THz、196.0THz 波长（第 39、40 波），省级 10G 波使用 194.1T～195.0THz 波长（第 21～30 波），地市 10G 波使用 194.1T～195.0THz 波长（第 1～20 波）。

10.4.8 协议库存选择或编制技术规范

在南网公司 OTN 系统新建采用专线招标方式，扩建引用框架招标方式。在国网公司采用协议库存或批次招标模式进行采购。

本示例参照国网公司现有协议库存（批次招标固化 ID 与协议库存相同），分别举例说明省级、地市级汇聚节点 OTN 设备典型配置及设备固化 ID 匹配选择方法，可用于实际工程设备招标工作。典型设备需求如下（由于 OXC 设备，国网尚无固化 ID，此处举例暂不包含此部分内容）：

1. 省级汇聚节点

节点按单设备配置，电子框选择交叉容量不小于 4.8T，光子框选择大于 16 槽位，配置 2×100G 波道＋30×10G 波道模块。业务侧配置 10G 模块 2 块、2.5G 模块 4 块、622M 模块 2 块、155M 模块 2 块、GE 模块 8 块，根据各厂家设备端口密度配置板卡，其中 10G 板卡不少于 2 块、2.5G 及以下自适应板卡不少于 4 块。

2. 地市汇聚节点

节点按单设备配置，电子框选择交叉容量不小于 0.8T，光子框选择大于 8 槽位，配置 20×10G 波道模块。业务侧 10G 模块 2 块、2.5G 模块 2 块、622M 模块 2 块、155M 模块 2 块、GE 模块 8 块，根据各厂家设备端口密度配置板卡，其中 2.5G 及以下自适应板卡不少于 4 块。

（1）诺基亚贝尔设备选择示例，包括 3 方向省级汇聚节点配置（表 10－12）、2 方向地市汇聚节点配置（表 10－13）。

（2）华为设备选择示例，包括 3 方向省级汇聚节点配置（表 10－14）、2 方向地市汇聚节点配置（表 10－15）。

（3）中兴设备选择示例，包括 3 方向省级汇聚节点配置（表 10－16）、2 方向地市汇聚节点配置（表 10－17）。

表 10-11 各节点设备配置清单

序号	设备名称	功能描述线	单位	省公司A	省公司B	C站	D站	E站	F站	G站	H站	I站	J站	K站
1	机柜	2260mm×600mm×600mm	面	2	2	1	2	2	2	2	2	2	1	2
2	电子框	电层交叉容不小于4.8T，含公共部分，主控板、电源板、交叉板冗余配置	套	1	1		1	1	1	1	1	1		1
3	电子框	电层交叉容不小于1.6T，含公共部分，主控板、电源板、交叉板冗余配置	套										1	
4	OXC	多维OXC设备，含内置光路子系统	套			1							1	
5	线路侧板卡	支持2个100G线路侧端口	块	8	6		8	8	6	6	6	6	0	4
5.1	100G波长模块	100G线路侧光模块	块	8	6		8	8	6	6	6	6	0	4
5.2	线路侧板卡	支持10个10G线路侧端口	块	4	3		4	4	3	3	3	2	3	6
5.3	10G波长模块	10G线路侧光模块		40	30		40	40	30	30	30	20	30	60
6	支路侧板卡	20路10Gbit/s端口业务板卡	块	2	2									
7	支路侧板卡	10路10Gbit/s端口业务板卡	块	2	2		2	2	2	2	2	2	2	2
7.1	支路侧模块	支路侧I-64.1模块	块	8	6		8	8	6	6	6	6	8	4
7.2	支路侧模块	支路侧10GE模块	块	16	12		8	8	6	6	6	6	8	4
7.3	支路侧模块	支路侧OTU2模块	块	4	3		4	4	3	3	3	3	4	2
8	支路侧板卡	2.5Gbit/s及以下速率业务板卡	块	2	2		2	2	2	2	2	2	2	2
8.1	支路侧模块	S-16.1光模块		8	6		8	8	6	6	6	6	8	4
8.2	支路侧模块	GE光模块		16	12		16	16	12	12	12	12	16	8
9	光子框	含公共部板卡，主控板、电源板冗余配置	套	4	3		4	4	3	3	3	3		2
9.1	合波板	40波系统合波板	套	4	3		4	4	3	3	3	3		2
9.2	分波板	40波系统分波板	套	4	3		4	4	3	3	3	3		2
9.3	普缆150km以内光路子系统光放	BA+PA+DCM	套	4	3		3	3	3	3	1	3		2
9.4	普缆150～200km光路子系统光放	BA+DRA+PA+DCM	套											
10	外置光路子系统		套				1	1			2			
10.1	200km线路距离		套											
10.2	218km线路距离		套					1						
10.3	258km线路距离		套				1				1			
10.4	240km线路距离		套								1			

续表

序号	设备名称	功能描述线	单位	地市 1A	地市 1B	M 站	Q 站	T 站	S 站	R 站	L 站	N 站	O 站	P 站
1	机柜	2260mm×600mm×600mm	面	2	2	2	2	2	1	1	1	1	1	1
2	电子框	电层交叉容不小于 4.8T，含公共部分，主控板、电源板、交叉板冗余配置	套	1	1	1	1	1						
3	电子框	电层交叉容不小于 1.6T，含公共部分，主控板、电源板、交叉板冗余配置	套						1	1	1	1	1	1
4	线路侧板卡	支持 2 个 100G 线路侧端口	块	4	6	6	6	4						
4.1	100G 波长模块	100G 线路侧光模块	块	4	6	6	6	4	0	0	0	0	0	0
5	线路侧板卡	支持 10 个 10G 线路侧端口	块	6	9	7	7	6	6	4	6	6	4	6
5.1	10G 波长模块	10G 线路侧光模块		60	90	70	70	60	60	40	60	60	40	60
6	支路侧板卡	20 路 10Gbit/s 端口业务板卡	块											
7	支路侧板卡	10 路 10Gbit/s 端口业务板卡	块	2	2	2	2	2	2	2	2	2	2	2
7.1	支路侧模块	支路侧 I-64.1 模块	块	6	4	6	6	6	6	4	6	6	4	6
7.2	支路侧模块	支路侧 10GE 模块	块	6	4	6	6	6	6	4	6	6	4	6
7.3	支路侧模块	支路侧 OTU2 模块	块	3	2	3	3	3	3	2	3	3	2	3
8	支路侧板卡	2.5Gbit/s 及以下速率业务板卡	块	2	2	2	2	2	2	2	2	2	2	2
8.1	支路侧模块	S-16.1 光模块		6	4	6	6	6	6	4	6	6	4	6
8.2	支路侧模块	GE 光模块		12	8	12	12	12	12	8	12	12	8	12
9	光子框	含公共部板卡，主控板、电源板冗余配置	套	3	2	3	3	3	3	2	3	3	2	3
9.1	合波板	40 波系统合波板	套	3	2	3	3	3	3	2	3	3	2	3
9.2	分波板	40 波系统分波板	套	3	2	3	3	3	3	2	3	3	2	3
9.3	普缆 150km 以内光路子系统光放	BA+PA+DCM	套	3	2	3	2	3	3	2	3	3	2	3
9.4	普缆 150～200km 光路子系统光放	BA+DRA+PA+DCM	套				1							

表10-12 诺基亚贝尔3方向省级汇聚节点配置示例

序号	子框及板卡	设备型号	对应协议库存ID	数量
1	光子框	1830 PSS-8	9906-500140080-00002	3
2	所有光子框剩余槽位总数	12		
3	合波板	SFD44	包含在9906-500140080-00002之中	3
4	分波板			
5	光功率放大器	AM2625A	9906-500140100-00010	3
6	光前置放大器	AM2032A	9906-500140099-00009	3
7	光监控单元	SUL/SEU	暂无ID	3
8	DCM模块	DCM40+ DCM80	9906-500140092-00005 9906-500140101-00005	3
9	拉曼及遥泵等放大器			
10	电交叉子框	1830 PSS-12X	9906-500140082-00001	1
10.1	线路板	1UX100	包含在9906-500140082-00001之中	2
10.2	支路板（100G）	4MX200	包含在9906-500140082-00001之中	1
10.3	支路板（10G）	20AX200	包含在9906-500140082-00001之中	1
10.4	支路板（sub-10G）	20MX80	包含在9906-500140082-00001之中	1
11	电交叉子框剩余槽位数	5		
12	电交叉矩阵板		包含在9906-500140082-00001之中	2+1
13	系统控制板卡		包含在9906-500140082-00001之中	1+1
14	电源板		包含在9906-500140082-00001之中	1+1
15	线路板	5×2UX200+、 7×20AX200	9906-500140120-00001 9906-500140127-00001	$M_1+M_2+\cdots+M_n$
16	支路板		支路侧端口由电子框自带 支路板卡和线路侧板卡20AX200出	
17	机架			2

表10-13 诺基亚贝尔2方向地市汇聚节点配置示例

序号	子框及板卡	设备型号	对应协议库存ID	数量
1	光子框	1830 PSS-8	9906-500140080-00002	2
2	所有光子框剩余槽位总数	12		
3	合波板	SFD44	包含在9906-500140080-00002之中	2

续表

序号	子框及板卡	设备型号	对应协议库存 ID	数量
4	分波板			
5	光功率放大器	AM2625A	9906－500140100－00010	2
6	光前置放大器	AM2032A	9906－500140099－00009	2
7	光监控单元	SUL/SEU	暂无 ID	2
8	DCM 模块	DCM40＋ DCM80	9906－500140092－00005 9906－500140101－00005	2
9	拉曼及遥泵等放大器			
10	电交叉子框	1830 PSS－8X	9906－500140075－00001	2
10.1	线路板	20AX200	包含在 9906－500140075－00001 之中	4
10.2	支路板（10G）	20AX200	包含在 9906－500140075－00001 之中	2
10.3	支路板（sub－10G）	20MX80	包含在 9906－500140075－00001 之中	2
11	电交叉子框剩余槽位数	6		
12	电交叉矩阵板		包含在 9906－500140075－00001 之中	2＋1
13	系统控制板卡		包含在 9906－500140075－00001 之中	1＋1
14	电源板		包含在 9906－500140075－00001 之中	1＋1
15	线路板	2×20AX200	9906－500140127－00001	$M_1+M_2+\cdots+M_n$
16	支路板		支路侧端口由电子框自带支路板卡和线路侧板卡 20AX200 出	
17	机架			2

表 10－14　　华为 3 方向省级汇聚节点配置示例

序号	子框及板卡	设备型号	对应协议库存 ID	数量
1	光子框	OSN9800 M12	9999－500140080－00019	3
2	所有光子框剩余槽位总数	18		
3	合波板	M48	包含在 9999－500140080－00019 之中	3
4	分波板	D48	包含在 9999－500140080－00019 之中	3
5	光功率放大器	DAPXF	9999－500140100－00009 9999－500140099－00009 9999－500140109－00008 9999－500140108－00009	3

续表

序号	子框及板卡	设备型号	对应协议库存ID	数量
6	光前置放大器	包含在DAPX		
7	光监控单元	ST2	包含在9999-500140080-00019之中	3
8	DCM模块	DCM20	9999-500140096-00006	3
		DCM40	9999-500140092-00006	
		DCM60	9999-500140103-00006	
		DCM80	9999-500140101-00006	
		DCM100	9999-500140094-00006	
		DCM120	9999-500140095-00006	
9	拉曼及遥泵等放大器			
10	电交叉子框	9800M24	9999-500141305-00010	1
10.1	线路板	N210	设备中包含2块	2
10.2	支路板（100G）		暂无扩容ID	0
10.3	支路板（10G）			0
10.4	支路板（sub-10G）	T212，2.5G及以下，10口	包含在9999-500141305-00010之中	2
11	电交叉子框剩余槽位数	16		
12	电交叉矩阵板		包含在9999-500141305-00010之中	1+1
13	系统控制板卡		包含在9999-500141305-00010之中	1+1
14	电源板		包含在9999-500141305-00010之中	1+1
15	线路板	N210	9999-500140113-00005	7
		N402	100G暂无扩容ID	6
16	支路板	T212，10G/10GE，8口	9999-500140119-00006	2
17	机架			2

表10-15　华为2方向地市汇聚节点配置示例

序号	子框及板卡	设备型号	对应协议库存ID	数量
1	光子框	OSN9800 M12	9999-500140080-00019	2
2	所有光子框剩余槽位总数	12		
3	合波板	M48	包含在9999-500140080-00019之中	2
4	分波板	D48	包含在9999-500140080-00019之中	2
5	光功率放大器	DAPXF	9999-500140100-00009 9999-500140099-00009 9999-500140109-00008 9999-500140108-00009	2

续表

序号	子框及板卡	设备型号	对应协议库存 ID	数量
6	光前置放大器	包含在 DAPX		2
7	光监控单元	ST2	包含在 9999－500140080－00019 之中	2
8	DCM 模块	DCM20	9999－500140096－00006	2
		DCM40	9999－500140092－00006	
		DCM60	9999－500140103－00006	
		DCM80	9999－500140101－00006	
		DCM100	9999－500140094－00006	
		DCM120	9999－500140095－00006	
9	拉曼及遥泵等放大器			
10	电交叉子框	9800M24 1.6T	9999－500140075－00007	1
10.1	线路板	N210	包含在 9999－500140075－00007 中	2
10.2	支路板（10G）	T212，2.5G 及以下，10 口	包含在 9999－500140075－00007 中	1
10.3	支路板（sub－10G）	T212，10G/10GE，8 口	包含在 9999－500140075－00007 中	1
11	电交叉子框剩余槽位数	0		
12	电交叉矩阵板		包含在 9999－500140075－00007 中	1＋1
13	系统控制板卡		包含在 9999－500140075－00007 中	1＋1
14	电源板		包含在 9999－500140075－00007 中	1＋1
15	线路板	N210	9999－500140113－00005	2
16	支路板	T212，2.5G 及以下，10 口	9999－500140128－00002	1
		T212，10G/10GE，8 口	9999－500140119－00006	1
17	机架			1

表 10－16　　中兴 3 方向省级汇聚节点配置示例

序号	子框及板卡	设备型号	对应协议库存 ID	数量
1	光子框	NX41－21	9999－500140080－00019	3
2	所有光子框剩余槽位总数	4 个大槽位（8 个小槽位）		
3	合波板	VMUX40	包含在 9999－500140080－00019 之中	3
4	分波板	ODU40	包含在 9999－500140080－00019 之中	3

续表

序号	子框及板卡	设备型号	对应协议库存ID	数量
5	光功率放大器	EONA2520	9999-500140100-00003	3
6	光前置放大器	EONA2520	9999-500140100-00003	3
7	光监控单元	SOSCB	包含在9999-500140080-00019之中	3
8	DCM模块	DCM20 DCM40 DCM60 DCM80 DCM100 DCM120	9999-500140101-00003 9999-500140103-00003 9999-500140092-00003 9999-500140096-00003 9999-500140095-00003 9999-500140094-00003	3
9	拉曼及遥泵等放大器			
10	电交叉子框	ZXONE 9700 S2	9999-500141305-00009	1
10.1	线路板	L2K×8	设备中包含2块	2
10.2	支路板（100G）	C4K×1	暂无扩容ID	0
10.3	支路板（10G）	C2L×10	包含在9999-500141305-00009之中	1
10.4	支路板（sub-10G）	C2L×10	包含在9999-500141305-00009之中	1
11	电交叉子框剩余槽位数	2		
12	电交叉矩阵板		包含在9999-500141305-00009之中	4+2
13	系统控制板卡		包含在9999-500141305-00009之中	1+1
14	电源板		包含在9999-500141305-00009之中	1+1
15	线路板	L2K×8 L4K×2	9999-500140120-00002 100G暂无扩容ID	10+6
16	支路板	C2L×10 C2L×10	9999-500140133-00003 9999-500140117-00003	
17	机架			2

表10-17　　2方向地市汇聚节点配置示例

序号	子框及板卡	设备型号	对应协议库存ID	数量
1	光子框	NX41-21	9999-500140080-00019	2
2	所有光子框剩余槽位总数	4个大槽位 （8个小槽位）		
3	合波板	VMUX40	包含在9999-500140080-00019之中	2
4	分波板	ODU40	包含在9999-500140080-00019之中	

续表

序号	子框及板卡	设备型号	对应协议库存 ID	数量
5	光功率放大器	EONA2520	9999-500140100-00003	2
6	光前置放大器	EONA2520	9999-500140100-00003	2
7	光监控单元	SOSCB	包含在 9999-500140080-00019 之中	2
8	DCM 模块	DCM20 DCM40 DCM60 DCM80 DCM100 DCM120	9999-500140101-00003 9999-500140103-00003 9999-500140092-00003 9999-500140096-00003 9999-500140095-00003 9999-500140094-00003	2
9	拉曼及遥泵等放大器			
10	电交叉子框	ZXONE 9700 S1	9999-500140072-00016	2
10.1	线路板	L2K×8	设备中包含 2 块	2
10.2	支路板（10G）	C2L×10	包含在 9999-500140072-00016 之中	1
10.3	支路板（sub-10G）	C2L×10	包含在 9999-500140072-00016 之中	1
11	电交叉子框剩余槽位数	0		
12	电交叉矩阵板		包含在 9999-500141305-00009 之中	2+1
13	系统控制板卡		包含在 9999-500141305-00009 之中	1+1
14	电源板		包含在 9999-500141305-00009 之中	1+1
15	线路板	L2K×8	包含在 9999-500141305-00009 之中	4
16	支路板	C2L×10 C2L×10	9999-500140133-00003 9999-500140117-00003	
17	机架			

附　录

附表 1　诺基亚贝尔公司与协议库存对应关系

协议库存 ID 号	协议库存描述	厂家匹配型号	设备特征值	设备所占空间	设备功率/W	推荐电源接入方式
9999-500140079-00028	OTN 光传输子框，≥6 槽位，无	1830PSS8	OTN 光传输子框，≥6 槽位，无，无机柜	3U	700	DC 48V，30A×2
9999-500140079-00027	OTN 光传输子框，≥6 槽位，无	1830PSS8	OTN 光传输子框，≥6 槽位，无，含机柜	3U	700	DC 48V，30A×2
9999-500140088-00033	OTN 光传输子框，≥6 槽位，≥8 波	1830PSS8	OTN 光传输子框，≥6 槽位，≥8 波，无机柜	3U	700	DC 48V，30A×2
9999-500140088-00032	OTN 光传输子框，≥6 槽位，≥8 波	1830PSS8	OTN 光传输子框，≥6 槽位，≥8 波，含机柜	3U	700	DC 48V，30A×2
9999-500140077-00019	OTN 光传输子框，≥12 槽位，无	1830PSS16	OTN 光传输子框，≥12 槽位，无，含机柜	8U	1000	DC 48V，30A　1+1
9999-500140077-00020	OTN 光传输子框，≥12 槽位，无	1830PSS16	OTN 光传输子框，≥12 槽位，无，无机柜	8U	1000	DC 48V，30A　1+1
9999-500140078-00017	OTN 光传输子框，≥12 槽位，≥16 波	1830PSS16	OTN 光传输子框，≥12 槽位，≥16 波，含机柜	8U	1000	DC 48V，30A　1+1
9999-500140078-00018	OTN 光传输子框，≥12 槽位，≥16 波	1830PSS16	OTN 光传输子框，≥12 槽位，≥16 波，无机柜	8U	1000	DC 48V，30A　1+1
9999-500140077-00017	OTN 光传输子框，≥12 槽位，无	1830PSS32	OTN 光传输子框，≥12 槽位，无，含机柜	14U	1000	DC 48V，63A　1+1
9999-500140077-00018	OTN 光传输子框，≥12 槽位，无	1830PSS32	OTN 光传输子框，≥12 槽位，无，无机柜	14U	1000	DC 48V，63A　1+1
9999-500140076-00028	OTN 光传输子框，≥12 槽位，≥80 波	1830PSS32	OTN 光传输子框，≥12 槽位，≥80 波，含机柜			

续表

协议库存ID号	协议库存描述	厂家匹配型号	设备特征值	设备所占空间	设备功率/W	推荐电源接入方式
9999-500140076-00029	OTN光传输子框，≥12槽位，≥80波	1830PSS32	OTN光传输子框，≥12槽位，≥80波，无机柜			
9999-500140080-00021	OTN光传输子框，≥12槽位，≥40波	1830PSS32	OTN光传输子框，≥12槽位，≥40波，含机柜			
9999-500140080-00022	OTN光传输子框，≥12槽位，≥40波	1830PSS32	OTN光传输子框，≥12槽位，≥40波，无机柜			
9999-500140075-00008	OTN电交叉子框，1.6T，无，8，无，4，8	1830PSS-8X	交叉容量：1.6T，100G线路接口：无，10G线路接口：8，100G支路接口：无，10G支路接口：4，2.5G及以下支路接口：8	10U	2000	DC 48V，50A×2
9999-500140073-00010	OTN电交叉子框，1.2T，无，8，无，4，8	1830PSS-8X	交叉容量：1.2T，100G线路接口：无，10G线路接口：8，100G支路接口：无，10G支路接口：4，2.5G及以下支路接口：8	10U	2000	DC 48V，50A×2
9999-500140074-00014	OTN电交叉子框，0.7T，无，4，无，2，4	1830PSS-8X	交叉容量：0.7T，100G线路接口：无，10G线路接口：4，100G支路接口：无，10G支路接口：2，2.5G及以下支路接口：4	10U	2000	DC 48V，50A×2
9999-500141305-00007	OTN电交叉子框，4.8T，无，16，无，无，16	1830PSS-12X（24XⅡ型）	交叉容量：4.8T，100G线路接口：无，10G线路接口：16，100G支路接口：无，10G支路接口：无，2.5G及以下支路接口：16，含机柜	21U	4000	DC 48V，100A×2
9999-500140072-00018	OTN电交叉子框，3.2T，无，16，无，4，8	1830PSS-32Ⅱ型（PSS64）	交叉容量：3.2T，100G线路接口：无，10G线路接口：16，100G支路接口：无，10G支路接口：4，2.5G及以下支路接口：8	36U	4000	DC 48V，100A×2

续表

协议库存ID号	协议库存描述	厂家匹配型号	设备特征值	设备所占空间	设备功率/W	推荐电源接入方式
9999-500140081-00010	OTN电交叉子框，2.0T，无，16，无，4，8	1830PSS-32 Ⅱ型（PSS64）	交叉容量：2T，100G线路接口：无，10G线路接口：16，100G支路接口：无，10G支路接口：4，2.5G及以下支路接口：8	36U	4000	DC 48V，100A×2
暂无ID			40波			
暂无ID			8波			
	OTN设备板卡，线路板卡，OTU4，1口，无，无		1830PSS-32 Ⅱ型（PSS64）设备，通信配件-板卡类型：OTN设备，板卡，板卡名称：线路板卡，线路接口速率：OTU4，线路接口数量：1口，支路接口速率：无，支路接口数量：无			
	OTN设备板卡，线路板卡，OTU4，2口，无，无		1830PSS-8X和1830PSS-12X（24X Ⅱ型）设备，通信配件-板卡类型：OTN设备，板卡，板卡名称：线路板卡，线路接口速率：OTU4，线路接口数量：2口，支路接口速率：无，支路接口数量：无			
	OTN设备板卡，线路板卡，OTU4，1口，无，无		1830PSS-8X和1830PSS-12X（24X Ⅱ型）设备，通信配件-板卡类型：OTN设备，板卡，板卡名称：线路板卡，线路接口速率：OTU4，线路接口数量：1口，支路接口速率：无，支路接口数量：无			

续表

协议库存ID号	协议库存描述	厂家匹配型号	设备特征值	设备所占空间	设备功率/W	推荐电源接入方式
9999－500140120－00007	OTN设备板卡，线路板卡，OTU2，8口，无，无	1830PSS－32 Ⅱ型（PSS64）设备	通信配件-板卡类型：OTN设备，板卡，板卡名称：线路板卡，线路接口速率：OTU2，线路接口数量：8口，支路接口速率：无，支路接口数量：无			
9999－500140120－00006	OTN设备板卡，线路板卡，OTU2，8口，无，无	1830PSS－8X和1830PSS－12X（24X Ⅱ型）设备	通信配件-板卡类型：OTN设备，板卡，板卡名称：线路板卡，线路接口速率：OTU2，线路接口数量：8口，支路接口速率：无，支路接口数量：无			
9999－500140129－00012	OTN设备板卡，线路板卡，OTU2，4口，无，无	1830PSS－32 Ⅱ型（PSS64）设备	通信配件-板卡类型：OTN设备，板卡，板卡名称：线路板卡，线路接口速率：OTU2，线路接口数量：4口，支路接口速率：无，支路接口数量：无			
9999－500140129－00011	OTN设备板卡，线路板卡，OTU2，4口，无，无	1830PSS－8X和1830PSS－12X（24X Ⅱ型）设备	通信配件-板卡类型：OTN设备，板卡，板卡名称：线路板卡，线路接口速率：OTU2，线路接口数量：4口，支路接口速率：无，支路接口数量：无			
9999－500140113－00006	OTN设备板卡，线路板卡，OTU2，10口，无，无	1830PSS－32 Ⅱ型（PSS64）设备	通信配件-板卡类型：OTN设备，板卡，板卡名称：线路板卡，线路接口速率：OTU2，线路接口数量：10口，支路接口速率：无，支路接口数量：无			

续表

协议库存ID号	协议库存描述	厂家匹配型号	设备特征值	设备所占空间	设备功率/W	推荐电源接入方式
	OTN设备板卡，支路板卡，无，无，100G，1口	1830PSS-32Ⅱ型（PSS64）设备	1830PSS-32Ⅱ型（PSS64）设备，通信配件-板卡类型：OTN设备，板卡，板卡名称：支路板卡，线路接口速率：无，线路接口数量：无，支路接口速率：100G，支路接口数量：1口			
	OTN设备板卡，支路板卡，无，无，100G，2口	1830PSS-8X和1830PSS-12X（24XⅡ型）设备	1830PSS-8X和1830PSS-12X（24XⅡ型）设备，通信配件-板卡类型：OTN设备，板卡，板卡名称：支路板卡，线路接口速率：无，线路接口数量：无，支路接口速率：100G，支路接口数量：2口			
9999-500140133-00012	OTN设备板卡，支路板卡，无，无，10G/10GE，4口	1830PSS-32Ⅱ型（PSS64）设备	1830PSS-32Ⅱ型（PSS64）设备，通信配件-板卡类型：OTN设备，板卡，板卡名称：支路板卡，线路接口速率：无，线路接口数量：无，支路接口速率：10G/10GE，支路接口数量：4口			
9999-500140133-00011	OTN设备板卡，支路板卡，无，无，10G/10GE，4口	1830PSS-8X和1830PSS-12X（24XⅡ型）设备	1830PSS-8X和1830PSS-12X（24XⅡ型）设备，通信配件-板卡类型：OTN设备，板卡，板卡名称：支路板卡，线路接口速率：无，线路接口数量：无，支路接口速率：10G/10GE，支路接口数量：4口			

续表

协议库存ID号	协议库存描述	厂家匹配型号	设备特征值	设备所占空间	设备功率/W	推荐电源接入方式
9999-500140119-00008	OTN设备板卡，支路板卡，无，无，10G/10GE，8口	1830PSS-8X和1830PSS-12X（24X Ⅱ型）设备	1830PSS-8X和1830PSS-12X（24X Ⅱ型）设备，通信配件-板卡类型：OTN设备，板卡，板卡名称：支路板卡，线路接口速率：无，线路接口数量：无，支路接口速率：10G/10GE，支路接口数量：8口			
9999-500140119-00009	OTN设备板卡，支路板卡，无，无，10G/10GE，8口	1830PSS-32 Ⅱ型（PSS64）设备	1830PSS-32 Ⅱ型（PSS64）设备，通信配件-板卡类型：OTN设备，板卡，板卡名称：支路板卡，线路接口速率：无，线路接口数量：无，支路接口速率：10G/10GE，支路接口数量：8口			
9999-500140132-00007	OTN设备板卡，支路板卡，无，无，2.5G及以下，16口	1830PSS-8X和1830PSS-12X（24X Ⅱ型）设备	1830PSS-8X和1830PSS-12X（24X Ⅱ型）设备，通信配件-板卡类型：OTN设备，板卡，板卡名称：支路板卡，线路接口速率：无，线路接口数量：无，支路接口速率：2.5G及以下，支路接口数量：16口			
9999-500140130-00004	OTN设备板卡，支路板卡，无，无，2.5G及以下，24口	1830PSS-32 Ⅱ型（PSS64）设备	1830PSS-32 Ⅱ型（PSS64）设备，通信配件-板卡类型：OTN设备，板卡，板卡名称：支路板卡，线路接口速率：无，线路接口数量：无，支路接口速率：2.5G及以下，支路接口数量：24口			

续表

协议库存ID号	协议库存描述	厂家匹配型号	设备特征值	设备所占空间	设备功率/W	推荐电源接入方式
9999-500140118-00007	OTN设备板卡，支线路合一板卡，OTU2，1口，2.5G及以下，8口	1830PSS系列设备	1830PSS系列设备，通信配件-板卡类型：OTN设备，板卡，板卡名称：支线路合一板卡，线路接口速率：OTU2，线路接口数量：1口，支路接口速率：2.5G及以下，支路接口数量：8口			
9999-500140126-00005	OTN设备板卡，支线路合一板卡，OTU2，1口，10G/10GE，1口	1830PSS系列设备	1830PSS系列设备，通信配件-板卡类型：OTN设备，板卡，板卡名称：支线路合一板卡，线路接口速率：OTU2，线路接口数量：1口，支路接口速率：10G/10GE，支路接口数量：1口			
暂无ID			1830PSS系列设备，通信配件-板卡类型：OTN设备，板卡，板卡名称：支线路合一板卡，线路接口速率：OTU4，线路接口数量：1口，支路接口速率：10G/10GE,，支路接口数量：10口			
9999-500140086-00004	OTN光接口模块，2.5G及以下自适应，10km，无		OTN光接口模块，2.5G及以下自适应，10km，无			
9999-500140098-00005	OTN光接口模块，2.5G及以下自适应，40km，无		OTN光接口模块，2.5G及以下自适应，40km，无			
9999-500140084-00004	OTN光接口模块，2.5G及以下自适应，80km，无		OTN光接口模块，2.5G及以下自适应，80km，无			

续表

协议库存ID号	协议库存描述	厂家匹配型号	设备特征值	设备所占空间	设备功率/W	推荐电源接入方式
暂无ID	OTN光接口模块，OTU4，无，可调波长		OTN光接口模块，OTU4，无，可调波长			
9999-500140093-00005	OTN光接口模块，OTU2，无，固定波长		OTN光接口模块，OTU2，无，固定波长			
9999-500140090-00003	OTN光接口模块，OTU2，无，可调波长		OTN光接口模块，OTU2，无，可调波长			
9999-500140083-00005	OTN光接口模块，10G/10GE，80km，无		OTN光接口模块，10G/10GE，80km，无			
9999-500140085-00005	OTN光接口模块，10G/10GE，40km，无		OTN光接口模块，10G/10GE，40km，无			
9999-500140087-00005	OTN光接口模块，10G/10GE，10km，无		OTN光接口模块，10G/10GE，10km，无			
	OTN光接口模块，100G/100GE，100m，无		1830 PSS-8X/1830 PSS-12X用，OTN光接口模块，100G/100GE，100m，无			
	OTN光接口模块，100G/100GE，10km，无		1830 PSS-8X/1830 PSS-12X用，接口速率100G/100GE，传输距离10km。含配套尾纤			
9999-500140099-00007	OTN光路子系统光功率放大器BA/PA，22dB	AHPHG	OTN光路子系统光功率放大器BA/PA，22dB			

续表

协议库存ID号	协议库存描述	厂家匹配型号	设备特征值	设备所占空间	设备功率/W	推荐电源接入方式
9999-500140100-00007	OTN光路子系统光功率放大器BA/PA，25dB	A2325A	OTN光路子系统光功率放大器BA/PA，25dB			
9999-500140109-00006	OTN光路子系统光功率放大器BA/PA，14dB	ALPFGT	OTN光路子系统光功率放大器BA/PA，14dB			
9999-500140108-00007	OTN光路子系统光功率放大器BA/PA，18dB	ALPHG	OTN光路子系统光功率放大器BA/PA，18dB			
9999-500140094-00005	OTN光路子系统色散补偿模块，100km		OTN光路子系统色散补偿模块，100km			
9999-500140103-00005	OTN光路子系统色散补偿模块，60km		OTN光路子系统色散补偿模块，60km			
9999-500140092-00005	OTN光路子系统色散补偿模块，40km		OTN光路子系统色散补偿模块，40km			
9999-500140101-00005	OTN光路子系统色散补偿模块，80km		OTN光路子系统色散补偿模块，80km			
9999-500140095-00005	OTN光路子系统色散补偿模块，120km		OTN光路子系统色散补偿模块，120km			
9999-500140096-00005	OTN光路子系统色散补偿模块，20km		OTN光路子系统色散补偿模块，20km			

附表 2　　华为公司与协议库存对应关系

协议库存 ID 号	协议库存描述	厂家匹配型号	设备特征值	设备所占空间	设备功率/W	推荐电源接入方式
9999 - 500140078 - 00020	OTN 光传输子框，≥12 槽位，≥16 波	OSN9800UPS/OSN9800M12，无机柜，无架顶电源	OTN 光传输子框，≥12 槽位，≥16 波，无机柜，无架顶电源	9U/8U	2400	DC 48V/DC - 60V 60A×2
9999 - 500140078 - 00019	OTN 光传输子框，≥12 槽位，≥16 波	OSN9800UPS/OSN9800M12，含机柜	OTN 光传输子框，≥12 槽位，≥16 波，含机柜	9U/8U	2400	DC 48V/DC 60V 60A×2
9999 - 500140080 - 00026	OTN 光传输子框，≥12 槽位，≥40 波	OSN9800UPS/OSN9800M12，无机柜，无架顶电源	OTN 光传输子框，≥12 槽位，≥40 波，无机柜，无架顶电源	9U/8U	2400	DC 48V/DC 60V 60A×2
9999 - 500140080 - 00025	OTN 光传输子框，≥12 槽位，≥40 波	OSN9800UPS/OSN9800M12，含机柜	OTN 光传输子框，≥12 槽位，≥40 波，含机柜	9U/8U	2400	DC 48V/DC 60V 60A×2
9999 - 500140080 - 00024	OTN 光传输子框，≥12 槽位，≥40 波	OSN9800UPS/OSN9800M12，含 ROADM，无机柜，无架顶电源	OTN 光传输子框，≥12 槽位，≥40 波，无机柜，无架顶电源	9U/8U	2400	DC 48V/DC 60V 60A×2
9999 - 500140080 - 00023	OTN 光传输子框，≥12 槽位，≥40 波	OSN9800UPS/OSN9800M12，含 ROADM，含机柜	OTN 光传输子框，≥12 槽位，≥40 波，含机柜	9U/8U	2400	DC 48V/DC 60V 60A×2
9999 - 500140076 - 00033	OTN 光传输子框，≥12 槽位，≥80 波	OSN9800UPS/OSN9800M12，无机柜，无架顶电源	OTN 光传输子框，≥12 槽位，≥80 波，无机柜，无架顶电源	9U/8U	2400	DC 48V/DC 60V 60A×2

续表

协议库存 ID 号	协议库存描述	厂家匹配型号	设备特征值	设备所占空间	设备功率/W	推荐电源接入方式
9999-500140076-00032	OTN 光传输子框，≥12 槽位，≥80 波	OSN9800UPS/OSN9800M12，含机柜	OTN 光传输子框，≥12 槽位，≥80 波，含机柜	9U/8U	2400	DC 48V/DC 60V 60A×2
9999-500140076-00031	OTN 光传输子框，≥12 槽位，≥80 波	OSN9800UPS/OSN9800M12，含 ROADM，无机柜，无架顶电源	OTN 光传输子框，≥12 槽位，≥80 波，无机柜，无架顶电源	9U/8U	2400	DC 48V/DC 60V 60A×2
9999-500140076-00030	OTN 光传输子框，≥12 槽位，≥80 波	OSN9800UPS/OSN9800M12，含 ROADM，含机柜	OTN 光传输子框，≥12 槽位，≥80 波，含机柜	9U/8U	2400	DC 48V/DC 60V 60A×2
9999-500140077-00022	OTN 光传输子框，≥12 槽位，无	OSN9800UPS/OSN9800M12，无机柜，无架顶电源	OTN 光传输子框，≥12 槽位，无，无机柜，无架顶电源	9U/8U	2400	DC 48V/DC 60V 60A×2
9999-500140077-00021	OTN 光传输子框，≥12 槽位，无	OSN9800UPS/OSN9800M12，含机柜	OTN 光传输子框，≥12 槽位，无，含机柜	9U/8U	2400	DC 48V/DC 60V 60A×2
9999-500140079-00035	OTN 光传输子框，≥6 槽位，≥8 波	华为 OSN1800Ⅱ，无机柜，无架顶电源	OTN 光传输子框，≥6 槽位，≥8 波，无机柜，无架顶电源	2U	750	DC 48V 30A×2
9999-500140079-00034	OTN 光传输子框，≥6 槽位，≥8 波	OSN1800Ⅱ，含机柜	OTN 光传输子框，≥6 槽位，≥8 波，含机柜	2U	750	DC 48V 30A×2
9999-500140079-00030	OTN 光传输子框，≥6 槽位，无	OSN1800Ⅱ，无机柜，无架顶电源	OTN 光传输子框，≥6 槽位，无，无机柜，无架顶电源	2U	750	DC 48V 30A×2

续表

协议库存ID号	协议库存描述	厂家匹配型号	设备特征值	设备所占空间	设备功率/W	推荐电源接入方式
9999-500140079-00029	OTN光传输子框，≥6槽位，无	OSN1800II，含机柜	OTN光传输子框，≥6槽位，无，含机柜	2U	750	DC 48V 30A×2
9999-500140074-00012	OTN电交叉子框，0.7T，无，4，无，2，4	OSN1800V	电交叉子框-交叉容量：≥0.7T，10G线路接口：4，10G/10GE支路接口：4，2.5G级以下支路接口：8	5U	1500	DC 48V 60A×2
9999-500140081-00008	OTN电交叉子框，1.2T，无，8，无，4，8	OSN9800M24	电交叉子框-交叉容量：≥1.2T，10G线路接口：12，10G/10GE支路接口：6，2.5G级以下支路接口：10	17U	3874	DC 48V /DC 60V 63A×4
9999-500140075-00007	OTN电交叉子框，1.6T，无，8，无，4，8	OSN9800M24	电交叉子框-交叉容量：≥1.6T，10G线路接口：12，10G/10GE支路接口：6，2.5G级以下支路接口：10	17U	3874	DC 48V /DC 60V 63A×4
9999-500140073-00009	OTN电交叉子框，2.0T，无，16，无，4，8	OSN9800M24	电交叉子框-交叉容量：≥2.0T，10G线路接口：16，10G/10GE支路接口：6，2.5G级以下支路接口：10	17U	3874	DC 48V /DC 60V 63A×4
9999-500140072-00019	OTN电交叉子框，3.2T，无，16，无，4，8	OSN9800U32E	电交叉子框-交叉容量：3.2T，10G线路接口：16，10G/10GE支路接口：10，2.5G级以下支路接口：10	43U	8000	DC 48V /DC 60V 63A×10
9999-500140072-00020	OTN电交叉子框，3.2T，无，16，无，4，8	OSN9800M24	电交叉子框-交叉容量：3.2T，10G线路接口：16，10G/10GE支路接口：6，2.5G级以下支路接口：10	17U	3874	DC 48V /DC 60V 63A×4

续表

协议库存 ID 号	协议库存描述	厂家匹配型号	设备特征值	设备所占空间	设备功率/W	推荐电源接入方式
暂无	OTN 电交叉子框，4.8T，2，无，1，4，8	OSN9800U32E	电交叉子框-交叉容量：≥4.8T，100G 线路接口：2，100G 支路接口：1，10G/10GE 支路接口：10，2.5G 级以下支路接口：10	43U	8000	DC 48V/DC 60V 63A×10
暂无	OTN 电交叉子框，4.8T，2，无，1，4，8	OSN9800M24	电交叉子框-交叉容量：≥4.8T，100G 线路接口：2，100G 支路接口：1，10G/10GE 支路接口：6，2.5G 级以下支路接口：10	17U	3874	DC 48V/DC 60V 63A×4
9999-500141305-00010	OTN 电交叉子框，4.8T，无，16，无，无，16	OSN9800M24	OTN 电交叉子框-交叉容量：4.8T，100G 线路接口：无，10G 线路接口：16，100G 支路接口：无，10G/10GE 支路接口：无，2.5G 及以下支路接口：16	17U	3874	DC 48V/DC 60V 63A×4
9999-500140087-00004	OTN 光接口模块，10G/10GE，10km，无		OTN 光接口模块，10G/10GE，10km，无，华为，OTN 通用			
9999-500140085-00004	OTN 光接口模块，10G/10GE，40km，无		OTN 光接口模块，10G/10GE，40km，无，华为，OTN 通用			
9999-500140083-00004	OTN 光接口模块，10G/10GE，80km，无		OTN 光接口模块，10G/10GE，80km，无，华为，OTN 通用			
9999-500140086-00003	OTN 光接口模块，2.5G 及以下自适应，10km，无		OTN 光接口模块，2.5G 及以下自适应，10km，无，华为，OTN 通用			

续表

协议库存ID号	协议库存描述	厂家匹配型号	设备特征值	设备所占空间	设备功率/W	推荐电源接入方式
9999－500140098－00004	OTN光接口模块，2.5G及以下自适应，40km，无		OTN光接口模块，2.5G及以下自适应，40km，无，华为，OTN通用			
9999－500140084－00003	OTN光接口模块，2.5G及以下自适应，80km，无		OTN光接口模块，2.5G及以下自适应，80km，无，华为，OTN通用			
9999－500140093－00004	OTN光接口模块，OTU2，无，固定波长		OTN光接口模块，OTU2，无，固定波长，华为，OTN通用			
9999－500140090－00002	OTN光接口模块，OTU2，无，可调波长		OTN光接口模块，OTU2，无，可调波长，华为，OTN通用			
暂无	OTN光接口模块，OTU4，无，可调波长	暂无	OTN光接口模块，OTU4，无，可调波长，华为，OTN通用			
暂无	OTN光接口模块，100G/100GE，10km，无	暂无	OTN光接口模块，100G/100GE，10km，无，华为OTN设备光接口模块，OSN 9800U32E/M24，单模，10km			
暂无	OTN光接口模块，100G/100GE，2km，无	暂无	OTN光接口模块，100G/100GE，2km，无，华为OSN 9800U32E/M24，单模，2km			
暂无	OTN光接口模块，100G/100GE，100m，无	暂无	OTN光接口模块，100G/100GE，100m，无，华为OSN 9800U32E/M24，多模，波长850nm			
9999－500140109－00008	OTN光路子系统光功率放大器BA/PA，14dB		OTN光路子系统光功率放大器BA/PA，14dB			

续表

协议库存ID号	协议库存描述	厂家匹配型号	设备特征值	设备所占空间	设备功率/W	推荐电源接入方式
9999-500140109-00007	OTN光路子系统光功率放大器BA/PA，14dB		OTN光路子系统光功率放大器BA/PA，14dB			
9999-500140108-00009	OTN光路子系统光功率放大器BA/PA，18dB		OTN光路子系统光功率放大器BA/PA，18dB			
9999-500140108-00008	OTN光路子系统光功率放大器BA/PA，18dB		OTN光路子系统光功率放大器BA/PA，18dB			
9999-500140099-00009	OTN光路子系统光功率放大器BA/PA，22dB		OTN光路子系统光功率放大器BA/PA，22dB			
9999-500140099-00008	OTN光路子系统光功率放大器BA/PA，22dB		OTN光路子系统光功率放大器BA/PA，22dB			
9999-500140100-00009	OTN光路子系统光功率放大器BA/PA，25dB		OTN光路子系统光功率放大器BA/PA，25dB			
9999-500140100-00008	OTN光路子系统光功率放大器BA/PA，25dB		OTN光路子系统光功率放大器BA/PA，25dB			
9999-500140104-00007	OTN光路子系统拉曼放大器，后向，二阶，18dB		OTN光路子系统拉曼放大器，后向，二阶，18dB			
9999-500140104-00006	OTN光路子系统拉曼放大器，后向，二阶，18dB		OTN光路子系统拉曼放大器，后向，二阶，18dB			
9999-500140102-00009	OTN光路子系统拉曼放大器，后向，一阶，10dB		OTN光路子系统拉曼放大器，后向，一阶，10dB			

续表

协议库存ID号	协议库存描述	厂家匹配型号	设备特征值	设备所占空间	设备功率/W	推荐电源接入方式
9999-500140102-00008	OTN光路子系统拉曼放大器，后向，一阶，10dB		OTN光路子系统拉曼放大器，后向，一阶，10dB			
9999-500140110-00008	OTN光路子系统拉曼放大器，后向，一阶，15dB		OTN光路子系统拉曼放大器，后向，一阶，15dB			
9999-500140110-00007	OTN光路子系统拉曼放大器，后向，一阶，15dB		OTN光路子系统拉曼放大器，后向，一阶，15dB			
9999-500140106-00008	OTN光路子系统拉曼放大器，后向，一阶，5dB		OTN光路子系统拉曼放大器，后向，一阶，5dB			
9999-500140106-00007	OTN光路子系统拉曼放大器，后向，一阶，5dB		OTN光路子系统拉曼放大器，后向，一阶，5dB			
9999-500140112-00008	OTN光路子系统拉曼放大器，前向，二阶，12dB		OTN光路子系统拉曼放大器，前向，二阶，12dB			
9999-500140112-00007	OTN光路子系统拉曼放大器，前向，二阶，12dB		OTN光路子系统拉曼放大器，前向，二阶，12dB			
9999-500140107-00008	OTN光路子系统拉曼放大器，前向，一阶，10dB		OTN光路子系统拉曼放大器，前向，一阶，10dB			
9999-500140107-00007	OTN光路子系统拉曼放大器，前向，一阶，10dB		OTN光路子系统拉曼放大器，前向，一阶，10dB			
9999-500140105-00007	OTN光路子系统拉曼放大器，前向，一阶，5dB		OTN光路子系统拉曼放大器，前向，一阶，5dB			

续表

协议库存 ID 号	协议库存描述	厂家匹配型号	设备特征值	设备所占空间	设备功率/W	推荐电源接入方式
9999-500140105-00006	OTN 光路子系统拉曼放大器，前向，一阶，5dB		OTN 光路子系统拉曼放大器，前向，一阶，5dB			
9999-500140094-00006	OTN 光路子系统色散补偿模块，100km		OTN 光路子系统色散补偿模块，100km			
9999-500140095-00006	OTN 光路子系统色散补偿模块，120km		OTN 光路子系统色散补偿模块，120km			
9999-500140096-00006	OTN 光路子系统色散补偿模块，20km		OTN 光路子系统色散补偿模块，20km			
9999-500140092-00006	OTN 光路子系统色散补偿模块，40km		OTN 光路子系统色散补偿模块，40km			
9999-500140103-00006	OTN 光路子系统色散补偿模块，60km		OTN 光路子系统色散补偿模块，60km			
9999-500140101-00006	OTN 光路子系统色散补偿模块，80km		OTN 光路子系统色散补偿模块，80km			
9999-500140111-00006	OTN 光路子系统遥泵放大器，前向，随路，10dB		OTN 光路子系统遥泵放大器，前向，随路，10dB			
9999-500140111-00005	OTN 光路子系统遥泵放大器，前向，随路，10dB		OTN 光路子系统遥泵放大器，前向，随路，10dB			
9999-500140114-00004	OTN 设备板卡，OTDR 板卡，无，2 口，无，无		OTN 设备板卡，OTDR 板卡，无，2 口，无，无			

续表

协议库存ID号	协议库存描述	厂家匹配型号	设备特征值	设备所占空间	设备功率/W	推荐电源接入方式
9999-500140114-00003	OTN设备板卡，OTDR板卡，无，2口，无，无		OTN设备板卡，OTDR板卡，无，2口，无，无			
9999-500140114-00002	OTN设备板卡，OTDR板卡，无，2口，无，无		OTN设备板卡，OTDR板卡，无，2口，无，无			
9999-500140124-00005	OTN设备板卡，OTDR板卡，无，4口，无，无		OTN设备板卡，OTDR板卡，无，4口，无，无			
9999-500140124-00004	OTN设备板卡，OTDR板卡，无，4口，无，无		OTN设备板卡，OTDR板卡，无，4口，无，无			
9999-500140124-00003	OTN设备板卡，OTDR板卡，无，4口，无，无		OTN设备板卡，OTDR板卡，无，4口，无，无			
9999-500140113-00005	OTN设备板卡，线路板卡，OTU2，10口，无，无		OTN设备板卡，线路板卡，OTU2，10口，无，无			
9999-500140113-00004	OTN设备板卡，线路板卡，OTU2，10口，无，无		OTN设备板卡，线路板卡，OTU2，10口，无，无			
9999-500140129-00010	OTN设备板卡，线路板卡，OTU2，4口，无，无		OTN设备板卡，线路板卡，OTU2，4口，无，无			
9999-500140129-00009	OTN设备板卡，线路板卡，OTU2，4口，无，无		OTN设备板卡，线路板卡，OTU2，4口，无，无			
9999-500140129-00008	OTN设备板卡，线路板卡，OTU2，4口，无，无		OTN设备板卡，线路板卡，OTU2，4口，无，无			

续表

协议库存ID号	协议库存描述	厂家匹配型号	设备特征值	设备所占空间	设备功率/W	推荐电源接入方式
9999－500140120－00005	OTN设备板卡，线路板卡，OTU2，8口，无，无		OTN设备板卡，线路板卡，OTU2，8口，无，无			
暂无	OTN设备板卡，线路板卡，OTU4，1口，无，无		OTN设备板卡，线路板卡，OTU4，1口，无，无			
暂无	OTN设备板卡，线路板卡，OTU4，2口，无，无		OTN设备板卡，线路板卡，OTU4，2口，无，无			
暂无	OTN设备板卡，线路板卡，OTU4，4口，无，无		OTN设备板卡，线路板卡，OTU4，4口，无，无			
9999－500140116－00006	OTN设备板卡，线路保护板卡，无，无，无，无		OTN设备板卡，线路保护板卡，无，无，无，无			
9999－500140116－00005	OTN设备板卡，线路保护板卡，无，无，无，无		OTN设备板卡，线路保护板卡，无，无，无，无			
暂无	OTN设备板卡，支路板卡，无，无，100G，1口		OTN设备板卡，支路板卡，无，无，100G，1口			
暂无	OTN设备板卡，支路板卡，无，无，100G，2口		OTN设备板卡，支路板卡，无，无，100G，2口			
9999－500140133－00010	OTN设备板卡，支路板卡，无，无，10G/10GE，4口		OTN设备板卡，支路板卡，无，无，10G/10GE，4口			
9999－500140133－00009	OTN设备板卡，支路板卡，无，无，10G/10GE，4口		OTN设备板卡，支路板卡，无，无，10G/10GE，4口			
9999－500140133－00008	OTN设备板卡，支路板卡，无，无，10G/10GE，4口		OTN设备板卡，支路板卡，无，无，10G/10GE，4口			

续表

协议库存ID号	协议库存描述	厂家匹配型号	设备特征值	设备所占空间	设备功率/W	推荐电源接入方式
9999-500140119-00007	OTN设备板卡，支路板卡，无，无，10G/10GE，8口		OTN设备板卡，支路板卡，无，无，10G/10GE，8口			
9999-500140119-00006	OTN设备板卡，支路板卡，无，无，10G/10GE，8口		OTN设备板卡，支路板卡，无，无，10G/10GE，8口			
9999-500140128-00003	OTN设备板卡，支路板卡，无，无，2.5G及以下，10口		OTN设备板卡，支路板卡，无，无，2.5G及以下，10口			
9999-500140128-00002	OTN设备板卡，支路板卡，无，无，2.5G及以下，10口		OTN设备板卡，支路板卡，无，无，2.5G及以下，10口			
9999-500140132-00006	OTN设备板卡，支路板卡，无，无，2.5G及以下，16口		OTN设备板卡，支路板卡，无，无，2.5G及以下，16口			
9999-500140130-00003	OTN设备板卡，支路板卡，无，无，2.5G及以下，24口		OTN设备板卡，支路板卡，无，无，2.5G及以下，24口			
9999-500140117-00008	OTN设备板卡，支路板卡，无，无，2.5G及以下，8口		OTN设备板卡，支路板卡，无，无，2.5G及以下，8口			
9999-500140117-00007	OTN设备板卡，支路板卡，无，无，2.5G及以下，8口		OTN设备板卡，支路板卡，无，无，2.5G及以下，8口			
9999-500140126-00006	OTN设备板卡，支线路合一板卡，OTU2，1口，10G/10GE，1口		OTN设备板卡，支线路合一板卡，OTU2，1口，10G/10GE，1口			

续表

协议库存ID号	协议库存描述	厂家匹配型号	设备特征值	设备所占空间	设备功率/W	推荐电源接入方式
9999-500140126-00005	OTN设备板卡，支线路合一板卡，OTU2，1口，10G/10GE，1口		OTN设备板卡，支线路合一板卡，OTU2，1口，10G/10GE，1口			
9999-500140126-00004	OTN设备板卡，支线路合一板卡，OTU2，1口，10G/10GE，1口		OTN设备板卡，支线路合一板卡，OTU2，1口，10G/10GE，1口			
9999-500140118-00006	OTN设备板卡，支线路合一板卡，OTU2，1口，2.5G及以下，8口		OTN设备板卡，支线路合一板卡，OTU2，1口，2.5G及以下，8口			
9999-500140118-00005	OTN设备板卡，支线路合一板卡，OTU2，1口，2.5G及以下，8口		OTN设备板卡，支线路合一板卡，OTU2，1口，2.5G及以下，8口			
9999-500140118-00004	OTN设备板卡，支线路合一板卡，OTU2，1口，2.5G及以下，8口		OTN设备板卡，支线路合一板卡，OTU2，1口，2.5G及以下，8口			
暂无	OTN设备板卡，支线路合一板卡，OTU4，1口，100G，1口		OTN设备板卡，支线路合一板卡，OTU4，1口，100G，1口			
暂无	OTN设备板卡，支线路合一板卡，OTU4，1口，10G/10GE，10口		OTN设备板卡，支线路合一板卡，OTU4，1口，10G/10GE，10口			
暂无	OTN设备板卡，支路板卡，无，无，100G/100GE，4口		OTN设备板卡，支路板卡，无，无，100G/100GE，4口			

附表 3　中兴公司与协议库存对应关系

协议库存ID号	协议库存描述	厂家匹配型号	设备所占空间	设备功率/W	推荐电源接入方式
9999－500140077－00015	OTN 光传输子框，≥12 槽位，无	NX41，OTN 光传输子框，≥12 槽位，无，无机柜	10U	1000	DC 48V，32A　1＋1
9999－500140077－00016	OTN 光传输子框，≥12 槽位，无	NX41，OTN 光传输子框，≥12 槽位，无，含机柜	10U	1000	DC 48V，32A　1＋1
9999－500140080－00017	OTN 光传输子框，≥12 槽位，≥40 波	NX41，OTN 光传输子框，≥12 槽位，≥40 波，含光交叉，无机柜	10U	1000	DC 48V，32A　1＋1
9999－500140080－00018	OTN 光传输子框，≥12 槽位，≥40 波	NX41，OTN 光传输子框，≥12 槽位，≥40 波，含光交叉，含机柜	10U	1000	DC 48V，32A　1＋1
9999－500140080－00019	OTN 光传输子框，≥12 槽位，≥40 波	NX41，OTN 光传输子框，≥12 槽位，≥40 波，无机柜	10U	1000	DC 48V，32A　1＋1
9999－500140080－00020	OTN 光传输子框，≥12 槽位，≥40 波	NX41，OTN 光传输子框，≥12 槽位，≥40 波，含机柜	10U	1000	DC 48V，32A　1＋1
9999－500140078－00015	OTN 光传输子框，≥12 槽位，≥16 波	NX41，OTN 光传输子框，≥12 槽位，≥16 波，无机柜	10U	1000	DC 48V，32A　1＋1
9999－500140078－00016	OTN 光传输子框，≥12 槽位，≥16 波	NX41，OTN 光传输子框，≥12 槽位，≥16 波，含机柜	10U	1000	DC 48V，32A　1＋1
9999－500140079－00021	OTN 光传输子框，≥6 槽位，无	ZXMP M721，CX63A，OTN 光传输子框，≥6 槽位，无，无机柜	3U	500	DC 48V，32A　1＋1
9999－500140079－00022	OTN 光传输子框，≥6 槽位，无	ZXMP M721，CX63A，OTN 光传输子框，≥6 槽位，无，含机柜	3U	500	DC 48V，32A　1＋1
9999－500140079－00023	OTN 光传输子框，≥6 槽位，无	ZXMP M721，DX63，OTN 光传输子框，≥6 槽位，无，无机柜	3U	500	DC 48V，32A　1＋1

续表

协议库存ID号	协议库存描述	厂家匹配型号	设备所占空间	设备功率/W	推荐电源接入方式
9999-500140079-00024	OTN光传输子框，≥6槽位，无	ZXMP M721，DX63，OTN光传输子框，≥6槽位，无，含机柜	3U	500	DC 48V，32A 1+1
9999-500140079-00025	OTN光传输子框，≥6槽位，无	ZXMP M721，DX62，OTN光传输子框，≥6槽位，无，无机柜	2U	500	DC 48V，32A 1+1
9999-500140079-00026	OTN光传输子框，≥6槽位，无	ZXMP M721，DX62，OTN光传输子框，≥6槽位，无，含机柜	2U	500	DC 48V，32A 1+1
9999-500140088-00024	OTN光传输子框，≥6槽位，≥8波	NX41，OTN光传输子框，≥6槽位，≥8波，无机柜	10U	1000	DC 48V，32A 1+1
9999-500140088-00025	OTN光传输子框，≥6槽位，≥8波	NX41，OTN光传输子框，≥6槽位，≥8波，含机柜	10U	1000	DC 48V，32A 1+1
9999-500140088-00026	OTN光传输子框，≥6槽位，≥8波	ZXMP M721，CX63A，OTN光传输子框，≥6槽位，≥8波，无机柜	3U	500	DC 48V，32A 1+1
9999-500140088-00027	OTN光传输子框，≥6槽位，≥8波	ZXMP M721，CX63A，OTN光传输子框，≥6槽位，≥8波，含机柜	3U	500	DC 48V，32A 1+1
9999-500140088-00028	OTN光传输子框，≥6槽位，≥8波	ZXMP M721，DX63，OTN光传输子框，≥6槽位，≥8波，无机柜	3U	500	DC 48V，32A 1+1
9999-500140088-00029	OTN光传输子框，≥6槽位，≥8波	ZXMP M721，DX63OTN光传输子框，≥6槽位，≥8波，含机柜	3U	500	DC 48V，32A 1+1
9999-500140088-00031	OTN光传输子框，≥6槽位，≥8波	ZXMP M721，DX62，OTN光传输子框，≥6槽位，≥8波，含机柜	2U	500	DC 48V，32A 1+1
9999-500140076-00034	OTN光传输子框，≥12槽位，≥80波	NX41，OTN光传输子框，≥12槽位，≥80波，无机柜；光交叉板：9维，收、发分离，1套	10U	1000	DC 48V，32A 1+1

续表

协议库存ID号	协议库存描述	厂家匹配型号	设备所占空间	设备功率/W	推荐电源接入方式
9999-500140076-00021	OTN光传输子框，≥12槽位，≥80波	NX41，OTN光传输子框，≥12槽位，≥80波，无机柜，光交叉板：0	10U	1000	DC 48V，32A 1+1
9999-500140076-00022	OTN光传输子框，≥12槽位，≥80波	NX41，OTN光传输子框，≥12槽位，≥80波，含机柜；光交叉板：9维，收、发分离，1套	10U	1000	DC 48V，32A 1+1
9999-500140076-00023	OTN光传输子框，≥12槽位，≥80波	NX41，OTN光传输子框，≥12槽位，≥80波，含机柜，光交叉板：0	10U	1000	DC 48V，32 1+1
9999-500141305-00009	OTN电交叉子框，4.8T，无，16，无，无，16	ZXONE 9700 S2，交叉容量：4.8T，100G线路接口：无，10G线路接口：16，100G支路接口：无，10G支路接口：无，2.5G及以下支路接口：16，含机柜	25U	5000	DC 48V 63A×3 1+1
9999-500140072-00016	OTN电交叉子框，3.2T，无，16，无，4，8	ZXONE 9700，S1，交叉容量：3.2T，100G线路接口：无，10G线路接口：16，100G支路接口：无，10G支路接口：4，2.5G及以下支路接口：8	12U	2500	DC 48V 63A 1+1
9999-500140072-00017	OTN电交叉子框，3.2T，无，16，无，4，8	ZXONE 8700，CX51，交叉容量：3.2T，100G线路接口：无，10G线路接口：16，100G支路接口：无，10G支路接口：4，2.5G及以下支路接口：8	30U	5000	DC 48V 50A×3 1+1
9999-500140081-00008	OTN电交叉子框，2.0T，无，16，无，4，8	ZXONE 8700 CX31，交叉容量：2.0T，100G线路接口：无，10G线路接口：16，100G支路接口：无，10G支路接口：4，2.5G及以下支路接口：8	20U	3500	DC 48V 50A×3 1+1
9999-500140073-00009	OTN电交叉子框，1.2T，无，8，无，4，8	ZXONE 8700 CX21，交叉容量：1.2T，100G线路接口：无，10G线路接口：8，100G支路接口：无，10G支路接口：4，2.5G及以下支路接口：8	10U	1600	DC 48V 50A 1+1
9999-500140074-00013	OTN电交叉子框，0.7T，无，4，无，2，4	ZXMP M721 CX66A，交叉容量：0.7T，100G线路接口：无，10G线路接口：4，100G支路接口：无，10G支路接口：2，2.5G及以下支路接口：4	6U	1500W	DC 48V 32A 1+1

续表

协议库存ID号	协议库存描述	厂家匹配型号	设备所占空间	设备功率/W	推荐电源接入方式
9999-500140118-00001	OTN设备板卡，支线路合一板卡，OTU2，1口，2.5G及以下，8口	ZXMP M721/ZXONE 8700/ZXONE 9700设备，支线路合一板卡，OTU2：1口，2.5G及以下：8口			
9999-500140126-00001	OTN设备板卡，支线路合一板卡，OTU2，1口，10G/10GE，1口	ZXMP M721/ZXONE 8700/ZXONE 9700设备，支线路合一板卡，OTU2：1口，10G：1口			
9999-500140117-00003	OTN设备板卡，支路板卡，无，无，2.5G及以下，8口	ZXONE 9700设备，2.5G及以下业务板卡，8口/板			
9999-500140117-00002	OTN设备板卡，支路板卡，无，无，2.5G及以下，8口	ZXONE 8700设备，2.5G及以下业务板卡，8口/板			
9999-500140117-00001	OTN设备板卡，支路板卡，无，无，2.5G及以下，8口	ZXMP M721设备，2.5G及以下业务板卡，8口/板			
9999-500140132-00002	OTN设备板卡，支路板卡，无，无，2.5G及以下，16口	ZXONE 9700设备，2.5G及以下业务板卡，16口/板			
9999-500140132-00001	OTN设备板卡，支路板卡，无，无，2.5G及以下，16口	ZXONE 8700设备，2.5G及以下业务板卡，16口/板			
9999-500140119-00002	OTN设备板卡，支路板卡，无，无，10G/10GE，8口	ZXONE 9700设备，10G/10GE业务板卡，8口/板			
9999-500140119-00001	OTN设备板卡，支路板卡，无，无，10G/10GE，8口	ZXONE 8700设备，10G/10GE业务板卡，8口/板			
9999-500140133-00003	OTN设备板卡，支路板卡，无，无，10G/10GE，4口	ZXONE 9700设备，10G/10GE业务板卡，4口/板			

续表

协议库存 ID 号	协议库存描述	厂家匹配型号	设备所占空间	设备功率/W	推荐电源接入方式
9999-500140133-00002	OTN 设备板卡，支路板卡，无，无，10G/10GE，4 口	ZXONE 8700 设备，10G/10GE 业务板卡，4 口/板			
9999-500140086-00002	OTN 光接口模块，2.5G 及以下自适应，10km，无	OTN 光接口模块，2.5G 及以下自适应，10km，无，中兴通信			
9999-500140133-00001	OTN 设备板卡，支路板卡，无，无，10G/10GE，4 口	ZXMP M721 设备，10G/10GE 业务板卡，4 口/板			
9999-500140098-00003	OTN 光接口模块，2.5G 及以下自适应，40km，无	OTN 光接口模块，2.5G 及以下自适应，40km，无，中兴通信			
9999-500140084-00002	OTN 光接口模块，2.5G 及以下自适应，80km，无	OTN 光接口模块，2.5G 及以下自适应，80km，无，中兴通信			
9999-500140087-00001	OTN 光接口模块，10G/10GE，10km，无	OTN 光接口模块，10G/10GE，10km，无，中兴通信			
9999-500140085-00003	OTN 光接口模块，10G/10GE，40km，无	OTN 光接口模块，10G/10GE，40km，无，中兴通信			
9999-500140083-00003	OTN 光接口模块，10G/10GE，80km，无	OTN 光接口模块，10G/10GE，80km，无，中兴通信			
9999-500140093-00003	OTN 光接口模块，OTU2，无，固定波长	OTN 光接口模块，OTU2，无，固定波长，中兴通信			
9999-500140090-00001	OTN 光接口模块，OTU2，无，可调波长	OTN 光接口模块，OTU2，无，可调波长，中兴通信			

续表

协议库存ID号	协议库存描述	厂家匹配型号	设备所占空间	设备功率/W	推荐电源接入方式
9999-500140116-00001	OTN设备板卡，线路保护板卡，无，无，无，无	ZXMP M721/ZXONE 8700/ZXONE 9700设备，用于实现光复用段线路1+1保护和光通道层1+1保护功能			
9999-500140120-00002	OTN设备板卡，线路板卡，OTU2，8口，无，无	ZXONE 9700设备，OTU2线路板卡，8口/板			
9999-500140120-00001	OTN设备板卡，线路板卡，OTU2，8口，无，无	ZXONE 8700设备，OTU2线路板卡，8口/板			
9999-500140129-00003	OTN设备板卡，线路板卡，OTU2，4口，无，无	ZXONE 9700设备，OTU2线路板卡，4口/板			
9999-500140129-00002	OTN设备板卡，线路板卡，OTU2，4口，无，无	ZXONE 8700设备，OTU2线路板卡，4口/板			
9999-500140129-00001	OTN设备板卡，线路板卡，OTU2，4口，无，无	ZXMP M721设备，OTU2线路板卡，4口/板			
9999-500140113-00001	OTN设备板卡，线路板卡，OTU2，10口，无，无	ZXONE 9700设备，OTU2线路板卡，12口/板			
9999-500140124-00001	OTN设备板卡，OTDR板卡，无，4口，无，无	ZXONE 8700/ZXONE 9700设备，OTDR板卡，4路			
9999-500140101-00003	OTN光路子系统色散补偿模块，80km				
9999-500140103-00003	OTN光路子系统色散补偿模块，60km	中兴			

续表

协议库存 ID 号	协议库存描述	厂家匹配型号	设备所占空间	设备功率/W	推荐电源接入方式
9999-500140092-00003	OTN 光路子系统色散补偿模块，40km	中兴			
9999-500140096-00003	OTN 光路子系统色散补偿模块，20km	中兴			
9999-500140095-00003	OTN 光路子系统色散补偿模块，120km	中兴			
9999-500140094-00003	OTN 光路子系统色散补偿模块，100km	中兴			
9999-500140107-00003	OTN 光路子系统拉曼放大器，前向，一阶，10dB	中兴			
9999-500140112-00003	OTN 光路子系统拉曼放大器，前向，二阶，12dB	中兴			
9999-500140102-00003	OTN 光路子系统拉曼放大器，后向，一阶，10dB	中兴			
9999-500140100-00003	OTN 光路子系统光功率放大器 BA/PA，25dB	中兴			
9999-500140099-00003	OTN 光路子系统光功率放大器 BA/PA，22dB	中兴			
9999-500140108-00003	OTN 光路子系统光功率放大器 BA/PA，18dB	中兴			

本书引用的规程规范

Q/GDW 11358—2014　通信网规划设计技术导则

GB/T 20187—2006　光传送网体系设备的功能块特性

DL/T 5391—2007　电力系统通信设计技术规定

DL/T 5404—2007　电力系统同步数字系列（SDH）光缆通信工程设计技术规定

DL/T 5524—2017　电力系统光传送网（OTN）设计规程

YD/T 1990—2009　光传送网（OTN）网络总体技术要求

YD 5208—2014　光传送网（OTN）工程设计暂行规定

YD/T 1960—2009　$N\times$10Gbit/s　超长距离波分复用（WDM）系统技术要求

YD/T 1462—2006　光传送网（OTN）接口

YD/T 1634—2007　光传送网（OTN）物理层接口

YD/T 1383—2005　波分复用（WDM）网元管理系统技术要求

YDN 120—1999　光波分复用系统总体技术要求（暂行规定）

YD/T 1143—2001　光波分复用系统（WDM）技术要求——16×10Gb/s、32×10Gb/s 部分

YD/T 1274—2003　光波分复用系统（WDM）技术要求——160×10Gb/s 部分和 80×10Gb/s 部分

YD/T 1383—2005　波分复用（WDM）网元管理系统技术要求

YD/T 5092—2010　光缆波分复用传输系统工程设计规范

YD/T 1960—2009　N×10Gb/s 超长距离波分复用（WDM）系统技术要求

YD/T 1990—2009　光传输网（OTN）网络总体技术要求

YD/T 2148—2010　光传输网（OTN）测试方法

YD/T 5028—2011　光传输网（OTN）设计暂行规定

ITU-T G. sup43　光传输网（OTN）中传送 IEEE 10G Base-R

DL/T 5003—2017　电力系统调度自动化设计规程

DL/T 1403—2015　智能变电站监控系统技术规范

本书依据的国家政策文件

国家发展改革委、国家能源局关于促进智能电网发展的指导意见（发改运行〔2015〕1518号）

国家能源局关于推进新能源微电网示范项目建设的指导意见（国能新能〔2015〕265号）

微电网管理办法（征求意见稿）（国能综电力〔2017〕107号）

关于推进“互联网+”智慧能源发展的指导意见（发改能源〔2016〕392号）

国家能源局关于组织实施“互联网+”智慧能源示范项目的通知（国能科技〔2016〕200号）

国家发展改革委国家能源局关于推进多能互补集成优化 示范工程建设的实施意见（发改能源〔2016〕1430号）

参 考 文 献

［1］曹丽，黄琼华，胡筱莎. ROADM/OXC技术演进方向与应用探讨［J］. 通信与信息技术，2020（3）：27－28，33－34.

［2］袁海涛，张国新，周鹤. ROADM技术在骨干传送网的组网策略研究［J］. 邮电设计技术，2018（4）：17－22.

［3］袁方. ROADM和OTN技术在干线传输网络的应用［J］. 中国新通信，2019（7）：107.

［4］伊敬凯. 基于100Gbit/s OTN系统ROADM传输技术的研究［J］. 电信技术，2019（12）：50－55.

［5］赵宝平，王梅春.ROADM技术在省干OTN网络的应用场景研究［J］. 信息通信，2019（8）：242－243.

［6］许洁松. 基于OXC技术的OTN系统建设必要性即部署探讨［J］. 广州通信技术，2020（4）：16－19.

［7］马晓宇. 探析ROADM技术在本地传送网中应用［J］. 信息通信，2020（7）：215－216.

［8］罗敏鹏. OTN在政企专网中的应用［J］. 通信世界，2019（10）：141－142.

［9］曹仰忠. ROADM技术在本地传送网中应用探讨［J］. 信息通信，2017（6）：231－232.

［10］福州移动承载网维护中心OTN项目研究小组. 福建移动OTN网络规划配置原则［R］. 福州：福建移动通信有限公司福州分公司，2010.

［11］况璟. 基于OTN系统干线传输网的优化［J］. 通信电源技术，2020（1）：213－214.

［12］赵迺智. 高速光传输系统中的FEC技术及系统设计中的OSNR预算［J］. 信息通信，2020（1）：213－215.

［13］王汉明，陈文，何林宏. OTN网络优化在电网基建工程中的研究与应用［J］. 电力信息与通信技术，2019（9）：74－78.

［14］李黎，陈灿，陈彦宇，等. 电力通信网OTN网络运行维护研究与实践［J］. 软件，2019（4）：112－115.

［15］王冶. 电力系统光纤通信超长站距传输系统研究与应用［D］. 呼和浩特：内蒙古大学，2019.

［16］张兴辉. 基于OTN系统干线传输网的优化设计［J］. 通信电源技术，2019，36（8）：91－93.